이런
　　집에
살고
싶다

한국인의 주택 유전자에서 찾은
좋은 집의 조건

김호민
지음

이런 집에 살고 싶다

'평생 살고 싶은 집'을 짓는다는 것

EBS 〈건축탐구 집〉에 출연한 지 이제 정확히 만 5년이 되어간다. 2025년 12월 말 기준으로 130편에 출연했으니 최소 260여 채의 집을 전국을 다니며 둘러보았고 다양한 집주인들을 만났다. 건축가로서 기술적이고 미학적인 의견을 피력하고 주택 사용자들과 대화하면서, 궁극적으로 도달한 질문은 하나였다.

'과연 어떤 집에 살면 행복할까?'

우리는 건축 기술과 스타일은 놀라울 정도로 다양하게 발전했지만 좋은 집에 대한 기준은 오히려 획일적으로 변해버린 기이한 시대를 살아가고 있는 것 같다. 주택은 잘 꾸며진 견본 주택과 분양 홍보물만 있으면 실체가 없는데도 사고파는 상품이 되어버렸다. 마치 호텔처럼 잠시 머물다 떠나는 공간으로 취급되면서 삶의 터전이 아닌 소비재로 변한 지 오래다. 거실 창문에서 뭐가 보이는지도 모른 채, 위아래층에 누가 사는지도 모른 채 덜컥 계약해버린 아파트에서 서로의 층간소음을 너그러이 이해하고 넘어가길 기대하는 것은 애초부터 무리지 않을까?

집은 언제나 그 자리에 있는 것처럼 보이지만 우리가 살아온 공간은 시대와 함께 끊임없이 변해왔다. 아파트의 대표 평면을 10년 단위로 늘어놓기만 해도 그 구조와 형태가 얼마나 급격하게 변해왔는지 알 수 있다. 지난 반세기 동안의 변화가 그 이전 수천 년보다 더 크다고 해도 과언이 아니다. 도면 속에는 시대의 가치관, 생활 방식, 그리고 행복의 형태가 고스란히 새겨져 있다.

우리가 역사를 공부하는 이유는 과거에 머물기 위해서가 아니라 더 나은 미래를 설계하기 위해서다. 집도 마찬가지다. 더 행복한 공간을 꿈꾼다면 인터넷에 떠도는 만질 수도 없고 들어갈 수도 없는 타인의 집을 좇기보다, 우리 각자의 '주거의 역사'를 되돌아보는 것이 더 도움이 되지 않을까? 나와 가족이 살아온 집의 모습과 그 안에서 쌓인 시간의 흔적을 살피는 일, 그것이야말로 앞으로의 삶을 담을 진짜 집을 상상하는 출발점이 될 것이다.

그런데 건축가인 나조차 스스로 행복할 수 있는 공간을 찾기가 어려웠다. 잡지에서 보이는 화려한 집들은 그저 나와는 동떨어진 것들 뿐이었다. 오히려 내가 살았던 평범한 곳에서 더 많은 단서를 찾을 수 있었다. 어릴 적 가족과 떨어져 살았던 제주도 외갓집, 건축가였던 아버지가 처음이자 마지막으로 설계했던 우리 집, 영국 유학 시절 낯설기만 했던 첫 다락집, 전세로 옮겨 다녔던 아파트와 다세대주택, 그리고 사무실을 아래에 두고 부모님과 3대가 함께 살았던 마당이 있는 집….

이 책을 쓰는 동안 나 역시 지나온 공간들을 하나씩 소환하며, 내가 진정으로 원하는 집의 모습을 다시 그릴 수 있었다. 그렇게 꿈꾸던 로망의 집을 지난 4년간 직접 지었고, 감사하게도 이 책의 출간과 함께 마침내 완공을 맞았다. 돌이켜보면 과거에 살았던 집을 기억하고 지금의 집을 돌아보며 스스로의 주거를 탐구하는 일은 결국 각자의 행복한 미래를 설계하는 가장 확실한 출발점이었다. 이 책을 통해 그 과정에서 얻은 깨달음과 '집이라는 유전자'에 새겨진 기록들을 독자들과 함께 나누고 싶었다.

누구나 집에 관한 자신만의 꿈이 있을 것이다. 하지만 이 책이 말하고자 하는 것은 단순한 이상향이 아니다. '좋은 집'이란 절대적인 기준이 아니라 시대와 사람의 삶에 따라 달라지는 상대적인 개념이기 때문이다. 한국 주택의 유전자 속에는 이미 그런 지혜가 녹아 있다. 지난 수십 년 산업화와 도시화를 거치며 변해온 집의 구조와 재료, 생활 방식의 흔적 속에서 우리는 지금의 현실에 맞는, 어쩌면 정말로 평생 살 수 있는 단순하지만 탁월한 집의 조건을 찾아볼 수 있다. 이 책은 우리가 놓치고 있던 집의 원형을 되짚으며, 오늘의 삶 속에서도 여전히 유효한 주거의 지혜를 복원하려는 시도다. 현실에 발을 딛고 있으면서도 꿈을 잃지 않는 집, 이것이 이 책에서 내가 찾아가려는 '좋은 집'의 진짜 기준이다.

『이런 집에 살고 싶다』는 다소 직설적인 제목의 책이지만, 내가 독자들과 함께 탐구하고 싶은 것은 절대적인 좋은 집의 조건은 아니다. 그보다는 각자가 좋은 집이라 여길 수 있는 상대적 가치, 그리고 그 안에서 삶의 시간이 어떻게 누적되는지에 관한 이야기를 담고 싶었다. 그 이야기들을 실제로 집을 짓는 건축가의 시선에서, 총 여덟 토막의 '집의 유전자'로 나누어 정리했다.

첫 번째 장에서는 우리가 좋은 집을 판단할 때 무심코 전제해온 기준을 다시 묻는다. 과거와 미래, 동양과 서양 등 시공간을 초월해 우리 현실에 존재하는 여러 형태의 주택들을 둘러보며 한국 주택의 원형이 무엇이었는지 찾아본다(집의 유전자 1). 두 번째 장에서는 집의 뼈대와 재료, 구조를 다룬다. 콘크리트와 연와조, 온돌과 석고보드, LDK처럼 어디선가 이름은 들어봤지만 자세히 알지는 못하는, 그리고 눈에 잘 보이지 않지만 집의 운명을 결정짓는 가장 중요한 요소들에 담긴 지혜와 역사를 살핀다(집의 유전자 2). 세 번째 장에서는 현관과 문지방, 마당과 정원 등 문턱을 넘는 순간부터 시작되는 집의 이야기를 담았고, 한국 주택 문화가 갖는 독특한 출입의 문화와 감각을 추적한다(집의 유전자 3).

집 내부로 들어온 네 번째 장에서는 거실과 안방, 부엌과 다락방 등 집을 실제로 구성하는 공간들을 중심으로 한국인의 가족 문화와 생활 양식의 변천을 추적한다(집의 유전자 4). 다섯 번째 장에서는 그 공간들을 장식하는 몰딩, 창호, 타일, 천장 등 한국 주택 인테리어가 시대와 사회를 통과하며 어떻게 진화해왔는지 소략하게 살핌으로써 우리가 미처 자각하지 못한 공간에 대한 취향의 변화를 되짚는다(집의 유전자 5).

여섯 번째 장에서는 시야를 넓혀 아파트를 중심으로 한국의 집합 주거를 분석한다. 국민평형의 탄생, 남향 신봉, 벽식 구조와 기둥식 구조, 이쯤 되면 'K' 자를 붙여도 좋을 만한 한국형 아파트 단지 시스템(게이티드 커뮤니티)까지 '아파트 공화국'이라고 불리는 한국 주택 유전자의 오늘을 점검한다(집의 유전자 6). 일곱 번째 장에서는 발코니, 주차장, 중정과 옥상 정원, 반지하 등 집의 '경계 공간'을 통해 안과 밖이 연결되는 주택 공간의 새로운 가능성을 모색한다(집의 유전자 7). 마지막 여덟 번째 장에서는 토지, 전세 제도, 층간소음 등 주택 바깥에서 벌어지는 집의 사회문화적 맥락을 다룬다. 지금 당장 현실에 마주치는 문제들이기에 우리가 살아갈 주거의 미래를 가늠해볼 수도 있을 것이다(집의 유전자 8).

신발을 벗고 조심스레 집 안으로 들어가듯, 차근차근 앞에서부터 읽어도 좋다. 혹은 지금 당장 집을 짓고 있거나 '내가 살고 싶은 집'의 기준이 분명한 독자라면, 집 안의 문을 열듯 원하는 장부터 자유롭게 펼쳐 읽어도 좋다. 이 책이 단지 집을 짓는 법을 알려주는 딱딱한 이론서가 아니라, 지금 당신이 살고 있는 집을 더 잘 이해하고 앞으로 지을 집을 더 현명하게 선택할 수 있도록 돕는 길잡이가 되기를 바란다.

2026년 1월
건축가 김호민

제주 이마(JEJU eema)
©정우서

차 례

집으로 들어가며 '평생 살고 싶은 집'을 짓는다는 것 **4**

나의 주택 유전자를 찾아서 **16**

집의 유전자 1

어떤 집이 좋은 집일까

우리는 왜 한옥보다 양옥집이 더 친근할까 _**불란서주택** **27**

다세대는 정말 안 좋은 집일까 _**다세대주택** **36**

몰라서 안 짓는 게 아니라 못해서 안 짓는다 _ **모듈러주택** **46**

'큰 한 채'보다 '작은 여러 채'가 불편해도 더 편한 이유 _**제주도 외갓집** **62**

집의 유전자 2

집의 뼈대, 보려 하지 않으면 안 보이는 것들

콘크리트가 없으면 집을 지을 수 없을까 _**연와조** **75**

연탄 가스에 중독되면서까지 구들방을 고집한 이유 _**온돌** **87**

주택 구조의 역사 _ **LDK** **100**

우리집 벽은 왜 울퉁불퉁할까 _ **벽** **113**

집의 유전자 3

문턱을 넘는 순간, 집은 시작된다

당신이 집에 들어갈 때 거치는 것들 _문지방 **127**

우리는 언제부터 집에 들어갈 때 선 채로 신발을 벗었을까 _현관 **136**

푸른 초원 위 그림 같은 집의 오류 _마당 **146**

집의 유전자 4

방, 삶의 시간이 쌓이는 장소

거실은 언제부터 거실이었을까 _거실 **163**

안방은 잠만 자야 할까 _안방 **176**

어쩌다 부엌은 집의 중심이 되었을까 _부엌 **185**

보너스 공간은 언제부터 메인 공간이 되었을까 _다락방 **198**

다락방도 집이 될 수 있을까 _다락집 **207**

집의 유전자 5

한국 주택 인테리어의 진화사

우리가 콘크리트에 빼앗긴 것들 _체리몰딩 **217**

IMF 이후 목재 창문이 사라진 이유 _창 **228**

불에도 타지 않고 물에도 젖지 않는 _타일 **238**

넓은 공간감을 위해 우리가 포기한 것들 _천장 **246**

너도 나도 더 하얗게 하얗게 _화이트모던 **254**

집의 유전자 6

아파트는 정말 집의 대안이 될 수 있을까

'25평 쓰리룸'은 어떻게 국민평형이 됐나 _국민평형 **267**

남향은 정말 다른 향보다 살기 좋을까 _남향 **281**

아파트는 어떻게 지어질까 _벽식 구조, 기둥식 구조 **292**

정말 아파트가 유일한 정답일까 _게이티드 커뮤니티 **303**

집의 유전자 7

밖과 안이 연결될 때 집은 완성된다

집 안에 정원이 있다면 얼마나 좋을까 _ 중정 **319**

주차장의 변신은 무죄 _ 주차장 **331**

한국 사람들은 왜 죄다 발코니를 없앨까 _ 발코니 **343**

집의 절반은 지하에서 시작된다 _ 반지하 **353**

집의 유전자 8

집은 시대와 사회를 닮아간다

집을 지으려면 꼭 땅을 사야 할까 _ 토지 **371**

조선 시대부터 내려온 전세의 감각 _ 전세 **378**

도달 불가능한 꿈 _ 층간소음 **387**

집에서 나오며_ 아버지의 마음을 이해하는 여정 **396**

주 **404**

도판 출처 **406**

나의
주택 유전자를
찾아서

요즘 〈건축탐구 집〉 촬영을 가면 제일 많이 듣는 질문이 있다. "그런데 소장님은 어떤 집에 사세요?" 새로운 집을 찾아갈 때마다 건축주로부터 단골손님처럼 듣는 질문이다. 그러면 나는 "과거에는 마당 있는 집에 살았지만, 지금은 어쩔 수 없이 아파트에 삽니다"라며 구차한 변명을 늘어놓는다. 아파트에 사는 게 죄가 아니건만, 주택에 살지 않으면서 집을 소개하러 다닌다는 일종의 죄의식 때문에 그러는지도 모르겠다.

그렇다면, 나는 과연 어떤 집에 살았을 때 가장 행복했을까? 이런 생각이 들 때마다 종종 아버지의 집을 떠올리곤 한다. 건축가는 평생 자신을 위해 집을 몇 번이나 지을까? 놀랍게도 한 번, 혹은 운이 아주 좋아야 두 번이다. 시간, 비용, 위치 등 모든 조건이 맞아야 집을 지을 수 있는 건 누구에게나 마찬가지다. 건축가인 아버지는 우리를 위해 아주 오래전에 딱 한 번만 집을 지어주셨다. 벌써 40년 전 일이지만, 아파트에서 그 집으로 처음 이사 가던 날의 설렘은 아직도 눈앞에 생생하다.

지금은 건물들이 빼곡히 들어선 도심 한복판이 되었지만, 당시 내가 살던 집은 그때만 해도 듬성듬성 지어진 주택과 포장되지 않은 골목길 사이 어딘가에 있었다. 아파트 단지에서만 뛰놀던 나에게는 모든 것이 낯설었다. 심지어 우리 집은 왼 공조차 되지 않은 상태였고 동네 자체도 온통 공사판이었다. 1980년대 초 새로 개발된 택지지구의 전형적인 모습이었는데 그 덕분에 초등학교 시절 시골 같은 서울에서 친구들과 함께 행복한 유년을 보낼 수 있었다.

우리 집은 주변에 흔했던 수많은 '불란서주택' 사이에서 소위 '튀는 집'이었다. 미국 건축가 프랭크 로이드 라이트를 존경했던 아버지는 날렵한 지붕에 천연 슬레이트 기와를 얹고 벽은 벽돌로 마감했다. 라이트는 '자연에 가까운 건축'을 주장하며 유기적 건축 이론을 정립한 인물이었다. 그 영향을 받은 아버지는 오래된 적색 벽돌과 지금은 사라진 천연 슬레이트, 그리고 나무를 많이 써 아름다운 집을 완성하셨다. 또 김수근 건축가의 공간 사옥처럼 위아래로 긴, 깔끔한 디테일의 유리창을 포인트로 넣었다. 심지어 대문 디자인에도 정성을 기울여, 금속공이 일일이 구부려 만든 우리 집 대문은 주변에서 많이들 따라할 정도로 무척 아름다웠다.

하지만 그렇게 예뻤던 만큼 불편한 점도 많았다. 자연을 내부로 끌어들이기 위해 실내에 계획했던 온실은 공사비 부족으로 끝내 미완성 상태로 남았다. 높은 천장을 덮은 유리 지붕의 식당은 겨울엔 너무 춥고, 여름엔 너무 더워서 앉아 있기조차 못하는 날이 많았다. 식당 한쪽에 만든 작은 실내 연못에서는 키우던 잉어들이 물에 빠진 쥐를 피해 도망 다니는 진풍경이 펼쳐지기도 했다.

당시 주택가에는 길고양이가 적은 만큼 쥐가 참 많았다. 단독주택이라면 함께 사는 게 당연하다고 여길 정도였다. 한밤중에 천장 위로 쥐들이 뛰어다니는 건 일상이었는데, 왜 하필 모두 잠든 새벽에만 목재를 사각사각 갉는지, 그 소리만 들어도 보이지 않는 공포에 떨어야 했다. 그때마다 엄마와 동생들, 나까지 온 가족이 돌아가며 고양이 울음소리를 흉내 내야 했다.

하루는 집안일을 도와주던 식모 누나가 자는 얼굴 위로 쥐가 뛰어갔다며 공포에 질려 하던 모습이 아직도 잊히지 않는다. 당시 집은 대부분 콘크리트 바닥 위에 벽돌로 벽을 쌓아 올린 뒤 다시 그 위를 콘크리트로 덮는 '연와조 공법'으로 지어졌다(뒤에서 자세히 다룰 예정이다). 그 벽돌 벽 사이로 구멍이 많아 쥐들이 쉽게 드나들 수 있었던 게 아닐까 싶다. 당시에는 1년에 하루, 온 국민이 '쥐 잡는 날'을 정해 쥐를 잡았을 정도였으니 쥐가 얼마나 많았겠는가. 그때의 경험이 트라우마로 남아 지금도 나는 햄스터만 봐도 화들짝 놀라곤 한다.

　　그리고 또 다른 문제는, 우리 형제들 나이에 비해 집의 크기가 너무 크다는 점이었다. 2층에만 방이 세 개나 있었고, 세를 주기 위해 당시 흔하던 반지하까지 있었다. 자식들에게 각자 방 하나씩 주시려는 의도였지만, 추운 데다 쥐들이 뛰어다니는 방에서 어린아이가 혼자 잔다는 건 불가능했다. 더운 여름엔 선풍기로 어떻게든 버텼지만, 추운 겨울엔 줄곧 보일러를 떼야 했는데 비싼 기름값이 부담스러워 따뜻하게 보낸 날이 별로 없을 정도였다. 그러니 각방 생활은 엄두도 내지 못했고, 어쩌다 손님이 오는 날에만 기름 난방을 돌렸다. 겨우내 마루에 난로 하나로 버티곤 했다.

　　결국 아버지와 어머니, 나, 그리고 동생 둘, 이렇게 다섯 식구가 이불을 깔고 TV 하나 있는 안방에서 함께 생활하는 날이 대부분이었다. "어차피 모두 한 방에 살 텐데 괜히 크게 지었다"라며 진담 반, 농담 반으로 하소연하시던 아버지 말씀이 아직도 생생하다. 그 대신 우리는 온 가족이 안방에 모여 이불을 죽 깔고 오순도순 지내던 추억을 얻었다. 그때의 집에는 크고 작은 일화가 끝도 없이 얽혀 있었다. 가끔 들이닥치던 도둑 때문에 평소엔 힘 한번 제대로 못 쓰실 것 같던 아버지가 미리 준비해두셨던 야구 방망이, 몇 번이고 한지를 새로 발라도 좀처

럼 사라지지 않던 안방 바닥의 곰팡이…. 이런 유쾌하지 않은 기억들
은 아마 부모님보다 맏이였던 내가 더 또렷이 기억하고 있을 것이다.

하지만 그 덕분에 더 선명하게 남은 장면들도 있다. 뒷동산에서 연
을 날리며 신나게 놀던 일, 친구들과 1층에서 지붕까지 오르내리며
숨바꼭질하던 일, 동네 강아지가 새끼를 낳았다고 구경 가던 일, 공터
에 모여 야구를 하던 일들. 반세기 가까이 지난 지금도 이런 추억들이
그 시절의 공간과 함께 또렷이 떠오른다. 당시 아파트에서만 자라던
친구들은 올챙이가 개구리로 변하는 모습도, 아침마다 이슬에 젖은
나팔꽃의 고운 자태도, 방아깨비보다 메뚜기를 키우기가 얼마나 더
어려운지도 아직도 모를 것이다.

그렇게 3년을 살고 다시 아파트로 돌아왔을 땐 완전히 다른 세상에
들어선 기분이었다. 모든 것이 편리했고 무엇보다 수도꼭지만 틀면
뜨거운 물이 나오는 게 신기했다. 더는 일주일에 한 번씩 온 가족이
목욕탕에 갈 필요도 없어졌다. 하지만 아버지의 구전 동화를 들으며
힘께 길을 걷던 추억도 사라졌다. 순박하게 뛰놀던 동네 친구들도 더
는 없었다. 주변 친구들은 세련되고 멋졌지만, 순수함과 낭만은 사라

졌다. 겨울마다 뒷동산에서 손을 호호 불며 날리던 가오리연도, 물 주전자로 그려 만든 다이아몬드 구장에서 하던 동네 야구도 사라졌다.

애정보다 애증이 더 무섭다고 하지 않던가. 돌아보면 아무 불편 없이 편하게 살았던 집보다, 그 시절 약간은 부족했지만 함께 채워가며 지냈던 시간이 더 소중하게 남았다. 집이란 우리의 신체와 같다고 하지 않던가? 집은 언제나 인간의 시대보다 부족하고, 그곳에 사는 인간은 평생 그 부족함을 채워야 하는 관계인지도 모른다. 유한한 삶 속에서 부족함을 메우려 애쓰는 것이 곧 인생임을 나는 집을 통해 깨달았다. 이 책은 바로 이러한 나의 과거의 집에서 출발한다.

제주 무근성 외갓집 앞 어머니와 가족들

집의 유전자

1

어떤 집이
좋은 집일까

- 불란서주택
- 다세대주택
- 모듈러주택
- 제주도 외갓집

우리는 왜 한옥보다
양옥집이 더 친근할까

불란서주택

삼각형 지붕에
네모난 집

요즘에도 선생님이 아이들에게 집을 그려보라고 하면 재미있는 광경이 펼쳐진다. 아파트에서 태어나 줄곧 아파트에서만 살아온 아이들조차 삼각형 지붕에 마당, 문과 창문, 심지어 굴뚝까지 그려 넣는다. 단 한 번도 단독주택에 살아본 적이 없어도 '집' 하면 떠오르는 이미지는 곧 '삼각형 지붕이 있는 양옥집'이나. 만약 어떤 아이가 실제 자신이 사는 아파트를 그린다면 주변에서 이상한 친구로 오해받을지도 모른다. 이렇게 우리의 유전자에 강하게 각인된 집의 이미지는 바로 '저 푸른 초원 위 그림 같은 집', 양옥이다. 그렇다면 한국인들의 머릿속에 이 삼각형 지붕에 네모난 집은 도대체 어떻게 스며들게 되었을까?

어릴 적 친구 집에 놀러 가면 주눅이 들 때가 있었다. 요즘은 아파트의 평수나 브랜드 때문인지 모르겠지만 1970~1980년대에는 마당이 있는 커다란 2층 양옥집이 꼭 그랬다. 무엇보다 크고 웅장한 대문이 먼저 기를 죽였다. 대문에는 문이 여러 개 달려 있었다. 작은 문은 사람이 드나드는 용도고 큰 철제 양개문은 자가용을 위한 전용 도어였다. 집은 작아도 문이 두 개니 대문 자체가 클 수밖에 없었다. 특히 문패가 달린 두껍고 큰 문주에 작은 지붕까지 얹힌 대문은 양옥집의 상징이었다. 마당에 들어서자마자 눈에 들어오는 카펫처럼 깔린 푸른 잔디와 그 위에 놓인 파라솔, 야외 테이블, 의자도 그랬다. 실제로 누가 앉아 있지 않아도 그 집에 사는 사람들은 영화 속 배우들 같을 것이라는 착각과 환상을 불러일으켰다.

현관 앞 테라스는 집 안팎을 내다보는 일종의 무대였다. 한옥의 대청마루가 마당보다 높아 집주인의 모습을 집 어디에서나 잘 볼 수 있었던 것과 유사했다. 간혹 집주인이 잠옷 차림으로 테라스에 나와 있으면 이웃들에게는 성공한 사람으로 보이는 좋은 무대가 됐다. 무대가 화려하게 보이려면 훌륭한 장식이 붙게 마련이다. 테라스 주변은 마치 돌처럼 보였지만 실제로는 콘크리트로 된 난간으로 둘러 있었다.

그리고 흥미로운 건 1층 아래에 꼭 반지하가 있었다. 창고나 보일러실을 위한 공간이었는데, 지하라기보다는 양옥집의 기단이라고 하는 편이 더 어울렸다. 지상으로 반 이상 노출된 지하층 위에 1층이 있

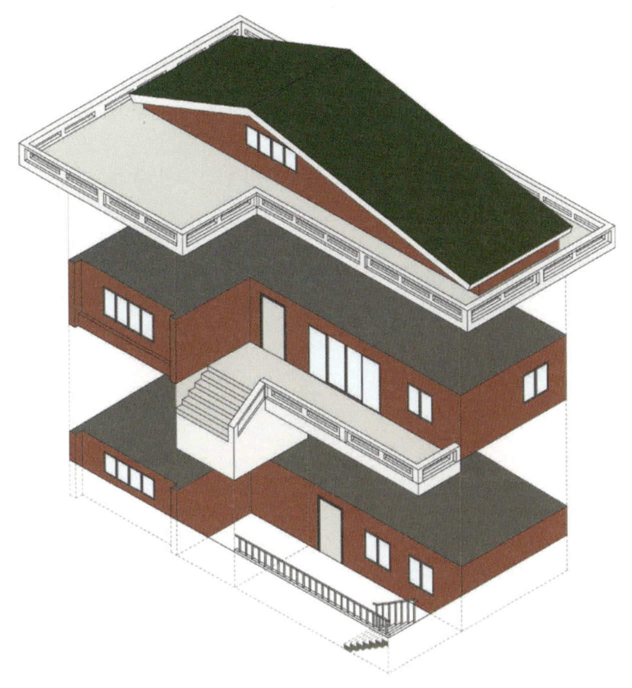

반지하, 1층, 다락방으로 구성된 삼각 지붕의 불란서주택

어 지면으로부터 최소 1.5m 정도 높이 올라가는 효과가 생긴 것이다. 그 결과 단층집임에도 불구하고 마치 2층집처럼 웅장하게 보였다.

양옥집은 역시 복층이 잘 어울렸다. 이를 위한 장치로 반드시 삼각형 경사 지붕이 있었고, 그 아래 다락은 창고나 수납공간으로 활용됐다. 실제로는 단층집인데도 지붕과 다락 덕분에 2층 양옥처럼 보이는 눈속임 장치였던 셈이다. 그래서 다락으로 기어올라가야 할 정도로 좁은 발코니였지만, 지붕 주위에 낮은 난간까지 덧붙였다. 이 모든 것이 집장사들이 소위 분양을 위해 도입했던 장식들이었다.

이런 2층 양옥집은 당시 성공의 상징이었다. 1980년대부터 새롭게 조성되는 동네마다 이 양옥들이 쏟아져 나왔다. 그 시기에 처음 등장한 이름이 바로 '불란서주택'이다. 불란서라니, 대체 어디에서 온 말일까? 그러나 이 낯선 단어는 빠르게 대중의 입에 오르내리며 표준처럼 굳어졌다. 집들은 크기만 조금 다를 뿐, 마치 한 사람이 그린 듯 비슷한 형태로 지어졌다.

일본의 수입품,
문화주택

불란서주택이라는 용어의 기원을 알려면 먼저 한국에 '양옥'이라는 개념이 형성된 과정을 거슬러 올라가야 한다. 양옥은 '서양식 주택'이라는 의미로, 한옥의 반대어다. 사전에는 한옥韓屋을 '우리나라 고유의 형식으로 지은 집을 양식 건물에 상대하여 이르는 말'이라고 설명한다.[1] 그런데 흥미로운 사실은, 국어사전에 '한옥'이 등장하기 시작한지가 채 50년도 되지 않았다는 점이다. 실제로 이 용어가 최초로 기록된 것은 1900년대 초였다.

그전에는 어떻게 불렀을까? 그냥 집이었다. 모든 사람이 한옥에 살았으니 굳이 구분하는 이름이 필요하지 않았다. 개항기에 서양 사람들이 들어와 자신들에게 맞는 집을 지었고, 일제강점기 이후 일본식 주택이 소개되면서 조선인이 사는 집을 구분하기 위해 붙인 이름이 '한옥'이었다. 그렇다면 '양옥'은 언제부터 시작됐을까? 그 유래는 일제강점기에 일본을 통해 들어온 서양식 주택, 이른바 '문화주택'에 있다. 해방 이후 1960년대에도 사람들은 '서구적이고 모던하며 세련된 집'을 통칭해 여전히 문화주택이라 불렀다. 그러다 1970년대에 들어 목조 대신 벽돌과 콘크리트로 지은 2층집이 유행처럼 번지면서, 문화주택이라는 용어는 자연스럽게 '양옥'으로 대체됐다.

물론, 1970년대까지도 양옥과 함께 문화주택이라는 단어는 한국인들에게 현대식 집의 대명사처럼 사용됐다. 여기서 '문화'는 서구식 주거 문화의 줄임말이었기 때문이다. 그래서 이후에는 문화주택이라고 하면 일제강점기 때 지어진 '진짜' 문화주택과는 상관없이, 위생적인 부엌과 내부 화장실을 갖춘 서구식 외관의 집을 통칭했다. 최근까지도 간혹 택지개발지구에 붙인 '○○문화 예술인 마을' 같은 이름에서 그 흔적을 찾을 수 있다. 땅의 크기가 달라도 집의 구조는 거의 변하지 않았다. 일제강점기에 문화주택이 있었다면, 해방 후에는 2층 양옥이 그 자리를 대신해 주류가 됐다.

한마디로 1930년대에 유행했던 문화주택은 일본에서 건너온 수입품이었다. 당시 거리를 활보하던 모던보이와 모던걸처럼, 잘 가꿔진 정원 위에 서구식 뾰족지붕을 얹은 문화주택은 전통과 근대를 가르는 새로운 유행의 상징이었다. 오늘날 한국인의 심상 어딘가에 깊이 각인된 2층 양옥의 유전자는 일제강점기의 문화주택과 맞닿아 있다. 그래서 일제가 쫓겨난 후 1970년대까지도 문화주택은 여전히 현대식 집의 대명사로 통용됐다. 그리고 비슷한 시기, 새마을운동과 함께 지방에 보급된 새마을주택은 불란서주택의 이란성 쌍둥이였다.

'불란서주택은
프랑스 정부와 아무 관련이 없습니다'

다시 처음의 질문으로 돌아와서 '불란서'란 말은 어디서 튀어나온 걸까? 1962년 개정된 건축법은 양옥을 '벽돌이나 시멘트 블록으로 벽체를 올리고 트러스로 지붕틀을 짜 그 위에 시멘트 기와를 얹은 집'이라고 정의한다.[2] 그렇다면 시멘트로 만들어진 양옥집은 왜 1960년대 이후에 우후죽순처럼 전국에 생겨났을까? 1960년대 이후 해외 원조가 줄어들면서 목재 품귀 현상이 생겼고, 상대적으로 풍부한 시멘트를 활용해 콘크리트로 짓는 양옥을 권장했을 것이라고 짐작된다. 그러다 1970년대 후반, 이른바 '불란서식 주택'이라는 단어가 본격적으로 등장한다.

하지만 이 이름이 어디에서 유래했는지 정확히 아는 사람은 없다. 다만 당시 프랑스가 선진국 중에서도 세련되고 예술적인 나라라는 이미지를 지녔던 만큼, 집장사들이 그 이미지를 장삿속으로 이용했음은 분명하다. 막 시장에 등장한 아파트와 경쟁하기 위해 내놓은 일종의 상술이기도 했다. 요즘 아파트들이 외관은 비슷하지만 브랜드만 다르게 해서 분양을 하듯, 당시 업자들도 양옥에 붙일 간판이 필요했던 것이다.

지금은 돌아가셨지만 오랫동안 우리나라 근현대 주택 건축을 연구해온 박철수 교수는 '불란서식'이라는 표현이 붙은 것은 세련미와 더불어 이국적이고 고급스러운 이미지를 주기 때문이라고 설명했다. 해외여행이 자유롭지 않았던 그 시절, 프랑스는 그림 같은 양옥들이 즐비한 상상의 나라였다. 심지어 그 이후 뾰족지붕의 화란식(네덜란드식) 주택까지 등장한 것을 보면, 분양을 위해 이런저런 이름을 붙여가며 끊임없이 브랜드를 만들려 했던 건 요즘이나 그때나 다르지 않았다는 생각이 든다. 아무튼 집장사들의 상술은 꽤 성공적이었다. 프랑스 대사관이 '불란서주택은 자국과 아무 관련이 없다'고 굳이 해명까지 할 정도였다.

그런데 유행은 돌고 돈다고 했던가? 프랑스 대사관조차 거부했던, 근본이 모호한 그 집이 요즘 복고풍 열풍과 함께 다시 주목받고 있다. 서울 연희동이나 연남동, 성수동 등에 남아 있던 큰 양옥들이 카페나 빵집, 레스토랑으로 바뀌며 소위 MZ 세대의 취향을 저격하고 있는 것이다. 전 국민의 인기를 끌었던 드라마 〈응답하라 1988〉에 나오는 정봉이네와 정환이네가 바로 불란서주택이다. 다만, 실제 주택은 아니고 야외 세트장이었다고 한다.

그런데 문득 궁금해진다. 단 한 번도 단독주택에서 살아본 적 없는 사람들에게 2층 양옥은 어떤 느낌일까? 한 번도 한옥에 살아본 적이 없어도 북촌이나 서촌의 지붕 선이 묘한 향수를 불러일으키는 것은, 어쩌면 유전자에 새겨진 '집'의 기억 때문일 것이다. 길을 가다 예전에 좋아했던 노래를 들었을 때 당시의 추억이 함께 떠오르는 것처럼, 서울 도심의 불란서풍 2층 양옥을 개조한 공간들에서 오랜만에 돌아온 집의 편안함을 느끼는 것도 결국 우리 안에 각인된 집의 기억이 소환된 순간이기 때문일 것이다.

역시 시간은 돈 들이지 않고 얻을 수 있는 건축의 훌륭한 재료다. 앞으로 구옥이나 오래된 시골집이 있는 땅에 무언가를 지을 기회가 생긴다면, 무조건 신축만 고려하기보다 있던 집이나 건물을 활용해보길 권하고 싶다. 물론 아예 다 철거하고 신축을 하는 것이 오히려 더 쉽고, 때로는 비용도 저렴할 수 있다. 하지만 오랫동안 쌓여온 시간의 흔적까지 함께 지워지는 건 막을 수 없다. 마치 수십 년 동안 자란 숲을 베어내고 어린 묘목들로 정원을 꾸미는 것과 같다. 해외에서는 건물을 고칠 때 외관은 그대로 두고 내부만 새로 손보는 경우도 많다. 불란서주택처럼 오래된 집을 허물지 않고 고쳐 쓰는 일은 공간을 되살리고 불필요한 자원 소모를 줄이며 도시의 기억을 이어가는 가장 현명한 방법이 될 수 있다.

현재까지도 서울 서촌에 남아 있는 문화주택(위)
연희동의 어느 불란서주택(아래)

다세대는
정말 안 좋은 집일까

다세대주택

조금 이상하게 변해버린
르 코르뷔지에의 이상

"그가 사는 곳은 다세대주택과 빌라들이 다닥다닥 붙은 서울 변두리의 전형적인 골목이었다. 그의 빌라 주차장은 이미 만원이었다. 두 겹으로 세워진 자동차들 사이에는 세발 자전거를 끼워 넣을 틈조차 없었다."[3] 어느 소설에 등장한 다세대주택가의 모습이다. 서울 변두리의 다세대주택 골목은 늘 비슷한 풍경이다. 빽빽하게 들어선 건물들 사이 좁은 도로는 양쪽에 주차된 차들로 가득하고, 퇴근이 늦으면 차를 세울 자리조차 찾기 어렵다. 이처럼 단독주택이 다세대나 연립으로 바뀌며 세대수가 늘자 길 전체가 주차장으로 변해버렸다. 도시의 밀도를 높이면서도 주차 문제를 해결하기 위해 등장한 장치가 바로 '필로티Piloti 주차장'이다. 지금은 너무나 익숙한 이 대한민국의 풍경이, 100년 전 스위스 태생의 프랑스 건축가 르 코르뷔지에가 이미 상상했다면 믿을 수 있겠는가?

1887년에 태어나 현대 건축에 거대한 획을 그은 건축가 르 코르뷔지에는 이미 1920년대에 도시의 심각한 주차 문제를 예견하고, 그 해결책으로 필로티 구조를 제안했다. 필로티란 기둥으로 건물을 띄워 지상 공간을 비워낸 뒤, 그 여유 공간을 주차장으로 사용하는 방식이다. 오늘날 우리가 흔히 보는 다세대나 연립주택의 1층 주차장이 대표적인 예다. 20세기 초 급격히 늘어난 자동차로 인해 도시는 엄청난 주차난에 시달리고 있었다. 르 코르뷔지에는 주거 공간을 위로 띄우고 하부를 주차 공간으로 활용하면 거리가 사람을 위한 공간으로 바뀔 수 있다고 내다봤다.

그리고 그 유명한 사보아 주택은 필로티 구조가 적용된 최초의 건물이다. 비록 한적한 교외에 지어졌지만, 처음부터 그는 사보아 주택을 도시 한복판에 들어설 모델 주택으로 구상했다. 만약 도심에 사보아 주택이 반복적으로 지어진다면, 건물 1층이 모두 주차장으로 활용되어 도로변의 차량이 사라질 것이라고 기대했다. 그것만이 아니다. 그가 설계한 최초의 아파트인 유니테 다비타시옹Unité d'Habitation 역시 1층 전체가 필로티 구조로 되어 있었다. 그는 사람들이 걷는 거리가 주차 공간으로부터 분리되어야 한다고 굳게 믿었다.

그러나 100년이 지난 지금 그가 꿈꾼 이상은 한국에서 조금 이상

필로티 주차장으로 가득 찬 다세대주택가 풍경

한 형태로 재현되었다. 한국은 르 코르뷔지에의 이론에 입각해 필로티 구조를 전면적으로 도입했지만, 거리가 공원이 되기는커녕 필로티로 인해 골목길 전체가 주차장처럼 변해버린 기이한 풍경이 펼쳐지고 있다.

어쩌다 이렇게 됐을까? 도심이 지금처럼 바뀌게 된 계기는 1980년 대 군사독재 시대로 거슬러 올라간다. 심각한 주택 부족 문제를 해결하기 위해 1981년 전두환 정권이 '주택 500만 호 건설 계획'을 발표했고, 이어 1989년 노태우 정부가 '200만 호 주택 건설'을 목표로 내세웠다. 군사 정권은 10년 동안 총 700만 채라는 사실상 불가능에 가까운 목표를 세워놓고 어떻게든 달성해야 하는 상황이었다. 정부는 신도시의 아파트 단지만으로는 턱없이 부족했기에, 기존 단독주택을 개조해 여러 가구가 거주할 수 있는 다가구 주택으로 바꾸거나 아예 다세대주택을 새로 짓도록 유도하는 정책을 펼쳤다.

그때까지 전용주거지에서는 허가되지 않던 공동주택의 건축이 허용되면서, 단독주택을 허물고 다세대주택을 짓는 흐름이 촉진됐다. 이를 뒷받침하기 위해 1984년과 1985년에 다세대주택 건축 관련 법이 제정되었고, 대지 안의 공지나 통로, 주차 등에 관한 규정이 대폭 완화되었다. 그 결과 주거 환경은 자연스럽게 열악해질 수밖에 없었다. 1989년에 발표된 '다세대주택 표준설계 공고'[4]는 동네 골목길의 단독주택이 사라지고 다세대주택이 들어서게 될 시대의 도래를 상징적으로 알린 선언과도 같았다.

다세대주택이
아파트보다 낫다

나는 1970년대 경제 성장기에 태어나 지방에서 상경한 부모님의 굴곡진 삶을 따라 이사를 밥 먹듯이 했다. 북가좌동의 작은 단독주택에서 잠실 주공아파트로, 다시 강남의 아파트를 거쳐 아버지가 직접 설계한 집으로 옮겼다가 다시 아파트로 돌아오기도 했다. 한동안은 안정된 생활을 이어가는 듯했지만 부모님이 사기를 당하면서 졸지에 경매 딱지가 붙은 집에서 쫓겨나 이름 모를 작은 집에 다섯 식구가 모여 살기도 했다. 그 뒤로도 전세를 전전하다가 겨우 단독주택에 정착할 수 있었다.

주민등록초본에 나온 주소만 봐도 서른 번이 넘는 이사를 했다. 한 집에서 평균 2년을 채 살지 못한 셈이다. 결혼 후에도 사정은 다르지 않았다. 아이의 양육 문제로 처가 근처로 옮기기 위해 가지고 있던 작은 아파트를 팔고 전세 생활을 시작했다. 그런데 그 아파트값이 두 배로 오르는 동안 나는 여전히 전세살이를 벗어나지 못했고, 집이 없는 설움에 서로의 탓을 하며 부부싸움을 벌이기도 했다. 전셋집에서 오래 머물 수 있을 것이라고 철석같이 믿었던 건 큰 착각이었다. 2년이 지나자 집주인의 딸이 들어온다며 이사를 해야 했고, 다음 아파트는 층간소음 때문에 도저히 버틸 수 없었다. 세 번째 집은 전세자금대출까지 받아 오래 살고 싶었지만, 주인이 집을 팔겠다고 하니 또다시 짐을 싸야 했다.

결국, 돌고 돌아 지금은 다세대주택에 살고 있다. 솔직히 말해 아파트에서 다세대로 내려온 듯한 느낌에 스스로 초라하게 느껴지기도 했다. 연립이나 다세대주택에 대한 선입견 때문인지, 치솟는 전셋값이 원망스럽게 느껴졌다. 무엇보다 1층 전체가 필로티 주차장이라는 점이 낯설었고, 구조적으로도 어딘가 불안하게 보였다. 곳곳에 붙은 '외부인 주차 금지' 같은 경고 문구들 역시 이유 모를 불편한 긴장을 더욱 키웠다.

그런데 놀랍게도 지금까지 살아온 집 중에서 만족도가 가장 높은 곳이 바로 이 다세대주택이다. 필로티 주차장이 있는 층을 포함해도 총 5층 규모라 건물 높이가 낮아 거리와 건물 사이의 관계가 훨씬 편안하다. 요즘 아파트들은 지나치게 높아 거리에서 바라볼 때 존재감이 과도하게 크다. 게다가 엘리베이터 효율이 떨어져 기다리는 시간이 길다는 단점도 있다. 반면 요즘 다세대주택은 5층 정도의 건물임에도 대부분 엘리베이터가 설치되어 있고 이용자 수가 적어 한결 편하다. 높이도 부담스럽지 않아 계단을 오르내리는 일조차 어렵지 않다.

과거에는 5층 이하 건물에는 엘리베이터를 거의 설치하지 않았다. 1980~1990년대에 지어진 최고급 빌라조차 계단만 있을 뿐 승강기는 없었다. 5층 정도면 걸어 오르내리는 것이 당연한 일이었다. 땅 한 평이 아쉬운 상황에서 면적을 차지하는 엘리베이터는 설치를 고려할 대상조차 되지 못했다. 그러나 평균 수명이 늘고 거주자의 연령대가 높아지면서 5층 건물이라도 승강기가 없으면 접근성이 떨어져 세입자를 구하기 어려워졌다. 그 결과 최근에는 층수가 낮은 다세대주택에도 대부분 엘리베이터가 설치되어 있어, 아파트와 비교해도 주거 만족도가 뒤처지지 않는다. 주민 수가 많지 않아 서로 인사 정도는 나누며 지낸다. 사소한 문제도 아파트보다 훨씬 원활한 소통으로 해결할 수 있다. 이렇게만 보면, 오히려 아파트보다 다세대주택이 더 나은 것 같기도 하다.

한정된 공간에서
모두가 잘 사는 방법

마지막으로 남은 다세대주택의 단점은 역설적이게도 다시 주차 문제다. 아무리 필로티 공법으로 주차 공간을 만들었다곤 하지만 주차할 자리는 늘 넉넉하지 않다. 하지만 세대마다 주차 가능한 공간이 정확히 배분되어 있어서 비교적 질서가 잘 유지된다. 만약 필로티 주차장에 차고 문이 따로 설치되어 있다면 금상첨화다. 거리에서도 주차장이 노출되지 않아 깔끔하고, 외부인의 무단 주차로 골치 아플 일도 없다.

하지만 이는 어디까지나 주택 거주자의 입장이고, 공공재로서의 도시경관을 생각한다면 필로티 주차는 분명 해결해야 할 '골칫거리'가 맞다. 무엇보다 다세대 1층의 필로티 주차는 마치 거리 전체가 주차장인 것처럼 보이게 해 동네와 거리에 대한 선호도마저 떨어뜨리는 원인이 된다.

이는 2002년 김대중 정부에서 완화한 필로티 주차 관련 규정 때문이다. 그전까지 다세대주택은 단독주택 기준의 주차장 규정을 적용받았기 때문에 주차 공간이 턱없이 부족한 문제가 있었다. 따라서 주거지의 주차난을 해결하기 위해 다세대주택 신축 시 주차장 설치를 의무화할 수밖에 없었지만, 갑작스러운 규제 강화는 사업성을 떨어뜨릴 우려가 있었다. 이를 보완하기 위한 유화책으로 당시 제시된 것이 바로 필로티였다. 1층 전체를 띄워 주차장으로 활용하면 건물의 전체 높이와 층수, 심지어 연면적 산정에서도 제외해주도록 한 것이다.

현실적으로 만들기 어려운 지하주차장 대신 지상 1층에 주차장을 두도록 유도한 것이다. 이후 2006년 노무현 정부는 이 규정을 더 완화해, 1층의 절반 이상만 주차장으로 사용해도 필로티로 인정하도록 했다. 도심의 주거난과 주차난을 동시에 해결하기 위한 고육책이었지만, **서울시의 한 고위 공무원조차** 이 제도를 전용주거지를 근본적으로 훼손한 주요 원인으로 지목할 정도로 향후 도시 미관에 적지 않은 영향을 미친 정책이기도 했다.

단독주택은 매력적이지만, 짓는 과정에서 지쳐버리는 경우가 많다. 그래서 대안으로 다 지어진 타운하우스 매수를 고려하는 이들이 늘고 있다. 타운하우스는 직접 땅을 찾고 설계하며 집을 짓는 수고를 덜 수 있고, 이미 지어진 형태라 사기 위험도 적다. 다만 집의 형태가 서로 비슷해 개성이 부족하다는 아쉬움이 있다. 그래도 여러 가지 장점을 생각한다면 단독주택을 꿈꾸는 사람들에게 타운하우스는 훌륭한 선택지가 될 수 있다. 문제는 비싼 가격이다.

그렇다면 타운하우스 말고 다세대주택은 어떨까? 다세대나 연립주택은 도심에 위치해 접근성과 생활 환경이 우수하지만, 타운하우스에 비해 상대적으로 외면받는 편이다. 1층의 필로티 주차장이 거리 경관을 해치는 것처럼 내부 환경도 열악할 것이라는 선입견 때문이다. 여기에 최근 전세 사기까지 잇따르면서 아파트로의 쏠림 현상은 더욱 심해지고 있다.

그런데 내가 직접 다세대주택에 살아보면서 생각이 조금 달라졌다. 의외로 저층형 공동주택도 약간의 정성과 관리만 더해진다면 충분히 좋은 집이 될 수 있다고 느꼈다. 이웃 나라 일본에서도 '맨션'이라고 불리는 공동주택이 아파트보다 더 보편적이고 인기도 높다. 무엇보다 나이가 들수록 고층보다는 저층형 주거가 훨씬 더 편리하고 유리하다. 아파트도 좋고 단독주택도 좋다. 그러나 언제나 문제는 좁은 땅이다. 모두가 원하는 곳에서 살 수는 없다. 그렇다면 도시 미관을 해친다는 이유로 오명을 뒤집어쓴 필로티 주차장을 가진 다세대주택을 다시 생각해볼 필요가 있지 않을까. 여러모로 주거 편의성에서 만족도가 높고, 한정된 공간 안에서 더 많은 사람의 주거를 해결할 수 있는 구조이기 때문이다.

물론 1층 필로티 주차장에 대한 개선은 반드시 필요하다. 지하 주차장을 두면 가장 이상적이지만 시공비가 많이 들고, 전용주거지의 토지가 대부분 100평 미만이라 경사로를 만들기 어려운 한계도 있다. 대안으로 1층 전체를 주차장으로 쓰기보다 일부를 주민과 주변 공동체를 위한 공간으로 활용할 수 있게 제도적 장치를 마련한다면 어떨까. 1층은 거리에서 바로 보이는 건물의 첫인상이자 도시의 표정이다. 건축주가 조금만 관심을 기울이고 제도가 뒷받침된다면 예상보다 큰 효과를 거둘 수 있을 것이다.

이제 단독주택이 점점 도시에서 사라지고 있다. 그렇다면 우리 주변의 대부분을 차지하는 다세대와 연립 같은 저층형 공동주택을, 모두가 살아보고 싶은 공간으로 바꿀 고민을 시작해보면 어떨까?

일본의 가장 보편적인 저층 공동주택 맨션

몰라서 안 짓는 게 아니라
못해서 안 짓는다

모듈러주택

저렴하면서 좋은 집은
정말 없는 걸까?

인류의 큰 재앙이었던 코로나 팬데믹은 우리가 사는 집에도 영향을 미쳤다. 그 시기 건축 공사비가 급등하면서 전원생활을 꿈꾸던 사람들에게 예상치 못한 변수가 찾아온 것이다. 절체절명의 순간, 꿈에 그리던 집 짓기를 잠시 미뤄둔 채 코로나가 끝나기만을 기다리던 이들 중 상당수는 결국 예산이 맞지 않아 집을 짓지 못했다. 인생사 한 치 앞도 모른다지만, 공사비가 그렇게 단숨에 치솟은 이유를 명확히 설명하기란 지금도 쉽지 않다. 다만 분명한 건, 그동안 눌려 있던 여러 문제들이 팬데믹을 계기로 한꺼번에 터져 나왔다는 사실이다.

현장에서 체감하는 공사비는 2015년부터 2025년까지 거의 두 배가까이 올랐다. 10년 전만 해도 평당 350만 원이면 집을 지을 수 있었지만, 지금은 최소 800만 원은 잡아야 한다. 시공 품질이 높은 주택이라면 이 금액으로는 어림도 없다는 말이 나올 정도다. 점심 한 끼 값도 10년 사이 두 배가 올랐다지만, 이미 고가였던 건축비는 이제 보통 사람이 쉽게 넘볼 수 없는 '다른 차원의 세계'가 되어버렸다. 예전에도 한 번 오른 공사비가 다시 내려간 적이 없었던 걸 떠올리면, 앞으로 집을 짓는 일은 지금보다 훨씬 더 버거운 도전이 될지도 모르겠다.

그렇다면 앞으로 집을 꿈꾸는 일은 불가능한 걸까? 물론 아니다. 인류는 언제나 위기를 돌파하며 새로운 해답을 찾아왔다. 가장 대표적인 예가 바로 오늘날 가장 보편적인 건축 자재, 철근 콘크리트(철콘)다. 더 싸고 빠르게 집을 짓기 위해 고안된 이 재료는 불과 100년 남짓의 역사밖에 되지 않는다. 그전에는 돌과 나무를 장인들이 일일이 다듬어 집을 지었다. 그러나 도시로 인구가 몰리고 주택이 부족해지자 대량생산 시대의 요구에 맞춰 등장한 해결책이 바로 철근 콘크리트였다.

앞으로의 대안은 무엇일까? 현재 공사비의 구조를 보면 자재비가 약 3분의 1, 나머지 3분의 2는 인건비가 차지한다. 100년 전만 해도 자재비가 인건비보다 훨씬 비쌌지만 지금은 상황이 완전히 뒤바뀌었다. 사람이 직접 손으로 해야 하는 일이 여전히 많은 건설 현장에서 인건비를 줄이지 않고는 시공비 절감이 어렵다. 이 공식에 따라 생각해보면, 인건비 부담을 줄이는 것이 결국 좋은 집을 더 저렴하게 짓는 핵심 열쇠일지도 모른다. 포드 자동차가 대량생산을 통해 비용을 혁신적으로 낮췄듯이, 집 역시 공장에서 미리 만들어 현장에 옮겨놓는 방식이 주목받고 있다. 마치 레고 블록을 조립하듯 부품을 사전에 제작해 맞춰 짓는 이 방식이 바로 '모듈러건축', 그리고 그렇게 지은 집을 '모듈러주택'이라고 부른다.

2010년, 젊은 건축가였던 나는 직접 모듈러주택에 도전한 적이 있다. 전원주택이 아닌, 비어 있는 옥상 위에 집을 짓는 프로젝트였다. 아이디어는 단순했다. 공장에서 컨테이너 형태로 단위 세대를 미리 제작해두고, 크레인으로 옥상에 올려놓기만 하면 된다. 옥상의 크기에 따라 세대수를 조절할 수도 있었다. 건물주는 놀리고 있던 옥상을 활용해 수익을 얻고 나는 미리 만들어둔 집을 판매한다. 따로 의뢰한 건축주는 없었지만, 내가 먼저 컨테이너 하우스를 직접 개발해 새로운 수요를 발굴해보겠다는 생각이었다. 소비자들이 상상조차 못한 방식으로 숨은 시장을 만들어보려 했던 것이다. 그때 내가 구상한 것이 바로 컨테이너를 활용한 모듈러하우스였다. 아쉽게도 결과는 단 한 건도 실현되지 못했다. 예기치 못한 변수들이 너무 많았기 때문이다.

허무하게 실패한
'쉬운 집' 프로젝트   이지홈 프로젝트

비슷한 시기, 강남 한복판에 '쿤스트할레'라는 문화공간이 등장했

공개 당시 큰 화제를 불러모았던 컨테이너로 만들어진 쿤스트할레 내부 모습

다. 겉으로 보기엔 단순히 컨테이너를 여러 개 쌓아올린 구조물이었지만, 안으로 들어서면 전혀 다른 세계가 펼쳐졌다. 넓고 시원하게 트인 공간은 하나의 완성된 건물처럼 세련되고 실험적이었다. 컨테이너로 지은 이 건물은 당시 건축계에 적잖은 충격을 줬고, 곧바로 유행이 되었다. 누구나 앞다투어 컨테이너를 활용한 건축물을 선보이던 시기였다. 나 역시 빌딩 숲 사이로 쌓여 있는 그 컨테이너들을 바라보며 상상했다.

'이게 원룸들이 모인 집합주택이라면 어떨까?'

짓기노 쉽고, 해체도 간단하며, 땅만 있다면 옮겨서 다시 지을 수도 있는 구조. 완벽한 아이디어처럼 보였다. 다만 문제는 명확했다.

도심에는 땅이 없었다. 컨테이너 원룸이 성립하려면 인구 밀도가 높은 곳에 자리해야 했는데, 그런 곳은 이미 가용 부지가 없거나, 있더라도 터무니없이 비쌌다. 그때 문득 눈에 들어온 게 바로 건물들의 '빈 옥상'이었다. 위성사진으로 보니 강남에도 초록색 옥상들이 끝없이 펼쳐져 있었다. 그 순간, 머릿속에 불이 켜졌다. '이거다!'

조사해보니 컨테이너에는 두 가지 종류가 있었다. 하나는 수출용 컨테이너로, 폭은 다소 좁지만 여러 개를 층층이 쌓을 수 있고 외관도 깔끔하다. 다른 하나는 현장에서 가설 사무실로 자주 쓰이는 일반 컨테이너로, 폭이 넓고 내부 공간 활용은 좋지만 외형이 투박하다. 나는 그중 수출용 컨테이너를 선택해 설계를 진행했다. 앞서 언급한 '쿤스트할레' 역시 바로 이 수출용 컨테이너를 사용한 사례였다.

우선 한 모듈, 즉 단위 세대를 설계했다. 내부는 원룸 형태로 화장실과 세탁실, 작은 침실까지 갖춘 완결된 구조였다. 외부는 금속 타공판으로 마감해 단정하고 세련된 인상을 주었다. 부동산 개발을 하는 후배와 손잡고 건축주들에게 배포할 안내서도 만들었다. 이름하여 이지홈Easy Home. 브랜드도 생겼다. 우리는 강남 일대 건물주들에게 우편물을 직접 돌리며 적극적으로 홍보를 시작했다. 문의 전화도 몇 통 걸려왔다. 하지만 기세 좋던 시작은 곧 벽에 부딪혔다.

경험이 부족했던 나는 당시 몇 가지 중요한 문제를 미처 고려하지 못했다. 바로 구조 보강, 정화조, 주차장 문제였다. 우선 컨테이너는 생각보다 무겁다. 기존 건물 옥상이 아무리 튼튼해 보여도 새로운 구조물을 얹으려면 반드시 구조 보강이 필요하다. 특히 오래된 건물일

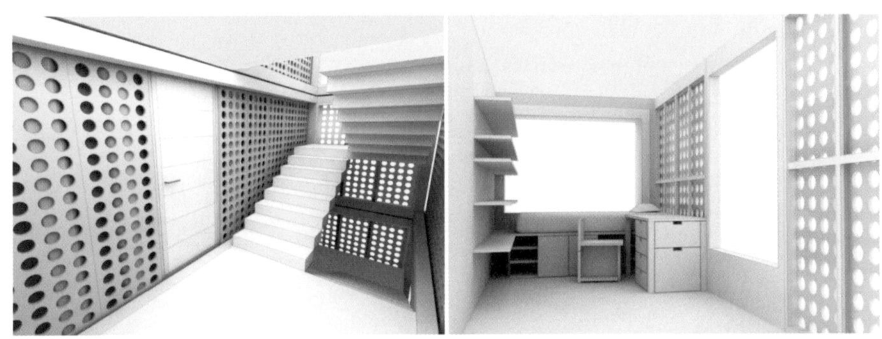

컨테이너 하우스를 이용했던 원룸 모델 계획안

수록 이 보강 공사가 쉽지 않다. 비용도 만만치 않고, 이미 사용 중인 공간을 뜯어내 작업해야 하니 현실적으로 거의 불가능에 가까웠다. 정화조 문제도 비슷했다. 정화조에는 용량이 정해져 있어, 건물의 용도나 인원에 따라 기준을 초과하면 크기를 늘려야 한다. 하지만 땅속 깊이 매설된 정화조를 교체하는 일은 사실상 불가능했다. 결정적으로 발목을 잡은 건 주차장 확보였다. 건물을 증축해 연면적이 늘어나면 법적으로 확보해야 할 주차 대수도 함께 늘어난다. 그러나 대부분 도심의 건물들은 이미 주차장을 최소한만 확보한 상태였다. 그 상황에서 주차 공간을 한 칸이라도 더 마련하는 건 거의 불가능에 가까운 일이었다.

그때나 지금이나, 옥상에 원룸 두어 채 더 올리겠다고 이 모든 복잡한 문제를 감수할 건축주는 없었다. 그렇게 도심의 빈 옥상들을 활용해보려던 나의 컨테이너 하우스 프로젝트는 아쉽게도 허무하게 막을 내렸다. 하지만 젊은 건축가로서 그 경험은 결코 헛되지 않았다. 모듈러주택의 가능성과 한계를 몸소 부딪치며 배운, 값진 공부의 시간이었다. 세상은 몰라서 안 하고 있던 게 아니라, 못해서 안 하고 있던 거였다.

해외 직구로
집을 짓는다고?

패시브 모듈러주택

2023년, 〈건축탐구 집〉 방송 촬영 때 '해외에서 직구한 집'이라는 별명으로 강릉의 어느 한 주택을 소개했다. 건축주는 전직 토목직 공무원이었다. 그는 직접 유럽의 라트비아에 있는 모듈러공장과 연락해, 바닥·벽·지붕을 따로 제작한 뒤 한국으로 들여와 조립했다. 왜 굳이 가까운 나라도 아닌 유럽의 작은 나라에서 수입했을까 싶지만 그럴 만한 이유가 있었다. 독일 등 기술력 있는 선진국들이 모듈러기술을 개발했지만, 실제 생산 공장은 인건비가 낮은 동유럽에 집중돼 있었던 것이다.

운송비가 문제였지만 당시만 해도 우크라이나 전쟁 전이라 육로로 블라디보스토크까지 운반한 뒤 배편으로 속초항에 들여오면 비교적 저렴하게 해결할 수 있었다고 한다. 그렇게 운반된 벽과 지붕, 바닥을 현장에 차곡차곡 쌓아 조립하자 하나의 완전한 집이 완성됐다. 말 그대로 진정한 의미의 모듈러주택이었다.

그는 유럽에서 제작된 벽과 바닥, 지붕을 조립하는 전 과정을 직접 보여주었다. 창문까지 달린 벽체들을 현상에 쌓아두고, 크레인으로 하나씩 들어 올려 맞붙이는 모습이었다. 특히 인상 깊었던 것은 바닥이었다. 일반적으로 콘크리트로 전체 구조를 현장에서 짓는 방식과 날리, 이 집은 콘크리트로 기초만 만든 뒤 공장에서 미리 완성해온 바닥을 얹어 조립했다. 이 방식은 다른 모듈러공법과 확실히 달랐다. 바닥을 공장에서 제작하면 오차가 거의 없고, 지면에서 올라오는 습기나 열기를 효과적으로 차단할 수 있다는 장점이 있다. 다만 물 사용과 배수를 위한 설비, 전기 배관은 미리 준비되어 있어야 한다.

이때 가장 중요한 것은 바닥에서 올라오는 각종 설비와 전기 파이프의 위치가 정확해야 한다는 점이다. 현장에 설치된 파이프와 공장에서 만들어온 바닥의 구멍이 조금이라도 어긋나면 조립 과정에서 일일이 수정해야 한다. 이런 오차를 잡는 데는 시간과 인력이 생각보다 많이 든다. 일주일 안에 조립을 마쳐야 하는 일정 속에서 바닥 파이프 위치 하나하나를 다시 조정해야 하는 일은 생각보다 훨씬 큰 변수였다.

어쨌든 그 모듈러주택은 정말 놀라웠다. 건축주의 세심한 노력 덕분에 기밀성이 높고 단열이 뛰어난, 에너지 효율까지 갖춘 친환경 목조주택이 완성될 수 있었다. 국내에는 아직 이런 주택을 제작할 생산시설이 없어 부품을 수입해야 한다는 한계가 있지만, 그 점만 해결된다면 조만간 우리나라에서도 충분히 현실화할 수 있을 것 같았다.

하지만 문제는 예상 밖으로 비용이었다. 겉보기엔 모듈러주택이 시공 기간이 짧고 공장에서 미리 완성해오니 공사비도 획기적으로 줄 것 같지만, 현실은 그와 크게 다르다. 우선 운송비가 만만치 않았고 중간에 수입업체가 끼면 그만큼 마진이 붙었다. 전문가가 아닌 일반인이 직접 발품을 팔아 해외 공장을 찾아 계약하기란 결코 쉬운 일이 아니다. 인터넷으로 상담하고 계약까지 진행한다 해도, 실물을 보지 않은 상태에서 거액을 송금하는 건 쉽지 않다. 이런 이유로 중간 수입업체를 거치면 견적이 오히려 일반 공법보다 더 비싸지는 경우가 많았다. 저렴할 줄 알고 모듈러를 선택했는데, 직접 짓는 것보다 더 비싸다면 누가 그 방식을 택하겠는가. 해외 공장에서 모듈러주택을 들여오는 일은 생각보다 훨씬 더 복잡하고 어려운 일이다.

그리고 진짜 문제는 내부 공사였다. 모듈러주택은 공장에서 바닥, 벽, 지붕을 따로 만들어 조립하니 겉모습만 보면 금세 완성된 집처럼 보인다. 하지만 실제로는 이제부터가 진짜 시작이다. 내부 전기, 수도, 난방, 마감재 시공 등은 일반 주택과 똑같이 진행해야 한다. 보통 집을 짓는 데 드는 총비용의 절반 이상이 이런 내부 공사에 쓰인다. 구조물을 세우는 데 4분의 1, 외관 마감에 4분의 1이 들어가고, 나머지 절반이 설비와 인테리어에 투입된다. 결국 아무리 빠르고 효율적으로 집의 형태를 만들어도, 실내까지 완성하려면 여전히 상당한 비용과 시간이 필요하다는 뜻이다. 이것이 바로 모듈러주택의 함정이다. 완제품을 갖다 놓는 건 아니기 때문이다.

그래서 안타깝지만, 경제성만 따지자면 모듈러주택보다 이동식 주택이 더 경쟁력이 있다. 시골길을 달리다 보면 곳곳에서 이동식 주택 업체 간판을 쉽게 볼 수 있는 것도 그 때문이다. 가격이 상대적으로 저렴하고, 바로 설치해 사용힐 수 있어 매력적으로 보인다. 하지만 단점도 분명하다. 까다로운 소비자의 취향이나 요구에 맞춰 기성품을 수정하거나 구조를 바꾸기가 어렵다. 가능하더라도 결국 비용이 올라갈 수밖에 없다. 자동차를 떠올리면 이해가 쉽다. 공장에서 완성된 차량을 내 취향대로 바꾸려면 옵션이 붙고 가격이 상승한다. 자동차

회사가 정해놓은 색상 외에 다른 색을 칠하려면 추가 비용이 드는 것과 같은 이치다.

집도 마찬가지다. 아무리 합리적이라 해도, 평생의 로망이 걸린 집을 짓는 일에서 내 마음에 쏙 들지 않는 이동식 주택을 그대로 받아들이겠다는 사람은 많지 않다. 결국 대부분은 "조금 더 돈이 들더라도 내가 원하는 대로 고쳐 달라"고 요구하게 된다. 문제는 바로 여기서 시작된다. 소비자는 이상을 포기하지 못하고, 제작업체는 그 요구를 맞추느라 한계를 느낀다. 그렇게 서로 지쳐가는 모습을 현장에서 수도 없이 봐왔다.

농막도 비슷하다. 요즘은 규제가 완화되어 부엌과 화장실을 설치할 수 있고 면적도 33㎡(약 10평)까지 가능한 농촌 체류형 쉼터로 활용할 수 있다곤 하지만, 불과 2024년 전까지만 해도 농막은 20㎡(약 6평) 이하로 제한되었고 물을 사용하는 시설은 불법이었다. 말 그대로 농사일 중 잠시 쉬어가는 임시 공간으로만 허가가 나던 시절이었다. 그럼에도 농막에는 분명한 장점이 있었다. 규모는 작고 단순했지만, 그 덕분에 공장에서 완제품으로 만들어 그대로 옮겨 설치할 수 있는, 거의 유일한 형태의 '완성형 주택'이었던 것이다.

쉽게 말해 농막은 캠핑카와 이동식 주택의 중간쯤 되는 개념이다. 방송 촬영을 다니며 수많은 농막을 봤지만, 그중 가장 인상 깊었던 곳은 한 건축가가 설계한 일산의 농막이었다. 작지만 다락과 평상을 갖춘 구조로 공간 활용이 뛰어났고, 디자인 역시 기하학적이면서도 세련됐다. 당시에는 법적으로 부엌과 화장실을 넣을 수 없었지만, 그는

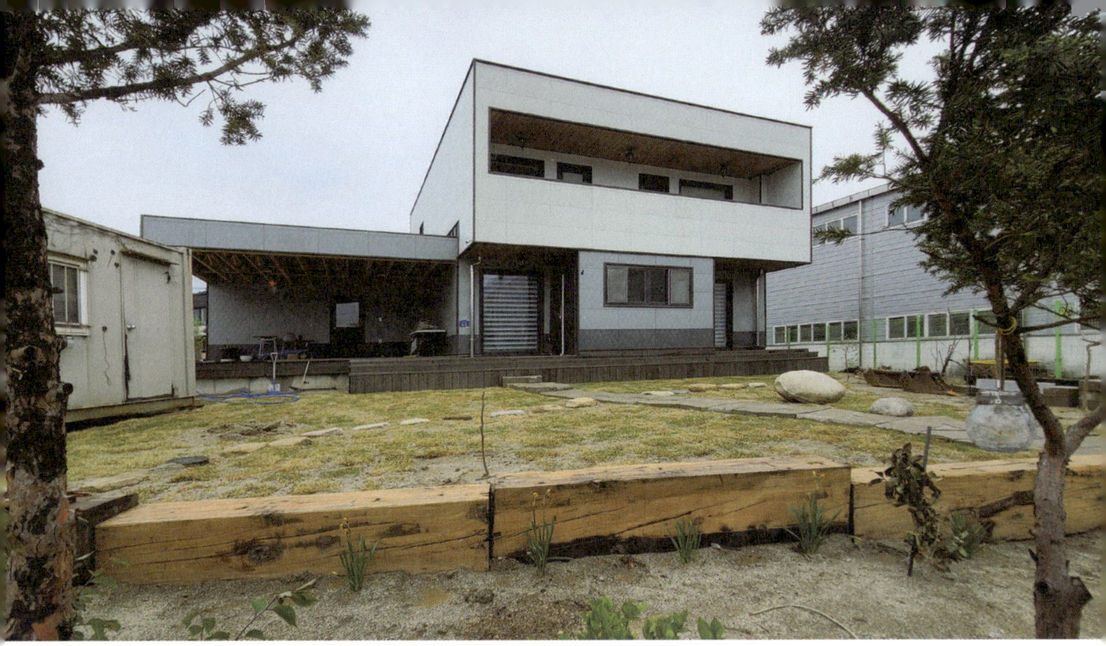

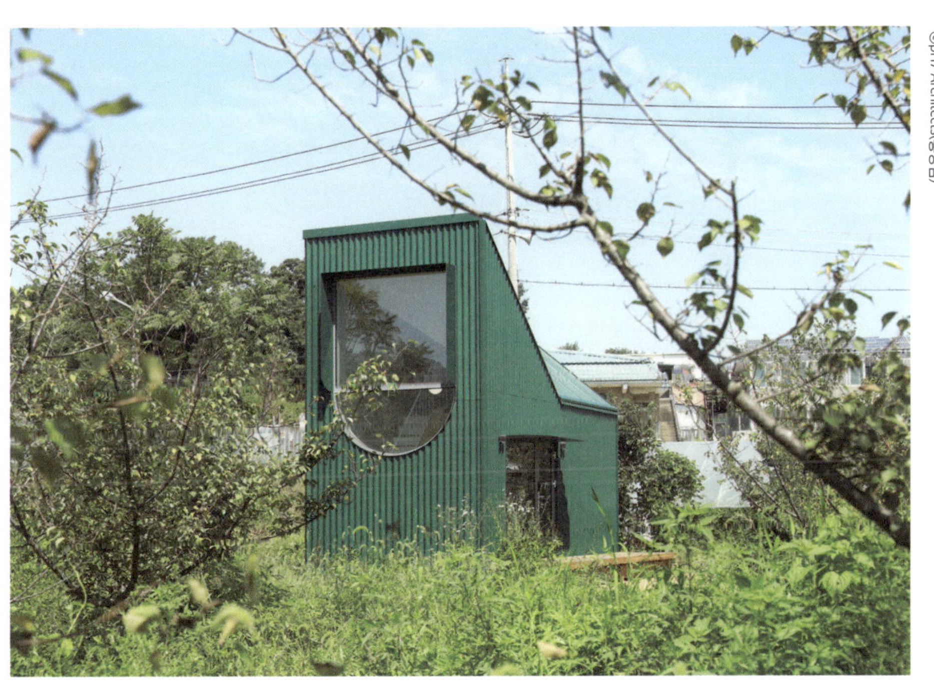

'해외에서 직구한 집'으로 소개된 강릉의 모듈러주택

©pH7 Architects(홍성범)

건축가가 직접 설계하고 판매하는 일산의 농막집

언젠가 규제가 완화되면 실제 주거 공간으로 쓸 수 있도록 미리 설계만 해두었다고 했다.

공간의 완성도와 디자인 모두 인상적이었지만 가격을 물어보니 결코 저렴하지 않았다. 아무리 작아도 예쁜 집은 비쌀 수밖에 없다는 걸 새삼 실감했다. 결국 현실은 이렇다. 로망을 담은 집은 작아도 비싸고, 경제성만 따지자니 '그럴 거면 왜 집을 짓나' 싶은 게 오늘의 주거 현실이다.

대충 지을 수는 있어도
대충 살 수는 없다

다시 처음의 질문으로 돌아가보자. 어떤 집이 좋은 집일까? 그리고 그런 좋은 집을 과연 저렴한 비용으로 지을 수 있을까? 사실 이런 고민은 이미 오래전부터 이어져왔다. 지금으로부터 30년 전, 1990년대에도 아파트를 모듈러공법으로 지을 수 있을지를 두고 여러 차례 실험이 진행됐다. 당시 일부 아파트 현장에는 별도의 모듈건축 공장을 세워 여러 동 중 한 동 정도를 시험 삼아 지어보곤 했다. 그러나 결과는 기대와 달리 아쉬웠다. 시간과 비용, 어느 면에서도 기존 공법보다 효율적이지 않았던 것이다. 게다가 비가 잦은 우리나라의 기후 특성상 방수 문제가 치명적이었다. 벽과 바닥, 지붕을 따로 제작해 현장에서 조립하다 보니 부재 사이의 이음매가 모두 누수의 위험에 노출돼 있었다.

서구에서는 이미 1960년대부터 모듈러공법을 활용해 아파트를 지어왔다. 반세기가 지난 지금도 우리는 여전히 제자리걸음에 머물러 있다. 하지만 최근 들어 상황이 달라지고 있다. 시공비가 급등하고, 인건비 상승과 고령화로 인해 현장의 숙련 인력이 줄어들면서 건축 품질에도 빨간불이 켜진 것이다. 이런 이유로 정부와 기업이 다시 주목하기 시작한 공법이 바로 모듈러건축이다. 다만, 이 기술이 주택 현장에서 본격적으로 상용화되기까지는 여전히 시간이 필요해 보인다. 새로운 가능성이 열리고 있지만 아직은 넘어야 할 벽이 많다.

예전에 한 건축주가 핀란드의 조립식 로그하우스*를 문의하셔서, 내가 조심스럽게 말린 적이 있다. 말씀은 구체적으로 하지 않으셨지만 결국 모듈러주택을 염두에 두고 계신 듯했다. 그러나 냉정히 따져 보면 아직까지는 비용 대비 품질 면에서 그다지 유리하지 않기 때문이다. 건축이라는 일은 여전히 오래된 기술과 첨단 기술이 교차하는 지점에서 이루어진다. 그리고 결국 그 건물이 놓일 땅의 조건, 주변의 기술, 사람의 손을 빌리지 않고는 완성될 수 없다. 공장에서 완벽히 만들어온 농막이라 해도 최소한의 기초는 현장에서 단단히 다져야 한다. 물과 전기를 쓰려면 주변 전문가의 도움도 필요하다. 결국 아무리 기술 수준이 높고 여건이 좋은 나라에서 만들어온다고 해도, 그 집이 자리할 환경에 맞게 다시 수정하고 조정해야 한다. 집은 캠핑카가 아

---

* 둥근 통나무를 가로로 쌓아 올려 벽체를 만드는 목조 주택으로, 목재 자체가 구조체이자 마감재가 되는 전통적인 건축 방식.

니기 때문이다. 그리고 이 모든 과정까지가 건축이다.

그러므로 "저렴하게 집을 지을 수 있나요?"라는 질문은 애초에 전제가 잘못됐다. 사람이 살아가는 집이라는 건, 결코 싸고 빠르게, 대충 지어도 되는 대상이 아니기 때문이다. 지난 30년 동안 수많은 기술자와 건축가들이 시도했지만 여전히 상용화되지 못한 이유를 곰곰이 생각해볼 필요가 있다. 다시 말해, 세상은 몰라서 안 하는 게 아니다. 안 되기 때문에 못 하는 것이다.

최근 들어 주택의 내진 기준이 강화되면서 부재를 조립해 만드는 모듈러주택에는 또 다른 변수가 생겼다. 과거에는 내진 설계 대상이 아니었던 단층 주택도, 지금은 2층으로 증축하려면 반드시 내진 기준에 맞춰 보강해야 한다. 레고 블록으로 지은 집이 옆에서 밀면 쉽게 무너지듯 모듈러주택 역시 부품을 조립해 만든 구조라 지진이나 태풍같은 수평 하중에 취약하다. 중력에는 견딜 수 있지만 옆에서 가해지는 힘에는 추가 보강이 필수다. 결국 단층 주택은 상대적으로 구현이 쉽지만 시장 규모가 너무 작다는 한계가 있다. 우리나라에서 모듈러주택이 제대로 활성화되려면 공동주택 시장이 열려야 한다. 그러나 아직까지는 비용 면에서도, 품질 면에서도 기존의 재래식 공법을 완전히 넘어설 만큼의 경쟁력을 확보하지 못한 상태다.

하지만 미래는 누구도 단정할 수 없다. 과거에 자동차가 순식간에 말과 마차를 대체했던 것처럼, 스마트폰이 인류의 생활 방식을 완전히 바꿔놓았던 것처럼, 그리고 최근 인공지능이 우리 삶 전반의 기준을 새로 쓰고 있는 것처럼, 언젠가 공장에서 만들어지는 모듈러주택이 주거의 새로운 기본값이 될지도 모른다.

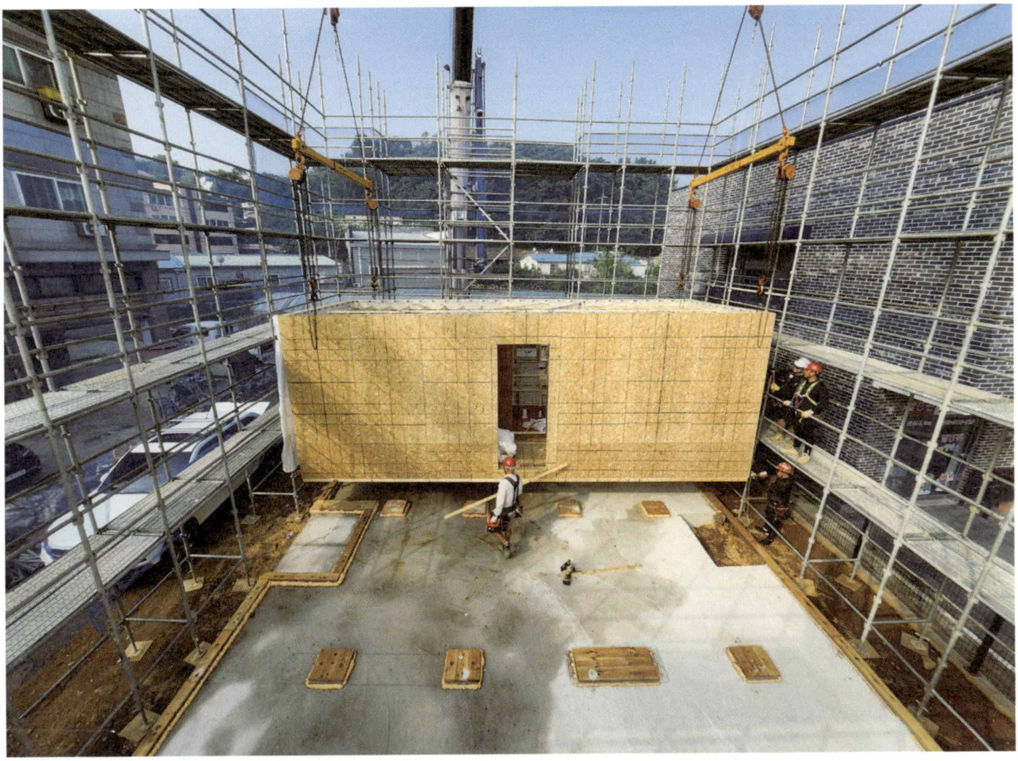

©자이가이스트(주)

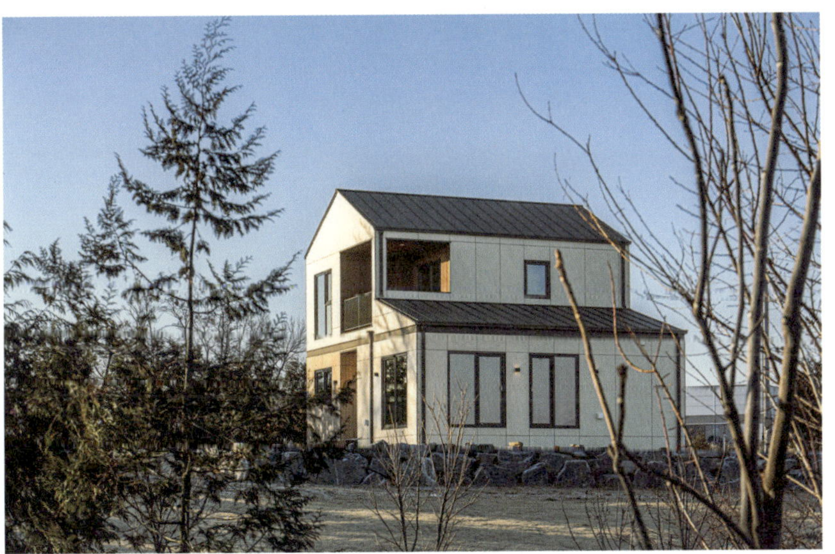

모듈러 설치 중인 화성 두곡리 주택(위)과 준공 완료된 음성 소석리 주택(아래)

'큰 한 채'보다 '작은 여러 채'가
불편해도 더 편한 이유

'좋은 집'과
'살기 좋은 집'은 다르다

건축의 노벨상으로 불리는 프리츠커상을 받은 일본 건축가 안도 다다오의 첫 프로젝트는 오사카 어느 평범한 동네의 매우 작은 주택이었다. 외부에서는 내부 공간을 전혀 가늠할 수 없을 정도로 밋밋한데 노출 콘크리트 벽만 덩그러니 서 있고, 가운데 겨우 한 사람이 들어갈 정도로 작은 개구부만 하나 뚫려 있다. 오히려 건물 입면이 너무 단순해서 주변에서 제일 튀는 집이 됐다.

그런데 정작 이 집이 유명해진 이유는 그 내부 공간에 있다. 침실과 거실, 식당, 화장실까지 총 세 개의 방들이 중정을 사이에 두고 모두 떨어져 있는 특이한 집이기 때문이다. 작은 중정엔 작은 계단과 외부 다리도 있다. 침실에서 식당이나 거실을 가려면 이 외부 중정을 거쳐야 한다. 한 집이지만 방에서 방으로 이동하는데 비 오는 날이면 당연히 우산을 쓰고 다닌다. 건축가 안도 다다오는 마치 우주를 하나의 집으로 응축한 것처럼 지은, 작지만 파격적인 이 집으로 일약 세계적인 스타가 됐다. 중정을 사이에 두고 뚝뚝 떨어져 있는 방들로 구성된 집은 시적이고 낭만적이었다. 과거와 현재, 서양과 동양을 이어주는 듯한 이 매력적인 주택은 세계 건축사에 기록될 만큼 실험적이었다. 하지만 나는 매우 오래전부터 의문이 있었다. '건축주는 처음부터 이런 집이라는 걸 알고 있었을까?'

이 건물이 아름다운 공간임엔 틀림없지만, 사람이 살기에는 불편해 보이기 때문이다. 과연 사람이 사는 집이 정말 맞을까 싶다. 그런데 놀랍게도 같은 건축주가 완공 후부터 지금까지 실제로 매우 행복하게 살고 있다고 한다. 그분의 삶을 다룬 다큐멘터리에서 나온 이야기인데, 아마 안도 다다오가 설계한 집에 산다는 자부심도 한몫했을 것이다.

그렇다고 해도 내 개인적인 의견은 좀 다르다. 이 집을 특이하고 실험적인 주택으로 자신만만하게 소개할 수 있지만 이런 곳에 사는 것을 추천하고 싶지는 않다. 불편한 게 꼭 안 좋은 건 아니지만 그렇다고 굳이 방과 방 사이에 외부 공간을 둬서 불편을 감수할 만큼 좋은지는 의문이다. 삶에 변화를 수는 집이라는 점에서는 당연히 후한 점수를 줘야겠지만 그렇다고 건축가들조차 이런 집에 잘 살지 않는 건

안도 다다오를 세계적인 건축가로 만든 스미요시의 아즈마하우스

어떻게 설명할 수 있을까? 작고 불편해도 행복한 집이라면 그 유전자가 왜 널리 퍼지지 않았을까 하는 의문이다. 그럼 우리 조상들은 어땠을까? 마당을 가운데 두고 여러 채를 나눈 한옥에서 행복했을까?

건축가 승효상은 "방을 서로 떨어뜨려 이리저리 거닐며 사유할 수 있는 여유를 줌으로써 불편함이 몸을 움직이고 머리를 맑게 해 결과적으로 삶을 풍요롭게 한다"고 했다.[5] 정말 여러 채로 이루어진 한옥에 머물다 보면, 우리 선조들이 이렇게 살았겠구나 싶은 생각이 든다. 물론 그 안에는 낭만도 있었을 것이다. 그러나 혹한의 겨울과 무더운 여름을, 서로 떨어진 방들에서 지내야 했던 삶은 결코 쉽지 않았을 것이다. 그렇게 생각하는 건, 나 역시 건축가이기 전에 한 사람이기 때문이다. 과거엔 초가나 한옥 외엔 다른 선택지가 없었지만, 지금 우리는 세계에서 가장 편리한 주거 시스템인 아파트를 가지고 있다. 방들이 떨어진 펜션에서 하룻밤쯤 머무는 건 즐거운 경험이 될 수 있다. 하지만 그런 형태의 집이 오늘날 다시 보편적인 주거 방식이 될 수 있을까? 과연 현대인의 게으름과 바쁨을 상쇄할 만큼, 그런 불편함 속에서 낭만과 여유를 다시 찾을 수 있을까?

따로 또 같이, 제주도 외갓집

내 삶에도 불편하면서도 묘하게 편안했던, 조금은 독특한 집이 있었다. 바로 제주도 외갓집이다. 지금은 주변 도로가 확장되면서 외갓집의 대부분이 잘려나갔지만, 여전히 구도심의 같은 자리에 남아 있다. 맞벌이하던 부모님께서 셋이나 되는 우리 형제를 돌보시기 벅차셨던지, 첫째였던 나는 종종 외갓집으로 보내졌다. 1970년대의 제주도는 아직 포장되지 않은 흙길 위로 소달구지가 다니던 시절이었다. 내가 도착하는 날이면 외삼촌은 방 한가운데 나를 무릎 꿇려 앉히고 말했다.

"넌 오늘부터 제주 사람이니, 내일부터는 당장 제주 말을 배워라."

그땐 사투리가 워낙 심해서 몇 달 머물다 돌아오면 동네 친구들이 내 말을 알아듣지 못했다. 심지어 "호민이가 중국말을 한다"고 수군거릴 정도였다.

그런데 우리 외갓집은 참 특이한 집이었다. 한 채의 집이 아니라, 두어 개의 작은 마당을 중심으로 여러 채의 방들이 흩어져 있었다. 대청마루가 있는 본채를 중심으로 앞뒤 마당 주변에 각각 작은 건물들이 따로 자리 잡고 있었다. 앞마당에는 외숙부가 머물던 사랑채가 있었고, 잘 가꿔진 뒤뜰에는 2층짜리 양옥 한 채와 외할머니가 지내시던 아담한 독채가 있었다. 본채 옆에는 좁은 외부 통로를 사이에 두고 욕실과 재래식 화장실이 따로 떨어져 있었다.

이렇게 본채, 사랑채, 별채, 욕실과 화장실까지 모두 합치면 여섯 채가 한 집을 이루고 있었다. 각각은 작지만 제 역할을 가진 건물들이었고, 두 개의 마당을 중심으로 모여 있었기에 말 그대로 '따로 또 같이' 살아가는 집이었다.

전통적으로 제주엔 안거리(본채)와 밖거리(별채)라는 독특한 문화가 있다. 자식이 혼인하면 멀리 보내지 않고 마당에 별도로 기거할 곳을 마련해 같이 사는 풍습이다. 그런데 재미있는 건 별채에 꼭 부엌살림을 함께 마련해줬다는 점이다. 시부모와 같이 살아도 살림만큼은 따로 하고 싶은 며느리의 마음을 이해했기 때문일까? 당시 제주에서는 남성보다는 여성이 살림과 생활을 맡았던 특수한 상황에서 부엌이라는 장소가 고부갈등의 시작이라는 사실을 인지하고 미리 공간적으로 배려한 것이다.

제주 외갓집도 마찬가지였다. 겨울에도 영하로 잘 떨어지지 않는 날씨 덕분에, 본채에서 떨어져 있던 외할머니 방으로 매일 밤 외사촌 형들 등에 업혀 옮겨가곤 했다. 비 오는 날이면 우산을 쓰고 방 사이를 오가야 했지만, 방들이 느슨하게 흩어져 있으면서도 각자의 독립성은 분명했다. 2층 양옥에 살던 외사촌 형들, 사랑채에 늘 머물던 외삼촌, 그리고 안방과 부엌을 분주히 오가시던 외숙모까지 모두 각자의 생활을 유지하면서도 식사 시간만큼은 한자리에 모여 한 식탁에서 밥을 먹었다.

어린 나는 밤마다 화장실이 멀어 요강을 써야 했지만, 낮이 되면 집 안팎을 뛰어다니며 동네 친구들과 마음껏 놀았다. 부모님을 따라 서른 번 넘게 이사를 다녔지만, 그 많은 집들 중에서도 유독 외갓집이 선명히 남아 있는 이유는, 불편했지만 이상하게 따뜻하고 행복했던 그 삶의 기억 때문일 것이다.

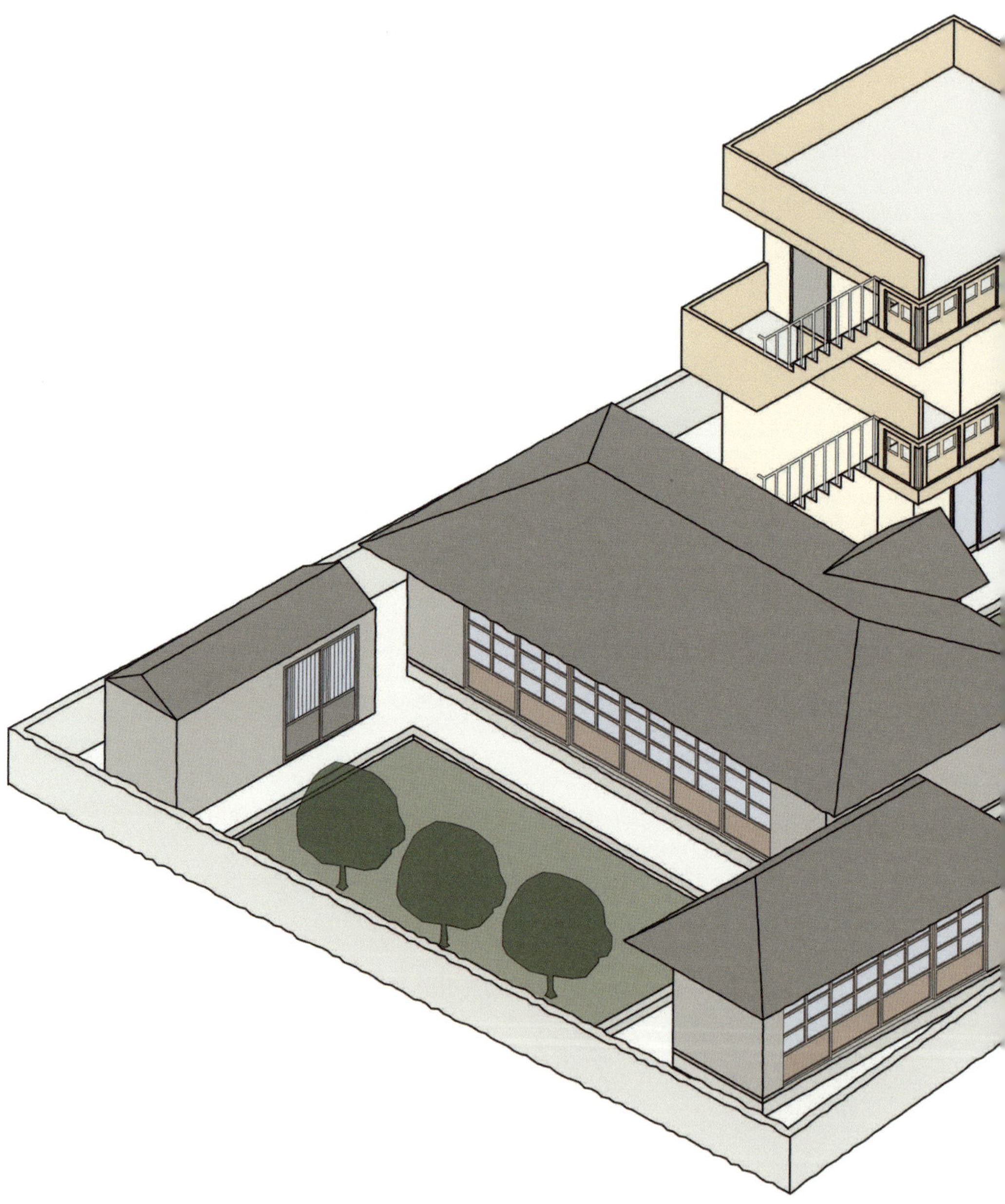

지금은 반쯤 없어졌지만 어린 시절의 추억이 깃든 제주 외갓집

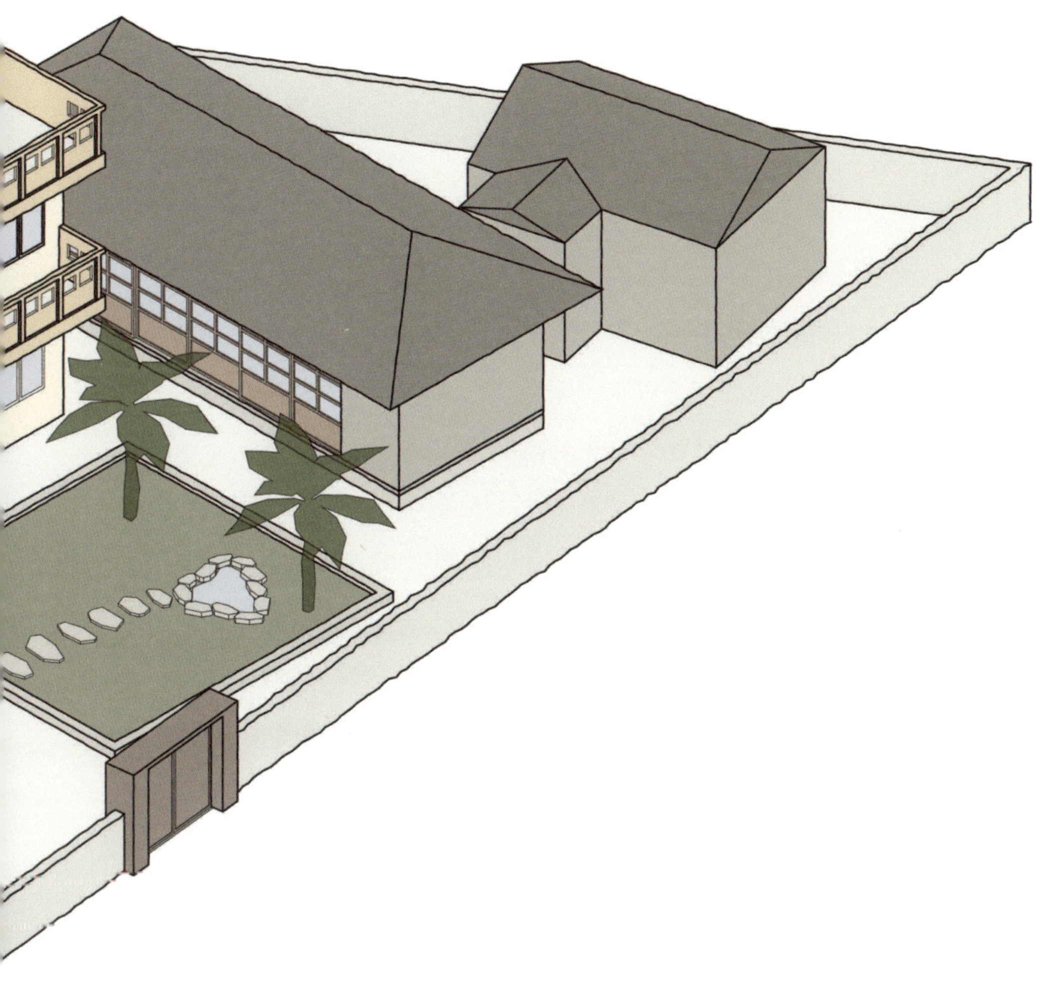

떨어져 있어서
더 가까운 집

우리 조상들은 한 채의 집에 온 가족이 모여 사는 것보다, 여러 채로 나누어 사는 게 더 편하다고 느꼈다. 물론 이는 단순한 생활상의 선택이 아니라, 남성과 여성, 어른과 아이, 양반과 노비를 구분해야 했던 유교적 질서와 공간관이 반영된 결과이기도 했다. 그래서 한옥은 언제나 '한 건물'이라기보다는 여러 개의 작은 건물로 이루어진 '집합체'에 가까웠다. 사랑채는 사랑채대로, 안채는 안채대로, 별당은 별당대로 각각의 일상이 흘렀고, 이들이 모두 마당이라는 공간을 사이에 두고 느슨하게 연결된 일종의 집합 건물이었다.

서로 다른 삶의 리듬이 공존하면서도, 문 하나를 열면 언제든 서로의 존재를 확인할 수 있었다. 지금의 아파트처럼 벽 하나로 완전히 분리되지 않았기에, 한 사람의 숨소리나 밥 짓는 냄새, 마루에서 들려오는 웃음소리가 집 안 전체에 자연스럽게 퍼졌다. 공간이 물리적으로 분리돼 있어도, 정서적으로는 오히려 훨씬 더 가까웠던 셈이다.

반면 오늘날 우리가 짓는 집은 정반대의 방향으로 진화했다. 단열성과 기밀성, 즉 효율을 극대화하는 데 초점을 맞춘 결과다. 내부를 감싸는 외피의 면적이 작을수록 열 손실이 줄어든다는 이유로, 방들을 가능한 한 서로 붙여 짓는다. 실내와 실외를 명확히 구분하고 틈새를 없애는 것이 좋은 집의 조건이 되었다. 결국 '제로에너지하우스'나 '패시브하우스' 같은 최첨단 친환경 주택들은 실내의 온도와 공기를 완벽히 통제하는 대신, 세상과의 교류를 차단하는 방향으로 나아갔다. 외풍이 한 줄기도 새지 않는 완벽한 집을 꿈꾸면서 말이다.

아쉽게도 효율과 편리를 추구할수록, 불편하지만 따뜻했던 삶에 대한 기억은 서서히 사라진다. 재래식 화장실이 집 밖에 있어서 밤마다 무서워서 가지 못했던 기억, 장마철이면 지붕에서 빗물이 새어 대야를 받쳐 놓았던 기억 모두 지금 생각하면 묘한 그리움으로 남는다. 그 시절의 불편함은 단순히 고통이 아니라, 그 시간을 구성하는 감각의 일부였다. 안팎을 분주히 오가며 살던 몸의 기억 그 자체가 어쩌면 우리가 궁극적으로 찾고자 하는 행복한 공간에 대한 실마리를 던져주는 것은 아닐까?

만약 내가 살았던 제주도 외갓집처럼 '뚝뚝 떨어진 집'의 로망을 갖고 있는 사람이라면, 나는 이렇게 권하고 싶다. 우선 집 전부를 그렇게 만들 필요는 없다. 마당 한 편에 작은 별채를 두는 것도 좋다. 독립된 손님방이나 서재, 작업실, 혹은 취미 공간처럼 활용할 수 있다면 충분하다. 정원 끝자락에 트리하우스나 작은 글쓰기 방을 두면 아이들에게는 상상의 놀이터가, 어른에게는 잠시 숨 쉴 수 있는 피난처가 되어줄 것이다. 별채는 크지 않아도 된다. 중요한 건 물리적인 거리보다 마음의 여백이다. 방 하나쯤 떨어뜨려 놓음으로써 우리는 잊고 있던 집의 본질적인 의미를 되찾을 수도 있다. 그것이야말로 현대의 효율적인 주거가 놓치고 있는 불편함의 미학이 아닐까?

집의 유전자

2

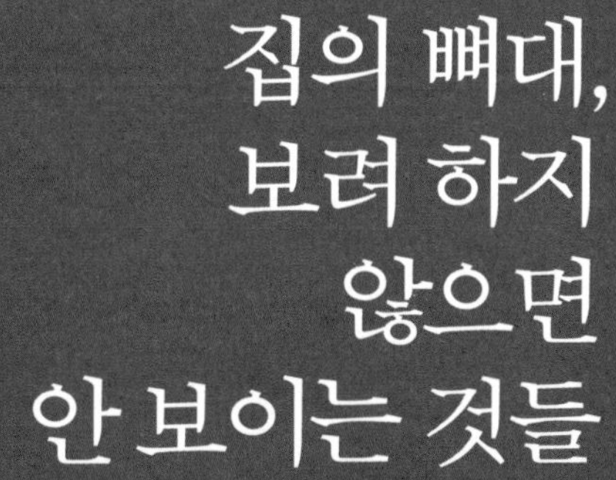

집의 뼈대,
보려 하지
않으면
안 보이는 것들

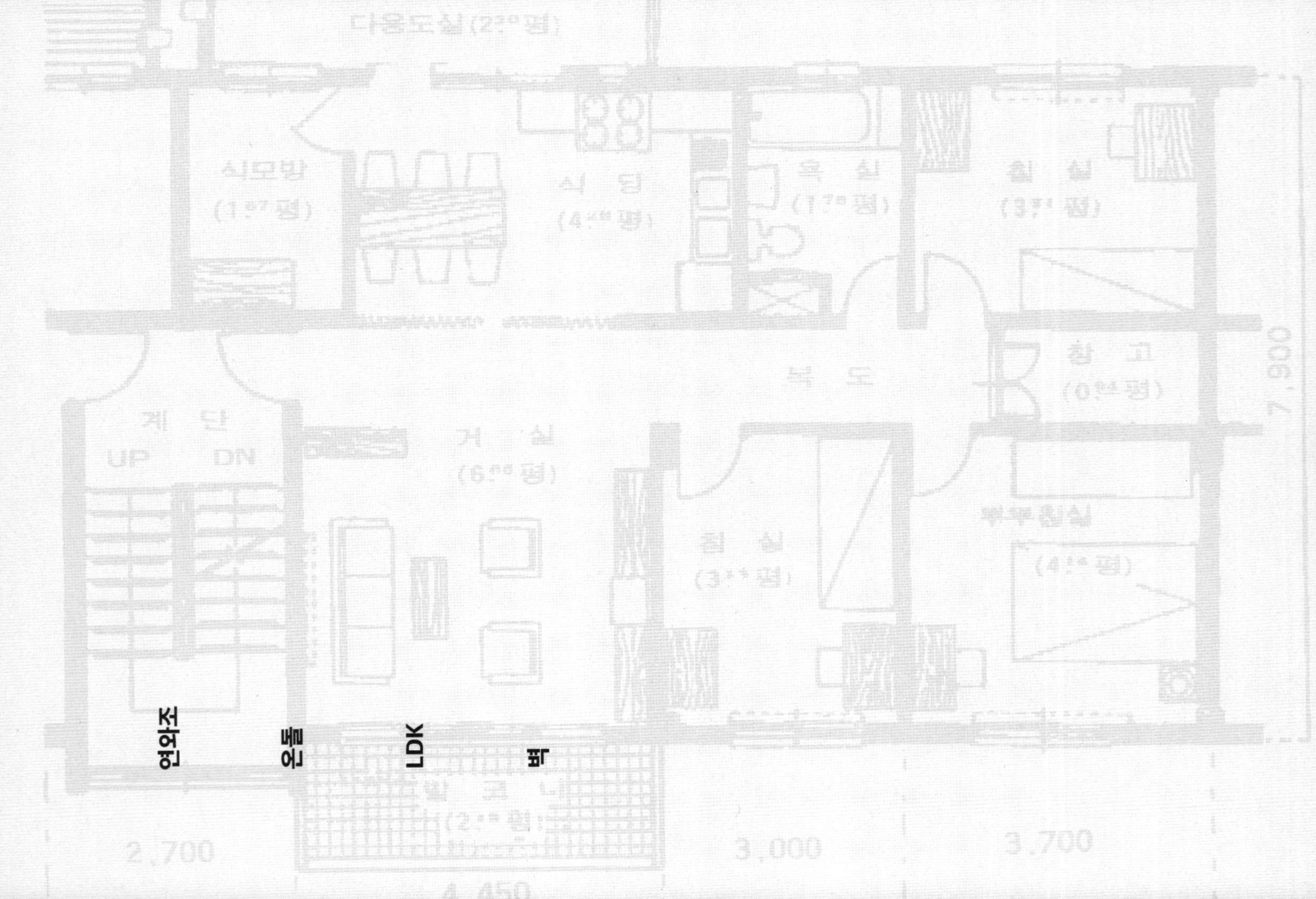

다용도실 (2³⁰평)
식모방 (1⁰⁷평)
식 당 (4⁸⁸평)
욕 실 (1⁷⁰평)
침 실 (3⁷⁴평)
창 고 (0⁹⁴평)
복 도
계 단
UP   DN
거 실 (6⁰⁰평)
침 실 (3⁹⁹평)
부부침실 (4¹⁰평)
발 코 니 (2⁶⁰평)
연와조
온돌
LDK
벽
2,700
3,000
3,700
4,450
7,900

콘크리트가 없으면
집을 지을 수 없을까

연와조

인류가 가장 사랑한 자재,
벽돌

사람에게 주민등록등본이 있듯 건물에는 건축물대장이 있다. 여기에는 겉으로는 알기 어려운 사실들이 자세히 적혀 있는데, 그중 하나가 건물이 어떻게 지어졌는가에 관한 정보다. 우리의 몸을 떠받치는 뼈대는 크기만 다를 뿐 종류는 하나지만, 집은 형태가 같아 보여도 다양한 구조 형식이 가능하다. 예를 들어 철근 콘크리트는 주로 아파트에 쓰이고, 철골은 사무실이나 백화점·기차역 같은 대공간에 쓰인다. 소형주택에는 미국식 주택처럼 경량 목구조가 많이 적용되며, 같은 목구조라도 한옥처럼 기둥과 보로 짜는 중목구조도 있다. 최근에는 경량 철골구조도 점점 더 널리 쓰이는데, 원래는 창고에 많이 적용되던 방식이었지만 시공비가 천정부지로 오르면서 단독주택 같은 작은 건물에도 자주 활용되는 추세다.

그런데 1970~1980년대에 지어진 주택의 건축물대장에는 간혹 '연와조聯瓦造'라는 단어가 적혀 있어 의아할 때가 있다. '철근 콘크리트조'나 '목구조'는 금방 알아차릴 텐데, 연와조는 쉽게 감이 오지 않는다. 도대체 연와조란 무엇일까?

오래된 건물 내부를 뜯어봤을 때, 바닥 슬래브*는 분명 콘크리트인데 벽은 콘크리트가 아니라 벽돌로 돼 있다면 연와조일 가능성이 크다. 연와조는 벽돌(瓦)을 이어(聯) 쌓아 만든(造) 구조라는 뜻으로, 콘크리트와 벽돌이 혼합된 일종의 '하이브리드' 구조다. 1950년대 후반부터 1980년대까지 레미콘 공장조차 드물던 시절, 상대적으로 다루기 어려웠던 철근 콘크리트는 건물의 구조체인 바닥이나 지붕에만 적용하고, 나머지 벽과 기둥은 벽돌로 쌓아 건물을 지탱하는 공법이었다. 약 40년 전 건축가였던 아버지가 우리를 위해 지은 주택도 바로 연와조였다.

도시에서는 오래된 주택들이 사라져 보기 어렵지만, 시골에는 여전히 연와조 집들이 많이 남아 있다. 특히 사람이 살지 않아 조금씩 낡고 있는 시골집들의 벽을 자세히 보면, 미장이 벗겨진 사이로 벽돌

---

* 건물의 바닥·천장을 이루는 넓고 평평한 콘크리트 판으로, 하중을 지지하고 층을 구획하는 핵심 구조 요소.

이나 시멘트 블록으로 쌓은 흔적이 보인다. 바닥은 콘크리트로 시공하더라도 벽만큼은 벽돌로 쌓아 미장으로 마감한 것이다. 벽돌은 인류가 가장 사랑한 건축 자재 중 하나다. 크기가 작아 손에 잡기 쉽고, 옮기기 편하며, 시멘트 모르타르Mortar로 쌓기도 용이하다. 그래서 벽돌 구조는 우리나라뿐 아니라 전 세계적으로도 매우 흔하다.

남미의 볼리비아와 페루를 여행했을 때, 달동네에 가득한 허름한 집들이 모두 오렌지색 벽돌로만 지어져 있는 모습에 놀란 적이 있다. 안 무너지고 서 있는 게 신기할 정도였는데, 정말 흙으로 구운 벽돌 하나로만 지은 집이었다. 재료가 부족하고 경제 상황이 열악할수록 흙으로 구운 벽돌은 집 짓기에 최적의 재료다. 옮기기 쉽고, 쌓기 좋고, 특히 남미처럼 더운 나라에서는 단열도 크게 필요하지 않으므로 아무 데나 터를 잡고 벽돌을 쌓아 올리기만 하면 된다. 여기에 지붕만 얹으면 집이 완성된다. 1980~1990년대, 자재와 설비가 절대적으로 부족했던 우리나라에서도 벽돌은 집 짓기에 가장 요긴한 재료였다.

그런데 문제는 지붕이다. 농촌에서는 초가집처럼 나무로 대충 틀을 만들고 짚을 얹으면 됐지만, 도시는 다르다. 나무도 짚도 흔한 재료가 아니었다. 요즘 같으면 샌드위치 패널로 덮을 수 있겠지만, 개발도상국에서 패널은 귀한 자재다. 특히 2층 이상 집을 지으려면 단단한 바닥이 필요했다. 그래서 선택한 것이 경사 지붕 대신 철근 콘크리트 평지붕 슬래브였다. 지붕이 평평하니 그 위를 마치 마당처럼 활용해 빨래를 말리는 등 요긴하게 쓸 수 있는 장점도 있다.

하지만 철근 콘크리트 평지붕 슬래브의 전체 하중은 상상 이상으

남미의 볼리비아에서 흔히 볼 수 있는 벽돌로 만들어진 작은 집

로 크다. 철근 콘크리트는 처음에는 물처럼 액체 상태이지만, 굳으면 1㎥당 2.1t에 달할 정도로 무겁다. 가로·세로·높이 1m 상자에 사람이 들어간 상태에서 레미콘을 부으면, 장 파열로 사망에 이를 수 있을 정도다. 그만큼 무거운 자재이니, 잘못 시공하면 사람이 깔려 죽을 위험도 있었다. 이것이 벽돌로 만든 벽과 기둥으로 콘크리트 평지붕을 받쳐야 하는 연와조의 가장 큰 단점이자 어려움이었다.

기술이 아니라
자본이 건축을 바꾼다

그럼 "그냥 기둥과 벽 구조까지 모두 철근 콘크리트로 지으면 되지 않느냐?"라고 반문할 수 있다. 그러나 어디서나 자재가 부족하던 시절에는 철근 콘크리트를 그렇게 풍족하게 사용할 수 없었다. 게다가 콘크리트는 현장에서 다루기 까다로운 재료였다. 모래, 자갈, 시멘트에 물을 섞으면 되긴 하지만, 그 배합비가 정확히 맞아야 강도가 나온다. 소량이면 맞추기 쉽지만, 협소한 현장에서 큰 질통에 계속 재료를 섞고 물을 붓고 옮기는 작업을 반복하는 건 결코 간단한 일이 아니었다. 재료 혼합에 시간이 오래 걸릴 뿐 아니라, 섞인 콘크리트는 90분 이내에 거푸집 안에 부어야 한다. 그렇지 않으면 미리 굳어버려 낭패를 볼 수 있다.

무거운 콘크리트 지붕의 하중은 견뎌야 하지만 자재는 벽돌밖에 쓸 수 없었던 당시 현장의 딜레마를 해결하기 위해 등장한 것이 바로 '연와조'였다. 한마디로 섞어 쓰는 것이다. 가능하면 벽돌로 건물을 짓되, 어쩔 수 없이 꼭 필요한 부분에만 철근 콘크리트를 쓰는 방식이다. 콘크리트가 필요한 부분은 최소화해 바닥과 슬래브만 쓰고, 나머지 벽은 모두 벽돌로 쌓는 공법이다. 이것이 한때 연와조가 보편적으로 쓰였던 이유다.

하지만 앞서 언급했듯, 벽돌 벽으로 무거운 콘크리트 지붕의 무게를 버텨야 하므로 시공이 제대로 되지 않으면 위험할 수 있었다. 특히 조적벽*은 지진에 약하다는 단점이 있었다. 그래서 현장 인부들의 기술력이 무엇보다 중요했다. 자재를 아낀답시고 콘크리트로 시공해야 할 부분에 벽돌을 쓰거나, 반대로 벽돌로도 충분히 버틸 수 있는 곳에 불필요하게 콘크리트를 쓰는 일은 금물이었기 때문이다. 연와조는 자재와 설비는 부족했지만, 숙련된 노동력만큼은 풍부했던 시대에만 가능한 공사 시스템이었다. 그리고 1980~1990년대 한국의 공사 현장은 그 조건에 딱 맞아떨어졌다. 그래서 당시 골목 풍경을 보면, 마치 고인돌처럼 작은 돌이 큰 바위를 받치고 있는 듯, 벽돌 벽으로 콘크리트 바닥을 지탱하는 가분수 구조의 연와조 주택들이 즐비했다.

이렇게 보면 연와조는 자재비도 덜 들고(벽돌이 콘크리트보다 훨씬 저렴했으므로), 시공 방식도 덜 까다로워 오늘날까지도 각광을 받아야 할 것 같다. 그런데 주변을 둘러보면 보이는 건 옛 시절에 지어진 연와조 주택들뿐일까? 이제 우리 곁에 남은 연와조 건물은 얼마 없다. 왜냐하면 연와조는 시대의 궁핍이 낳은 지혜였지만 결국 풍요의 시대를 건너오지 못한 건축 방식이었기 때문이다.

오늘날 더는 연와조가 쓰이지 않는 이유는 바로 경제성과 효율성 때문이다. 연와조로 건물을 지으려면 뼈대를 만드는 단계에서 공법이 바뀔 때마다 한 공정을 맡았던 기술자들이 빠졌다가 다시 들어오기를 반복해야 했다. 그런데 작은 건물에서는 한 공정이 한번 시작되

---

* 벽돌·블록·석재 등을 한 장씩 쌓아 올려 만든 벽체로 구조체 역할부터 내·외벽 구획까지 다양한 용도로 쓰인다.

면 완전히 마무리해야 일이 연속적이고 효율적이다. 노무자들이 대부분 일용직이나 프리랜서인 건설업의 특성상, 한 번 현장에서 빠지면 다른 일을 찾아 떠나기 마련이다. 며칠 쉬었다가 다시 돌아와 달라고 부탁하기는 현실적으로 어렵다.

언제나 인력이 풍부하고 인건비가 낮았던 과거에는 큰 문제가 되지 않았다. 대부분 같은 인력이 벽돌도 쌓고 콘크리트도 비벼 치던 시절이었기 때문이다. 대신 요즘 같으면 콘크리트로 벽과 슬래브를 함께 타설해 오전이면 끝날 일을, 당시에는 일주일 넘게 걸리곤 했다. 지금은 상상조차 할 수 없는 일이다. 이제는 모두 전문 분야가 나뉘어 자기 일 외에는 손대려 하지 않고, 건축에서 시간은 곧 비용으로 직결된다. 이 때문에 하이브리드인 연와조는 잘 쓰이지 않게 됐다. 인력 부족과 인건비 상승으로 인해 한 가지 구조 형식으로 통일해 끝내는 편이 훨씬 효율적이기 때문이다.

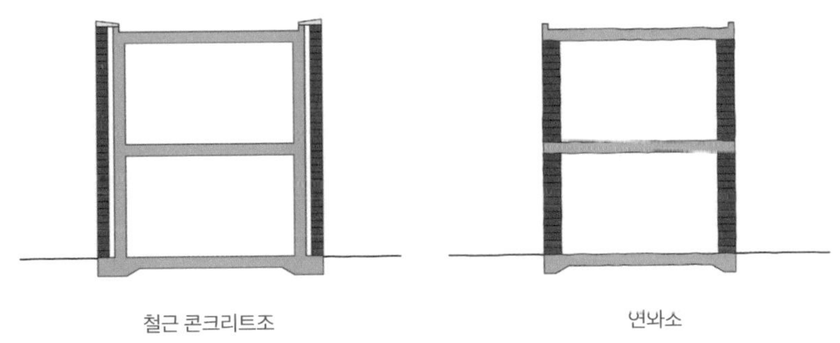

철근 콘크리트조와 연와조에서 벽돌 벽의 역할(차이)

1980년대 아버지가 우리 집을 지을 때만 해도 믿기지 않겠지만 공사 인부들의 하루 인건비는 2000~3000원이었다. 지금 물가로 환산해도 훨씬 저렴했다. 요즘은 웬만한 무거운 자재는 크레인으로 옮기지만, 당시에는 사람들이 일일이 등짐으로 운반하는 게 경제적일 정도였다. 목재로 임시 경사로를 만들어 모래, 자갈, 시멘트, 벽돌 등을 나르는 모습은 건설 현장에서 흔히 볼 수 있는 광경이었다. 그래서 당시엔 충분한 인력을 활용할 수 있는 연와조가 경제적일 수밖에 없었다.

서울대 건축학과 명예교수이자 일본 도쿄대학교에서 박사학위를 받은 김광현 교수는 "건축은 테크닉과 테크놀로지가 교차하는 곳에서 만들어진다"고 했다.[6] 테크닉이란 찰흙으로 그릇을 만들 듯 직접 손으로 재료를 다듬고 가공하는 것이라면, 테크놀로지는 대량생산을 위해 공장에서 기계를 활용하는 기술이다.

1980년대 주택 현장에서는 콘크리트조차 사람들이 직접 재료를 섞어 등짐으로 날라 타설하곤 했다. 현장에는 늘 모래와 자갈, 시멘트가 쌓여 있었고, 필요할 때마다 많은 사람이 분주히 움직이며 직접 배합해 충당했다. 이는 인력이 풍부하고 인건비가 저렴할 때만 가능하고 효율적인 시스템이었다. 하지만 요즘에는 이런 수작업 대신 공장에서 생산된 레미콘을 활용한다. 직접 비비고 나르고 붓는 식으로는 시공비가 천정부지로 치솟기 때문이다.

공장에서 시멘트, 모래, 자갈, 물을 미리 정해진 비율로 섞어 트럭에 담아 현장에 보내는 시스템을 '레디 믹스트 콘크리트Ready mixed concrete'라고 한다. 이것이 우리가 흔히 부르는 '레미콘'의 줄임말이다.

연와조 구조의 집(위)을 구조 보강해 사무실로 리모델링한 사례(아래)

레미콘 차량은 원통형 드럼을 회전시켜 이동 중에도 굳지 않도록 하며, 현장에 도착하면 바로 타설할 수 있도록 공급한다. 물론 1980년대에도 레미콘은 있었지만, 대형 아파트 단지나 큰 건물에만 사용했고 소규모 건물은 대부분 현장에서 인력으로 직접 배합해 사용했다.

이처럼 같은 콘크리트라도, 현장에서 사람이 직접 재료를 섞어 타설하는 것이 '테크닉'이라면, 공장에서 미리 대량으로 제작해 레미콘 차량으로 현장에 공급하는 것은 '테크놀로지'라 할 수 있다. 테크닉이 장인의 수작업 일품생산이라면, 테크놀로지는 공장형 대량생산이다.

건축은
완벽하지 않다

이제 벽돌 벽으로 콘크리트 슬래브를 지탱하는 방식은 쓰이지 않지만, 연와조가 여전히 유효한 이유가 있다. 바로 레트로 열풍, 즉 복고풍 때문이다. 연희동이나 연남동 같은 이른바 '핫한 동네'의 구옥을 리모델링한 카페나 레스토랑 중에 연와조 건물을 고친 곳이 많다. 문제는 콘크리트 구조와 달리 구조 계산을 정확히 해서 지은 집이 아니어서, 벽돌이 실제로 얼마나 하중을 지탱하는지 알 수 없다는 점이다. 다시 구조 계산을 한다 해도 오래된 벽돌은 이미 공학적으로 균일한 재료가 아니다. 벽돌 벽을 뚫고 공간을 넓혀야 하지만, 구조적 안전성을 보장할 수 없으니 섣불리 허물 수도 없다. 그래서 여기에 또 하나

현장에서 물과 모래, 자갈을 배합해 콘크리트를 만드는 모습

의 하이브리드 구조가 등장한다. 바로 철골조다.

벽으로 지탱하는 구조에 철골의 기둥과 보를 덧대어 보강해야, 벽돌 벽을 자유롭게 해체해도 전체 구조에 영향을 주지 않는다. 자재가 부족해 어쩔 수 없이 선택했던 시공 방식이 세월을 거쳐 '레트로'라는 이름으로 다시 유행하고, 여기에 안전성을 확보하기 위해 새로운 기술이 덧입혀지는 모습은 건축의 진정한 하이브리드 풍경이 아닐까?

1980년대 초, 아버지가 지은 우리 집은 지금 기순으로는 부족함이 많고 구멍이 가득한 연와조 건물이었다. 단열은 하긴 했었는지 의심스러울 정도로 겨울에는 내부가 바깥만큼 추웠고, 여름에도 무척 더웠다. 창은 덜커덕댔고, 안방 바닥에는 곰팡이가 자주 폈다. 결로였을 가능성이 큰데, 그땐 단순히 콘크리트 양생을 잘못한 탓이라 생각했다. 내부는 늘 어두컴컴했고, 겨울 햇빛을 담아 집을 따뜻하게 해줄 것이라던 온실은 여름이면 찜통이었다.

그런데 놀라운 건, 그렇게 불편하고 때로는 공포스럽기까지 했던 집이 정확히 40년이 지난 지금까지도 내 머릿속에 가장 선명하고 강렬하게 남아 있다는 점이다. 대문에서 현관까지 길게 이어진 입구, 아늑하다 싶을 만큼 작았던 거실, 금붕어가 뛰놀던 식당, 작은 부엌⋯. 그리고 아버지가 글로도 남길 만큼 소중하게 여겼던 안방에서 쥐 소리에 놀라 온 가족이 깼던 새벽조차 추억이 되어 남았다. 우리와 가족처럼 가깝게 지냈던 반지하에 살던 가족은 지금 어디에 있을까, 문득 궁금해진다. 집은 어쩔 수 없이 연와조처럼 완벽할 수는 없기에, 오히려 우리에게 삶과 기억이라는 작은 선물을 안겨주는 것이 아닐까? 완벽하지 못한 집이라서 그 공간에서의 추억이 더욱 선명하게 우리 몸 안 어딘가에 남아 있는지도 모르겠다.

연탄 가스에 중독되면서까지
구들방을 고집한 이유

온돌

내 생애 첫 건축주의
단 한 가지 요구사항

한때 외국 관광객들이 한국을 찾을 때 자주 하는 불평이 있었다. 지난밤 호텔 방이 너무 더워서 잠을 한숨도 못 잤는데 왜 이렇게 덥나 하고 봤더니 바닥 전체가 뜨거워 몸이 익을 뻔했다는 너스레였다. 이런 이야기를 들을 때마다 우리나라가 후진국이라는 뉘앙스로 들려 기분이 상하기도 했지만, 라디에이터로 공기를 데우는 난방에 익숙한 유럽인들에게 바닥 난방은 신기했을 법도 하다. 그런데 이제는 서구에서도 라디에이터 대신 바닥 난방을 적용하는 집들이 늘고 있다. 친환경 건축이 중요해지고, 에너지 비용이 하루가 다르게 오르는 지금,

온돌이야말로 가장 효율적인 난방 방식이라는 사실을 서구에서도 인정하게 된 것이다.

내 삶에서도 구들에 얽힌 흥미로운 일화가 하나 있다. 건축가로서 처음 맡은 일은 강릉의 한 소나무 숲에 지은, 퇴임한 어떤 선생님을 위한 주택 설계였다. 주변 풍광이 워낙 아름다워 설계 과정이 즐거웠고, 다행히 건축주께서도 내가 그린 전반적인 설계안에 만족해하셨다. 하지만 단 하나, 구들방을 넣어 달라는 선생님의 요구가 마음에 걸렸다. 처음엔 이렇게 현대적이고 세련된 집에 아궁이라니, 어울리지 않는다고 생각했다. 중간쯤 마음을 바꾸시겠지 내심 기대했지만, 다른 것은 몰라도 구들만큼은 끝까지 고집하셨다. 결국 건축주의 간절한 바람을 거스를 수 없어 인터넷을 뒤지고 구들 시공 관련 책을 구하며 시공법을 연구했고, 결정적으로 건축주께서 직접 장인을 수소문해 모셔온 덕에 우여곡절 끝에 구들방이 있는 주택을 완성할 수 있었다.

구들에 꼭 필요한 굴뚝을 세우고 아궁이도 들어섰다. 하지만 시공이 끝난 뒤에도 구들의 필요성에 대한 의문은 쉽게 사라지지 않았다. 특히 방바닥이 갈라져 일산화탄소가 새어 나올까 봐 걱정하는 건축주를 볼 때면, 아궁이는 역시 구태의연한 옛날 방식이 아닐까 싶었다. 그런데 막상 완공 후엔 상황이 달라졌다. 남향 안방보다 북향이라도 구들방을 더 좋아하셨고, 아궁이에 얹은 솥에서 오골계 백숙을 끓여 대접해 주실 때는 그동안의 고생이 모두 보상받는 기분이었다. 젊은 건축가였던 나는 그때까지 구들을 왜 고집하셨는지 이해하지 못했지만, 그날 비로소 깨달았다. 온돌은 단순한 난방 방식이 아니라 우리 유전자에 새겨진 따뜻함의 기억이었다.

한국인의 온돌 사랑은 각별하다. 그 사실을 가장 잘 보여주는 사례가 의외로 아파트다. 1970년대 초반 아파트가 본격적으로 보급되면서 다양한 주거 혁신이 시도됐는데, 그중 하나가 바로 '온돌의 부재'였다. 1960년대 초 마포아파트까지만 해도 아궁이에 연탄불을 피워 요리하고 방을 데웠지만, 1970년대 반포주공아파트에 이르러서는 완전히 다른 전략이 도입됐다. 서구식 설비를 적극 수용한 것이다. 대표적인 변화가 라디에이터 난방이었다. 당시엔 가정용 보일러가 흔치 않아 단지 중앙에 대형 보일러실을 두고, 그곳에서 데운 물을 각 세대에 연결된 라디에이터 배관으로 순환시켜 공기를 데우는 중앙난방 방식을 채택했다.

그런데 정작 주민들은 만족하지 못했다. 공기는 따뜻했지만 바닥이 차가워 슬리퍼를 신고 다녀야 하는 생활이 익숙하지 않았던 것이다. 결국 많은 이들이 번거로움을 감수하고 바닥공사를 다시 했다. 짐을 전부 빼고 마감을 걷어낸 뒤, 바닥 속에 온수 파이프를 깔아 온돌을 복원하기 시작한 것이다. 최소 일주일 이상 걸리는 공사였지만 개의치 않았다. 이유는 단순했다. 우리 몸과 마음에 새겨진 온돌의 유전자 때문이었나. 집의 형태는 바뀌어도, 그 안에서 살아가는 방식은 하루아침에 변할 수 없었기 때문이다.

구들방을 끝까지 고집하셨던 퇴임한 선생님의 강릉주택

한국인의 구들 사랑,
바닥이냐 공기냐

우리가 흔히 '온돌'과 '구들'을 혼용하지만, 그 의미에는 분명한 차이가 있다. 온돌이 방바닥을 데우는 난방 방식이라면, 구들은 바닥 아래에 공간을 두어 불기운이 서서히 빠져나가도록 만든 물리적 구조물을 가리킨다.[7] 아궁이에서 불을 지피면 뜨거운 연기가 구들 아래를 통과하며 방을 데우고, 마지막에는 굴뚝을 통해 배출된다. 서양의 벽난로가 불을 피우면 대부분의 열기가 곧바로 굴뚝으로 빠져나가는 것과 달리, 구들은 연기가 방 밑을 천천히 흐르도록 설계되어 열을 최대한 보존한다. 심지어 우리 조상들은 아궁이 위에 솥뚜껑을 올려 음식을 조리하기도 했으니, 말 그대로 난방·조리·에너지 절약을 한 번에 해결한 일석삼조의 시스템이었다.

그런데 이렇게 훌륭한 방식임에도 치명적인 단점이 있었다. 바로 무색무취의 일산화탄소다. 구들은 방 밑을 따라 연기가 빠져나가는 구조이기 때문에 바닥이나 벽에 아주 작은 틈이라도 생기면 곧바로 일산화탄소가 새어 나올 수 있었다. 그래서 1980년대까지만 해도 연탄가스 중독 사고는 주변에서 흔히 들을 수 있는 일이었다.

이런 위험성에도 불구하고 우리 조부모님 댁도 온돌을 애용하셨다. 할아버지가 사시던 집은 멀쩡한 콘크리트 2층 양옥이었지만, 유독 안방만큼은 연탄으로 때는 구들방이었다. 거실엔 기름보일러가 있었지만 값이 비싸서 평소엔 잘 돌리지 못했고, 손님이 오는 명절에만 잠깐 가동됐다. 그래서 집 안은 늘 한겨울처럼 차가웠다. 그래도 안방에는 늘 지글지글 끓는 아랫목이 있었다. 할머니께서 하룻밤에 도 두세 번씩 나가 연탄을 갈아야 하는 번거로움이 있었지만, 가족 모 두가 모여 밥을 먹고 잠을 자던 안방은 언제나 따뜻했다.

재미있는 건 전기밥솥이 흔치 않던 시절, 이불 밑에는 언제나 할아 버지 전용 밥그릇이 따뜻하게 보관돼 있었다는 점이다. 쇠 그릇 뚜껑 은 너무 뜨거워 열기조차 어려웠지만, 그 안의 밥 위에 얹혀 있던 콩 은 어린 나에게 훌륭한 간식이었다. 그러나 연탄가스만큼은 할아버 지도 피하지 못했다. 어느 날 일산화탄소가 새어 응급실에 실려가 입 원하신 적도 있었다. 그런 일을 겪고도 당장 이사하지 않고 그 집에 계속 사시길 고집하셨다. 지금 돌이켜보면, 건축가이자 이론에도 밝 으셨던 할아버지께서 구들의 위험성을 분명 잘 알고 계셨을 텐데도 왜 그토록 온돌을 포기하지 않으셨는지는 여전히 의문으로 남는다.

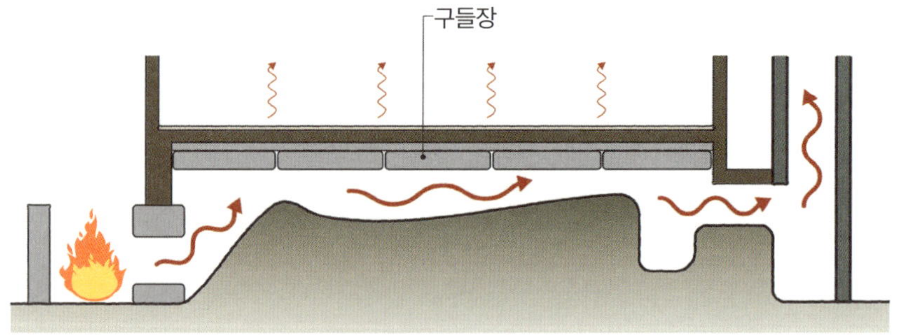

구들과 온돌의 난방 원리

한국인의 이 구들 DNA는 언제부터 시작됐을까? 우리 조상들은 이미 기원전 3세기, 철기시대부터 구들을 활용했다고 한다. 수원 서문동의 움집터 발굴 결과, 집의 벽을 따라 높이와 폭이 약 30cm 정도 되는 'ㄱ'자형 터널이 만들어져 있었고, 그 양 끝에서 굴뚝과 아궁이가 발견됐다. 이후에도 온돌과 관련된 기록은 존재하지만, 본격적으로 널리 사용되기 시작한 것은 고려 중기 이후로 추정된다. 이렇게 한반도에 살던 조상들은 온돌 덕분에 혹독한 겨울을 견뎌낼 수 있었다.

그런데 한 가지 주의해야 할 사실이 있다. 온돌과 구들은 우리만의 발명품은 아니다. 흔히 한국 고유의 전통 난방 시스템으로 알려졌지만, 사실 중국 북부나 일본에도 온돌과 유사한 형태가 존재했다. 다만 지금까지도 온돌을 주요 난방 방식으로 사용하는 나라는 삼국 중 오직 한국뿐이다. 그것도 일부 공간이 아니라 집 전체에 적용한다는 점에서 더욱 독특하다. 입식 생활이 일반적인 중국에서는 구들을 놓기보다는 서양식 난로로 난방을 해결했고, 일본은 추위보다 더위와 습기가 문제였기에 온돌 대신 다다미 문화가 발달했다. 결국 산이 많고 춥고 습한 한반도 환경 속에서 집을 짓고 살아야 했던 조상들의 지혜가 담긴 기술, 그리고 집단 지성이 바로 구들이었다.

세계에 온돌이 알려진 계기가 된 흥미로운 일화가 있니. 앞서 언급했던 미국의 건축가 프랭크 로이드 라이트가 한국의 온돌을 접하고 이를 미국 건축에 응용한 사건이다. 그는 일본의 한 귀족 저택에 옮겨져 있닌 한옥에서 우연히 하루를 묵은 뒤, 온돌의 따뜻하고 쾌적한 바닥 난방에 깊은 인상을 받았다. 이후 그 원리를 배우고 연구해 자신이 설계하던 미국식 주택에 적용했다. 물론 전통 구들을 그대로 옮긴 것은 아니었다. 라이트는 불길 대신 온수를 이용하는 방식을 택했고, 흙 대신 콘크리트를 사용해 바닥에 직접 파이프를 매립하는 방식으로 재해석했다. 그리고 이 방식은 훗날 '라디언트 플로어 히팅Radiant floor heating'이라 불리며, 현대식 바닥 난방 시스템의 원형이 되었다.

요즘 우리가 집에 온돌을 적용하는 방식과 거의 같은 시공법이다. 흥미로운 점은, 온돌이 단순히 바닥 위의 공기만 데우는 것이 아니라 그 아래의 땅까지 따뜻하게 해 얼지 않도록 만들었다는 사실이다.[8] 땅이 얼고 녹으면서 지반 일부가 내려앉는 일종의 싱크홀 문제가 생기는데 이를 사전에 방지하려는 의도였다. 프랭크 로이드 라이트는 너무 생소한 온돌 방식이 영 미덥지 않던 건축주를 설득하기 위해 이런 말을 했다고 한다.

"혹시 한국 난방법에 대해 들어본 적 있소? 주택에 온돌을 시도한 최초의 미국인이 되고 싶지 않소?"[9]

방 하나쯤은
구들로

나도 한국인 유전자 때문인지 몰라도 요새도 촬영 때문에 다른 집 구경을 하러 가면 구들방에 눈길이 간다. 전통식 아궁이에 불을 피우고 뜨뜻한 방에 등을 맡기면 피로가 확 풀릴 것 같은 느낌이다. 하지만 아무래도 밖에서 불을 피워야 하는 건 많이 번거로운 일이다. 추운 겨울 한밤중에 나가 아궁이에 불을 놓는 일이 얼마나 힘들었을지 가늠하기조차 하기 어렵다.

그런데 최근에 정말 획기적인 발명품을 볼 기회가 있었다. 아궁이를 실외가 아니라 실내에 설치한, 일명 '벽난로형 구들'이다. 아궁이에는 벽난로처럼 화구문이 달려 있지만, 연기가 구들을 통과해 방을 데우고 굴뚝으로 빠져나간다는 점이 다르다. 가장 큰 장점은 추운 날에도 밖으로 나가지 않고 실내에서 불을 피울 수 있다는 것이다. 게다가 실내에서 불을 지피면 벽난로처럼 둘러앉아 불멍을 즐길 수도 있고, 아궁이가 마루보다 낮은 곳에 있어 재가 날리지 않아 관리도 편하다. 집에서 나오는 종이 쓰레기를 버리지 않고 불쏘시개로 쓸 수도 있다. 불멍도 하고, 방도 데우고, 연료도 절약하며, 쓰레기도 줄일 수 있으니 그야말로 일석사조다.

집은 하이테크High-tech와 로테크Low-tech가 교차하면서 만들어진다. 하이테크가 첨단 기술이라면, 로테크는 오래되고 성숙한 기술이다. 특히 의식주처럼 인간의 삶에 깊이 관련된 분야일수록 기술의 진화는 매우 느리고 점진적이다. 그만큼 건축에서 하이테크와 로테크는 공존할 수밖에 없다. 쌀에 물을 넣고 끓여 밥을 짓는 기술이 언제부터 시작됐는지는 알 수 없지만, 지금도 여전히 유효하며 시대가 아무리 바뀌어도 본질은 달라지지 않는다. 옷을 만드는 바느질도 마찬가지다. 오늘날에는 재봉틀이 대신하지만, 실과 바늘로 꿰매는 기술 자체가 사라진 건 아니다.

아궁이를 실내에 설치한 벽난로형 구들

구들 바닥 아래 '고래'를 시공하는 모습

아궁이에서 방으로 온기를 전달하는 불목의 모습

아파트 온돌 바닥 시공 현장

집도 마찬가지다. 이제는 외부에서도 휴대폰 하나로 모든 것을 제어할 수 있을 만큼 집이 최첨단 전자기기처럼 진화했지만, 여전히 망치로 못을 박는 기술 없이는 건축이 완성될 수 없다. 지금도 건축 현장에서 이루어지는 수많은 행위들은 수천 년 동안 인간이 집을 짓기 위해 이어온 기술의 연장선에 있다. 그중에서도 구들은 조상들이 한반도에서 수만 년 동안 살아오며 다듬고 발전시킨, 가장 오래되고 성숙한 기술이다.

이렇게 소중한 구들이 요즘은 안타깝게도 우리 주변에서 점점 사라지고 있다. 일산화탄소 중독의 위험을 감수하면서도 따뜻한 아랫목을 포기하지 못했던 할아버지의 유전자에는 그 이전 세대의 시간과 경험이 고스란히 담겨 있었다.

만약 전원생활을 꿈꾸며 집을 짓는다면, 전체 난방은 보일러를 쓰더라도 방 하나쯤은 구들을 놓은 온돌방으로 만들길 권하고 싶다. 바닥은 가능하면 황토로 마감해 발수제만 바르거나, 장판 위에 콩댐 마감*을 하면 더욱 좋다. 마치 집 안에 작은 찜질방을 두는 셈인데, 도시의 아파트에서는 결코 경험할 수 없는 흙과 불이 빚어내는 원초적이고 친환경적인 공간이다. 이 소위 '황토방'은 우리 조상들로부터 이어져 내려온 구들의 유전자를 직접 체험할 수 있는 귀한 공간이다.

집이란 결국 과거와 현재, 그리고 미래를 잇는 문화다. 구들은 그 세 시대를 이어주는 살아 있는 연결고리다. 단순히 바닥을 따뜻하게 데우는 기술이 아니라, 가족이 모여 함께 숨 쉬고 식사하고 잠들며 관계를 쌓게 만든 삶의 플랫폼이었다. 불이 지펴지는 순간 집 전체가 깨어나고, 아랫목의 온기가 식구들의 마음까지 데워주었다. 현대의 보일러가 공간의 온도를 조절하는 장치라면 구들은 사람과 사람 사이의 온도를 조절하던 기술이었다. 비록 현대적이지는 않더라도, 이런 따뜻함의 기술만큼은 우리가 반드시 기억하고 지켜야 할 건축의 유산이 아닐까?

* 콩을 곱게 갈아 들기름과 섞은 혼합물을 종이 바닥에 바르던 방식으로, 방수성과 내구성을 높이기 위해 여러 차례 기름칠을 반복하는 전통적인 기법.

이제는 표준이 된
LDK

'엘디케이LDK'라는 말을 한 번쯤 들어봤지만 막상 정확히 설명하라
면 어려워하는 사람이 많다. 이름만 보면 L은 Living Room(거실), D는
Dining(식사공간), K는 Kitchen(부엌)을 뜻한다는 정도는 짐작할 수 있
다. 하지만 이 세 단어가 합쳐진 LDK가 실제로 어떤 공간 구성을 말하
는지 알고 있는 사람은 의외로 드물다. 거실·식당·부엌이 각각 존재
한다는 뜻인지, 아니면 일렬로 나란히 있다는 뜻인지 헷갈리기 쉽다.

결론부터 말하면 세 기능이 칸막이 없이 하나의 큰 공간 안에 공존
하는 구조라는 의미다. 거실과 식당, 부엌이 벽으로 나뉘지 않고 하나

의 생활권으로 엮여 있는 형태다. 오늘날 한국의 일반적인 아파트를 포함해 신축 단독주택은 물론, 최근의 리모델링 트렌드에서도 거의 기본값으로 자리 잡은 공간 구성이다.

LDK는 원래 일본 부동산 시장에서 만들어진 말이다. 일본은 방의 개수를 세는 방식이 한국과 조금 달라 LDK 앞에 숫자를 붙여 '전체 방 수+LDK' 형태로 표현한다. 예를 들어 '3-LDK'라면 방 세 개에, 중앙에 거실·식당·부엌이 통합된 하나의 공간이 있다는 뜻이다. 이 구조는 겉보기에는 단순해 보이지만, 사실상 집의 생활 동선을 하나로 묶는다는 점에서 일본 주거문화의 특징이 잘 담겨 있다.

그리고 흥미로운 점은, 방 수는 여러 개로 늘렸지만 가장 핵심적인 생활공간은 오히려 하나로 통합했다는 점이다. 한국 사람 입장에서는 '방이 세 개나 되는데, 왜 부엌과 거실, 식당은 따로 나누지 않았을까?' 하는 의문이 생길 수 있다. 하지만 이 구조는 이미 일본을 넘어 한국에서도 표준 구조로 자리 잡았고, 최근 20~30년 사이에 지어진 아파트의 대부분이 LDK에 가까운 실내 배치를 갖고 있다.

요즘 촬영 때문에 여러 집을 방문하다 보면 눈에 띄는 경향이 하나 있다. 바로 '원룸 같은 거실'이다. 집 자체는 좁지 않은데도, 현관을 들어서면 거실·식당·부엌이 모두 한 공간에 모여 있다. 마치 벽을 모두 걷어낸 큰 원룸처럼 큰 덩어리의 공간 하나 안에서 모든 생활이 펼쳐지도록 만들어둔 것이다.

그런데 사람들은 왜 굳이 이 세 공간을 한데 묶어두고 싶어 하는 걸까? 부엌과 거실이 함께 있으면 음식 냄새가 금방 퍼지고, 식사 때

나는 그릇 소리도 방 안에 울리고, 거실에서 TV까지 틀어놓으면 정신 없을 때도 있을 텐데 말이다. 불편한 요소가 분명히 존재하는데도 지금 세대는 이 구성을 오히려 자연스럽게 받아들이고 선호한다. 예전에는 집 평수가 넓어질수록 거실만 커지는 경우가 많았다. 부엌과 식당은 늘 비슷한 크기였고 거실이 '대표 공간'이라는 인식이 강했다. 그런데 요즘은 평수가 작아도, 커도 상관없이 생활의 중심이 되는 공간을 하나로 묶는 방식을 택한다. 거실·식당·부엌은 이제 각각의 기능을 강조하는 공간이 아니라 함께 머물고 관계를 만들기 위한 하나의 생활권으로 받아들여지고 있다.

어찌 보면 요즘 젊은 세대에게 인기 있는 '파티룸'의 구성과도 닮았다. 파티룸은 단순히 즐기는 공간이 아니라, 가구와 조명, 부엌과 큰 식탁을 중심으로 사람들이 모여 요리하고 쉬고 이야기하는 열린 생활 공간의 상징이다. 이 파티룸에서만 가능했던 LDK식 공간감이 이제는 실제 주거의 트렌드를 넘어서 현대 집의 표준 형태로 자리 잡은 것이다.

우리는 과거에도
하나의 공간에서 살았다

하지만 지금은 너무도 당연하게 여기는 LDK 구조는, 불과 몇십 년 전만 해도 상상하기 어려운 발상이었다. 부엌과 거실이 한 공간에 있다는 것 자체가 50년 전 기준으로는 거의 '금기'에 가까운 일이었다. 부엌은 음식을 보관하고 조리하는 공간이면서 동시에 불을 다루는 위험 공간이었다. 연기와 열기, 음식 냄새가 가득했고, 작은 부주의로도 집 전체가 불길에 휩싸일 수 있었다. 반면 거실은 집안의 대소사가 이루어지고 손님을 맞이하는 가장 '신성한 공간'이었다. 이 두 공간을 벽도 없이 그대로 이어 붙인다는 건, 당시의 생활 환경을 떠올리면 매우 기묘하고 위험천만한 조합이었을 것이다. 선조들이 보기엔 부엌 냄새와 불이 거실로 밀고 들어오는 집처럼 여겼을 것이다. 이는 있을 수 없는 풍경이었다.

그렇다면 지금 자연스럽게 받아들이는 거실·부엌·식당의 통합 공간, 즉 LDK는 우리 주거문화와는 무관한, 완전히 외래에서 들어온 구조일까? 그런데 우리 조상들의 생활을 떠올려보면 이야기가 조금 달라진다. 과거의 집에서는 하나의 방이 여러 기능을 겸하는 것이 오히려 당연한 모습이었다. 한 방에서 잠도 자고 공부도 하고 식사까지 했으며, 필요할 땐 가족이 모두 모여 제사나 집안 행사를 치르기도 했다. 대청마루가 그랬고, 안방 역시 마찬가지였다.

지금처럼 공간을 침실은 잠자는 곳, 거실은 머무는 곳, 식당은 밥 먹는 곳처럼 기능별로 구분하지 않았다. 하루의 활동들이 동일한 공간 안에서 시간대만 바꿔 이어지는 방식이었다. 식사를 마친 그 방에서 바로 잠을 청하는 것도 자연스러웠다. 누워서 쉬던 공간이 곧장 공부하는 공간이 되기도 했다. 그래서 좌식 생활이 기본이었고, 매번 이불을 펴고 개어야 했다. 식사 때는 옮기기 편한 작은 밥상이 필요했고 그 밥상은 때로는 책상으로도, 아이들의 놀이대로도 활용되었다. 하나의 공간을 여러 기능으로 확장해 사용하는 방식이 한국 주거문화의 기본값이었던 셈이다.

그래도 부엌만큼은 다른 공간과 철저히 분리할 수밖에 없었다. 당시 생활환경에서는 이것이 거의 필수적인 선택이었다. 쉽게 말해, L(거실)과 D(식사공간)는 합칠 수 있지만 K(부엌)만큼은 분리할 수밖에 없었던 것이다. 매일 아침저녁으로 아궁이에 불을 지펴야 했던 부엌은 언제든 화재로 이어질 위험이 있었고, 조리 과정에서 나오는 연기와 냄새도 심했다. 지금처럼 후드나 환기 시스템이 있었던 시절이 아니니, 부엌을 거실이나 방과 한 공간에 둘 수 있는 조건 자체가 갖춰지지 않았다.

그렇다고 부엌을 집과 완전히 떼어놓을 수도 없었다. 조리를 위해 피운 그 불로 온돌을 덥혀야 했기 때문이다. 불길이 아랫목을 지나 방 전체를 데우는 구조였기 때문에, 부엌은 자연스럽게 안방과 붙어 있을 수밖에 없었다. 부엌이 집의 난방과 식사 준비를 동시에 책임지는 '기계실' 같은 역할을 했던 셈이다. 이런 구조 때문에 집안일의 동선도 길었다. 어머니들은 부엌과 안방을 수시로 오가며 밥상을 내고 치워야 했고, 새벽마다 먼저 일어나 불을 지펴야 했다. 지금 기준으로 보면 비효율적이지만, 당시 주거 기술과 생활 방식에서는 가장 합리적인 배치였다.

한옥의 대청도 마찬가지였다. 제사나 집안의 큰일을 치르는 공식적인 공간이면서도, 여름에는 맞통풍이 시원해 가족들이 자연스럽게 머무르는 생활 공간이 되었다. 계절과 목적에 따라 역할이 바뀌는, 전형적인 다목적 공간이었다. 반면 안방은 겨울철 가장 중요한 공간이었다. 온돌의 열이 집중되는 공간이므로 추운 계절에는 모든 가족 구성원이 이 방에 모여 생활했다. 초가삼간처럼 방이 고작 두 개뿐인 집에서도 열 식구가 함께 살 수 있었던 이유가 바로 여기에 있다. 방 하나가 여러 기능을 겸하는 것, 이것이 과거 주거문화의 기본 전제였다.

지금처럼 거실·안방·침실·식당·부엌이 기능별로 나뉘고, 가족의 수에 맞춰 방이 배정되는 방식은 사실 역사가 길지 않다. 산업화 이후 주거가 표준화되고, 핵가족이 일반적인 형태가 된 뒤에야 비로소 공간이 '기능별 분할'이라는 개념을 갖추기 시작한 것이다.

서구 유럽도 크게 다르지 않았다. 근대 이전의 일반 가정에서는 방이 많을 이유가 없었고, 실제로 대부분의 집이 방 두 개로 구성된 매우 단순한 구조였다. 한 방은 가족 모두가 함께 먹고 자고 생활하는 공동의 공간이었고, 다른 한 방은 생업을 위한 작업실이나 저장 공간으로 쓰였다. 그 외의 기능은 모두 한 공간 안에서 시간대별로 해결되곤 했다. 부엌만은 불과 연기를 다루는 특성 때문에 비교적 명확하게 분리되어 있었을 뿐이다. 즉, 하나의 큰 공간에서 가족이 함께 생활하고, 특별한 기능만 따로 떼어두는 방식은 한국뿐 아니라 서구에서도 오랫동안 유지되었던 보편적인 주거 형태였다.

우리가 지금 살고 있는 집처럼 방을 여러 개로 세분하고, 각 방을 복도로 연결하는 구조는 사실 주거의 역사에서 그리 오래된 현상이 아니다. 우리나라의 전통적인 삼간집만 보더라도 방 두 개에 마루와 부엌이 있을 뿐이었고, 사생활을 중요하게 여긴다는 서구 유럽 역시 오랫동안 비슷한 구조를 유지했다. 한 가족이 함께 모여 같은 방에서 먹고 자고 생활하는 모습은 생각보다 최근까지 이어진 일상 풍경이었다. 이런 점을 생각해보면, 사람들이 머무는 거실과 식사를 나누는 장소, 음식을 만드는 부엌이 하나의 큰 공간 안에서 어우러지는 LDK 구조는 전적으로 외래문화라고 보기 어렵다. 하나의 공간을 시간대별로 다른 기능으로 활용하던 우리의 주거 유전자에도 이미 일부 남아 있던 감각이 현대식으로 되살아난 형태라고 볼 수 있다.

복도가 먼저 생겼을까, 방이 먼저 생겼을까

우리가 집을 선택할 때 가장 먼저 고려하는 요소 중 하나가 방의 개수다. 4인 가족이 이사를 한다면, 집이 아무리 넓어도 방이 두 개뿐이라면 곤란하다. 부부는 한 방을 함께 쓰더라도, 아이들에게는 작더라도 각자의 방을 마련해주고 싶어 하는 것이 부모 마음이다. 형편에 따라 아이들이 한 방을 쓸 수도 있지만, 가능하다면 자기 방을 갖게 해주고 싶어 한다. 그래서 집을 설계할 때는 전체 면적과 필요한 방의 개수가 정해지면 방 배치부터 계획하게 된다. 보통은 현관과 복도를 중심으로 골격을 만들고, 그 좌우에 방들을 배치하는 방식이다. 화장실·다용도실·침실·다락방·서재 등 넣고 싶은 공간이 많아질수록 복도 역시 길어질 수밖에 없다. 결국 복도와 방 없이 주택 설계는 성립하기 어렵다.

그런데 우리 조상들이 살던 전통 한옥에는 복도라는 공간이 아예 존재하지 않았다. 툇마루가 있긴 했지만 복도와는 성격이 달랐다. 마당에서 방으로 들어올 때 신을 벗고 잠시 걸터앉는 정도의 용도였고, 일제강점기에 유리문이 달려 실내 공간처럼 쓰이기 전까지는 복도의 기능을 하지 않았다. 그 이전에는 방에서 방으로 직접 이동하거나 대청을 통해 오고 가는 방식이 일반적이었다. 복도는 애초부터 우리 집 구조에는 없는 개념이었다.

그럼 서구 유럽은 어땠을까? 놀랍게도 서구 유럽도 크게 다르지 않았다. 앞서 말했듯 서민들의 집은 가족이 함께 생활하는 방이 하나뿐이었고, 귀족들의 집 역시 방 수는 많았지만 방과 방이 직접 연결된 구조였다.

영국의 건축학자 로빈 에반스가 쓴 유명한 논문 「형태, 문, 그리고 통로Figures, Doors, and Passages」[10]에서도 유럽의 집에 복도가 생긴 역사가 그리 오래되지 않았다는 사실이 잘 드러난다. 그는 여러 고택의 평면을 분석해 유럽에서도 18세기에 이르러서야 복도가 등장했고, 그때부터 방들이 복도를 면하기 시작했다고 설명한다. 이전에는 유럽의 귀족들이 살던 대서택소자 방과 방이 문으로 연결되어 있어서 한 방을 지나야만 다른 방으로 이동할 수 있었다. 지금 우리가 중요하게 여기는 사생활이나 프라이버시는 생각보다 역사가 길지 않았던 셈이다.

즉, 집은 원래 벽으로 세분되기 이전의 하나의 큰 공간에서 출발해

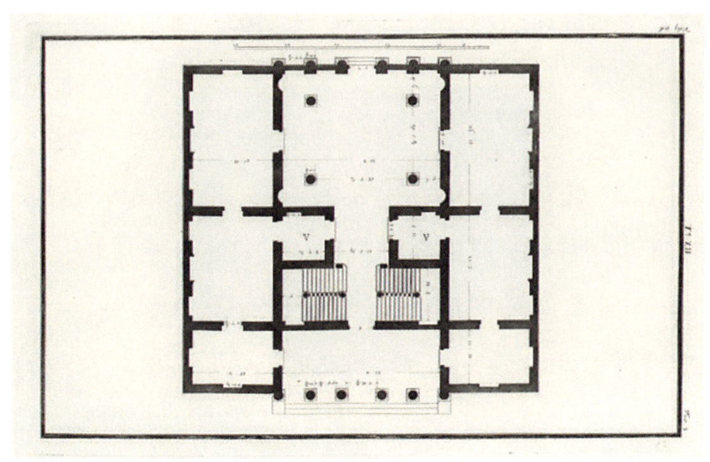

방과 방이 직접 연결된 팔라초 안토니니 궁전의 설계도(위)와 단면(아래)

점차 여러 개의 방으로 나뉘었고, 마지막으로 그 방들을 효율적으로 연결하기 위해 복도가 생겨났다. 복도가 먼저 있고 방을 덧붙인 것이 아니라, 방이 먼저 생기고 그 방들을 조직하기 위해 복도가 뒤따른 것이다. 지금도 유목민이 사는 게르처럼 하나의 공간 안에서 부부와 아이들이 함께 생활하는 사례를 보면, 부엌·식당·거실·침실을 기능별로 분리하는 방식은 주거의 역사에서 그리 오래된 개념이 아니다.

이 흐름을 생각해보면, 거실·식당·부엌을 하나의 큰 공간 안에서 함께 사용하는 LDK 구조는 완전히 새로운 발명이라기보다, 오히려 오래된 생활 방식과 맞닿아 있는 면이 있다.

불멍의 유전자,
LDK에 깃들다

교수이자 건축가 유현준은 과거 인류가 불을 중심에 두고 생활하던 모습을 오늘날 우리가 거실에서 TV를 켜놓은 채 잠드는 풍경에 빗댄 적이 있다. 그 말이 정말 '탁' 하고 와닿았다. 나 역시 침실 침대보다 거실 소파에 기대어 TV를 보다가 스르르 삼느는 순간이 더 편할 때가 있다. 아버지도 늘 TV를 켜놓은 채 잠드셨는데, 나이가 들수록 나도 비슷한 습관이 생겼다. 이런 일상의 습관들이 우리의 유전자에 남아 있는 주거 원형과 맞닿아 있다는 점이 흥미롭다.

낮에는 흩어져 있던 가족이 저녁이면 하나의 공간으로 모여 불을 둘러싸고 식사하고 이야기를 나눈다. 그리고 마지막에 불이 사그라지는 것을 함께 지켜보며 잠드는 것, 이것이 가장 자연스럽고 편안한 하루의 끝이었다. 서울 암사동 선사유적지에 남아 있는 수혈식 주거터가 바로 그런 생활 방식을 보여준다. 집의 출발점은 불을 안전하게 보관하고, 그 불을 중심으로 생활을 조직하기 위한 구조였다. 어쩌면 우리가 LDK 같은 하나의 큰 공간에서 더 편안함을 느끼는 이유도, 오래전부터 이어진 이런 집의 기억 때문인지도 모른다.

어릴 때 영화나 외국 드라마에서 본 로프트 하우스는 늘 신기한 풍경이었다. 덜컹거리는 화물용 엘리베이터를 타고 올라가면, 높은 천장과 거친 콘크리트 바닥, 흰 벽, 갤러리 같은 텅 빈 공간이 펼쳐졌다. 아일랜드 부엌과 커다란 소파가 놓여 있었지만, '집'이라기보다는 전시 공간이나 창고에 가까운 느낌이었다.

그런데 이상하게도 이런 공간이 머릿속 깊이 남아 있던 것일까. 요즘은 아이가 없는 부부가 사는 집에서도 벽을 거의 두지 않고 가구만으로 공간을 나누는 모습을 자주 본다. 처음엔 낯설지만, 벽에 얽매이지 않는 큰 공간에서 오는 개방감과 자유로움이 분명 존재한다. 언제든 파티가 열릴 것 같은 공간, 생활과 전시의 경계가 흐릿한 구조, 가구와 조명이 공간의 분위기를 좌우하는 집. 이런 공간이야말로 앞으로 우리가 살게 될 '미래형 LDK'의 한 모습인지도 모른다.

LDK는 단순히 부엌과 거실을 합쳐 놓은 편의적 구조가 아니다. 인간이 오래전부터 하나의 공간에서 함께 살고, 불을 중심으로 모이고, 같은 풍경을 바라보며 하루를 마무리하던 방식의 현대적 변주라고 볼

1층 공간을 통으로 터서 활용한 홍천 삼통집 내부

LDK 구조가 적용된 시선의 집 내부

수 있다. 벽으로 기능을 나눈 집은 근대 이후의 짧은 역사일 뿐이며 다시 큰 공간으로 돌아가려는 흐름은 어쩌면 자연스러운 귀환일지도 모른다. 지금 우리가 편안하다고 느끼는 LDK의 감각은 새로운 유행이 아니라 오래된 삶의 방식이 현대 기술과 생활 리듬을 만나 다시 살아난 결과다. 세상은 점점 더 복잡해지고 또 개인주의도 강해지고 있지만, LDK의 유행을 보면 역설적이게도 앞으로의 집은 더 단순해지고 더 하나로 통합될지도 모른다는 생각이 든다.

우리 집 벽은
왜 울퉁불퉁할까

벽

건축주가 벽 마감에
노발대발 화를 낸 이유

10여 년 전 연세가 많고 아주 까다롭기로 소문난 건축주 한 분을 만났다. 소위 건축가 쇼핑을 하던 분이었는데 내 특유의 성실함이 그분의 눈에 들어 저택 설계를 맡아 일을 한 적이 있다. 어렵게 얻은 기회라서 정말 심혈을 기울여 설계를 했고 건축주가 만족할 만한 고급 자재의 스펙을 정리해 완공까지 했다. 하지만 그분의 저택 프로젝트는 끝내 해피엔딩으로 마치지 못했다. 시공 과정 중 건축주의 신뢰를 잃고 말았기 때문이다. 그 결정적 이유 중 하나가 바로 벽을 마감하는 방식에 대한 오해였다.

벽을 마감하는 방식은 다양하지만, 크게 나누자면 기본적으로 물이 많이 필요한 '습식 공법'과 석고보드로 마감해 물이 필요 없는 '건식 공법'이 있다. 전자는 우리가 흔히 시멘트를 발라 곱게 마감하는 '미장'이라는 방식이다. 의욕이 넘쳤던 나는 당연하게도 더욱 신식 공법인 석고보드로 벽을 마감하는 방식을 택했는데 이를 두고 건축주가 마음에 들지 않는다며 내 설계에 노발대발 화를 냈던 것이다.

그 순간 너무 어이가 없어 갑자기 시간이 정지되는 듯했다. 대체 왜? '도대체 누가 요즘 시멘트 미장으로 벽 마감을 하지? 1990년대에나 했던 구태의연한 방법 아니었던가?' 하지만 건축주의 논리는 완고했다. 벽 마감을 시멘트 모르타르 미장 대신 석고보드로 해서 결국 실내 면적이 줄었다는 게 이유였다. 철근 콘크리트 구조 위에 석고보드 마감을 하면 뒤에 한치 각을 미리 세워야 해서 최소 5cm 이상의 두께가 추가로 필요하다. 결과적으로 방안 치수가 좌우로 10cm 줄어들어 큰 집의 경우 최대 한 평까지도 면적이 작아질 수 있다는 이유였다.

처음엔 건축에 대해 아무것도 모르는 어른의 말도 안 되는 아집이려니 했다. 그러면서 동시에 문득 궁금증도 생겼다. '어르신의 말도 일리가 있다. 미장 공법이 지금은 현장에서 채택되지 않는 오래된 방식이긴 해도 면적 소모를 최소화하는 방식은 맞다.' 그리고 이런 생각은 꼬리에 꼬리를 물고 다음의 호기심으로 이어졌다.

'왜 우리는 더는 벽에 모르타르로 미장을 하지 않는 거지? 분명 면적을 아끼는 면에서는 석고보드보다 미장 방식이 더 유리한데. 언제부터 현장에 석고보드 타카 박는 소리만 들리기 시작했지? 그렇다면

미장은 우리 주변에서 완전히 사라졌을까? 그 많던 미장 기능공들은 다 어디로 간 것일까?'

가장 단순한 게
가장 스마트하다

건축가 프랭크 로이드 라이트는 건축을 단순하고 오래된 전통적인 기술을 기반으로 하면서도 첨단 기술이 끊임없이 요구되는 복합적인 분야라고 했다.[11] 다른 분야는 신기술이 등장하면 기존 기술이 빠르게 대체되지만, 건축만큼은 그렇지 않다. 건축에서 새로운 기술은 언제나 오래되고 성숙한 기술과 공존하며 진화해왔다. 대표적인 예가 도배 공법이다. 오래전부터 종이를 벽에 붙여 흙벽이 떨어지지 않도록 했던 도배는, 재료만 현대적으로 바뀌었을 뿐 여전히 유효하게 쓰이고 있다.

그런데 실제로는 도배지가 아파트 벽에 완전히 밀착되어 있지 않다는 사실을 의외로 모르는 사람이 많다. 벽의 가운데를 손가락으로 살짝 덩거보면, 마치 얇은 북을 두드리는 듯한 소리가 난다. 그렇다고 해서 결코 하자가 있는 것은 아니다. 많은 이들이 "풀이 말라서 떨어진 건가?", "붙이다 만 건가?" 하고 걱정하지만, 도배지가 벽에서 약간 떨어져 있는 데는 다 이유가 있다.

벽 가운데를 두드리면 '붕붕' 하는 소리가 나는 도배 방식이 얼핏

도배 시공 현장

보면 시공상의 꼼수처럼 들릴 수도 있다. 하지만 이는 엄연히 정식 시공법이다. 이름하여 '봉투기법'이라고 부른다. 봉투의 입구를 봉할 때처럼 벽지의 위아래 끝부분에만 풀을 발라 붙이는 방식이다. 현장에서는 이를 '봉투도배'라고도 부른다. 21세기 도심 한복판의 고가 아파트에서 여전히 수십 년 전의 도배법을 쓴다고 하면 의아하게 느껴질 수 있다. 하지만 건축에서라면 모든 기술엔 이유가 있고, 이 오래된 구년묵이 기법 또한 예외는 아니다.

아직도 봉투기법이 유효한 이유는 두 가지다. 첫째, 콘크리트 벽의 거칠고 울퉁불퉁한 표면을 시각적으로 고르게 보이게 하기 위해서다. 둘째, 석고보드 대신 미장을 고집했던 어떤 건축주의 말처럼 내부 면적을 최대한 확보하려는 의도 때문이다.

'울퉁불퉁한 벽의 보정'이라는 표현에는 실제로 꽤 과학적인 이유가 숨어 있다. 콘크리트 벽은 겉보기에 반듯해 보여도 사실 완벽히 수직이거나 평평하지 않다. 건축인들에겐 익숙한 사실이지만 일반인들이 들으면 놀라곤 한다. 아파트 같은 공동주택은 대부분 벽식 구조로 되어 있어 콘크리트 벽이 위아래로 이어지며 건물 전체를 지탱한다. 그런데 콘크리트는 워낙 무겁고, 굳는 과정에서 수축이 일어나기 때문에 미세하게 처지거나 휘어진다. 실제로 마감 전에 수직·수평을 재 보면 똑바른 벽과 바닥이 거의 없을 정도다. 물론 이는 시공 오차 범위 안에 드는 것으로, 대개 1cm 내외의 미세한 차이다. 하지만 벽이 길거나 층고가 높을수록 그 차이는 더 크게 느껴진다.

그렇다고 문제가 있는 건 아니다. 구조적으로 하자가 있는 것도 아니고, 시공 오차 범위 안에서는 벽이 약간 기울거나 처질 수 있다. 그래서 미장, 석고보드, 도배 같은 마감이 꼭 필요한 이유다. 사람이 옷으로 체형을 보완하듯 건물도 마감으로 결점을 감춘다. 마감은 단순히 외형을 꾸미는 일이 아니라 건축의 옷이자 마지막 보호막이다. 시각적인 균형을 맞추고 손끝으로 느껴지는 따뜻함까지 더해준다.

다만 그 건축주의 불평처럼 벽의 두께가 늘어나 내부 면적이 줄어드는 건 큰 단점이다. 이것이 두 번째 이유인 '내부 면적의 최대화'인

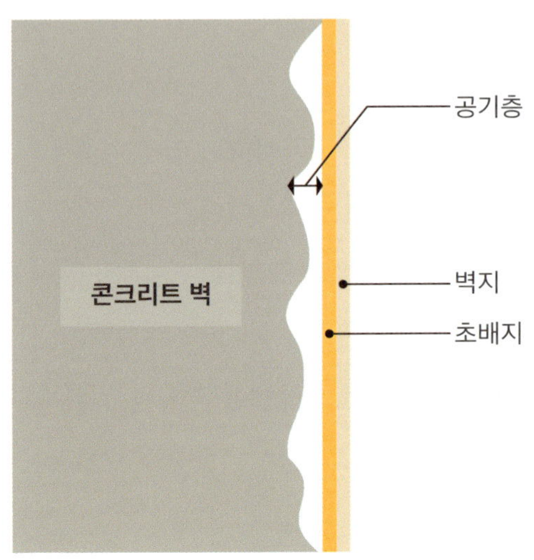

봉투기법으로 도배해 울퉁불퉁한 벽을 보정하는 원리

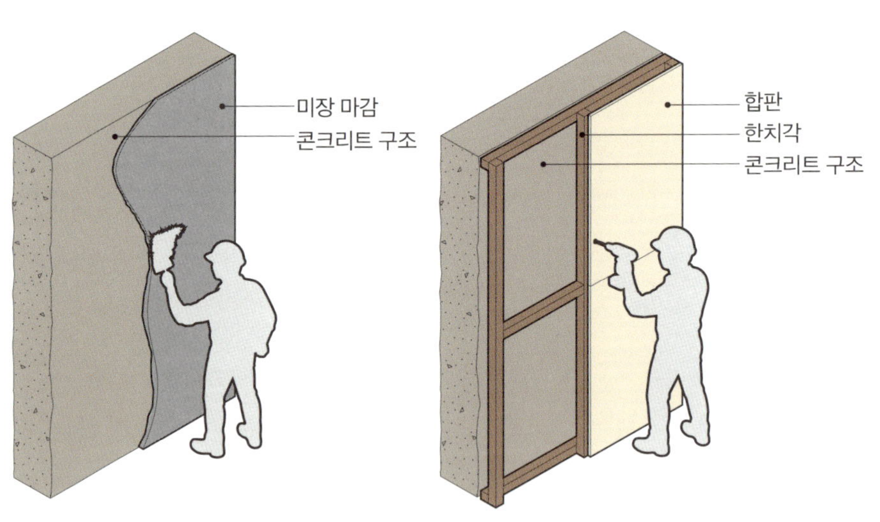

시멘트 모르타르 미장 마감(좌)과 석고보드 마감(우)

데, 기껏해야 1㎡도 되지 않겠지만 몇백, 아니 몇천 세대인 공동주택에서는 예민할 수 있다. 견본 주택으로 분양하기 때문에 실내 면적을 얼마나 확보하는지가 중요한 마케팅 포인트다. 미장이나 석고보드 같은 최소한의 마감 두께조차 허용되지 않을 정도다.

이 치열한 면적 확보의 전쟁에서 도배는 꽤 유용하다. 벽지 한 장과 약간의 풀로 모든 마감을 해결할 수 있기 때문이다. 게다가 구조적으로 미세하게 오차가 있을 수밖에 없는 콘크리트 벽의 울퉁불퉁한 표면을 보정할 수도 있다. 이때 벽지를 위아래로만 붙여 평평하게 보이도록 시각적으로 바로 잡아주는 기술이 바로 봉투기법이다. 집의 벽 마감을 이렇게 해도 되나 싶지만, 도배 기술이 원래 이렇다. 공사비가 저렴하면서도 단순하고 그래서 오히려 더 스마트하다. 인공지능 시대임에도 불구하고 이처럼 건축은 여전히 로테크, 즉 오래되고 성숙한 기술에 의존한다.

미장 공법이
여전히 유효한 이유

시멘트 모르타르를 발라서 마감하는 미장 공법도 마찬가지다. 바로 이 '스마트한 장점' 덕분에 도배와 미장 공법은 지난 수십 년간 한국 건축에서 확고부동한 자리를 차지해왔다. 30년 전만 해도 주택 내부 벽은 대부분 벽돌로 쌓았다. 높이가 조금 더 필요할 땐 벽돌 대신 크기가 큰 블록을 사용했다. 하지만 벽돌이나 블록 표면은 거칠고 울퉁불퉁하기 때문에 그 위에 시멘트, 모래, 물을 섞은 시멘트 모르타르를 얇게 발라 표면을 다듬었다. 보통 2~3cm 두께로 고르게 바르면 평평한 면이 만들어졌고, 그 위에 수성페인트로 색을 입혔다. 예전 학교 교실을 떠올리면 된다. 허리 높이까지는 회색, 그 위는 하얀색으로 칠한 벽.

미장 공법만큼 얇으면서도 매끈한 표면을 만들 수 있는 기술은 아직 없다. 어르신 건축주가 말했듯, 석고보드로 마감하려면 한 면에 최소 5~6cm가 필요하다. 그에 비하면 미장은 비록 오래된 기술일지라도 면적 효율 면에서는 가장 활용도가 높다. 내부 면적 손실을 최소화하면서 벽을 매끄럽게 마감할 수 있는 가장 효율적인 방법은 여전히 미장뿐이다.

물론 미장에도 단점은 있다. 짚을 엮거나 벽돌을 쌓는 일처럼 미장도 단순하지만, 인류가 땅을 파고 은신처를 만들던 시절부터 이어져 온 오래된 기술이다. 시멘트 미장은 내부 면적을 거의 차지하지 않으면서 단단하고 매끈한 벽을 만들 수 있는 장점이 있지만, 지금은 현장에서 점점 사라지고 있다. 그 자리를 한치각(다루끼)*과 합판, 석고보드가 대신하고 있으며, 미장공이 떠난 자리엔 내장 목수가 들어섰다.

시멘트 모르타르로 마감하는 일은 재료를 사람 손으로 직접 바르

---

* 목재 구조에서 사용되는 1치(약 3cm) 두께의 각재로, 벽체나 천장 뼈대를 잡을 때 기본 골조로 쓰이는 작은 각목을 뜻한다.

는 작업이라 아무래도 칼같이 매끈한 표면을 만들기 어렵다. 예전 학교 벽이 유난히 울퉁불퉁하고 우중충해 보였던 것도 이 때문이다. 손맛에 의존하는 기술이라 시공자마다 결과가 다르고, 두세 번 해야 할 공정을 한 번으로 줄이기라도 하면 그 차이는 더 커진다. 좋게 말하면 인간미가 넘치는 공법이지만, 달리 보면 환경과 숙련도에 따라 편차가 클 수밖에 없는 방식이다.

최근에는 미장 공사를 하려 해도 기술자를 구하기가 쉽지 않다. 무거운 시멘트 모르타르를 한 손에 들고 다른 한 손으로 고르게 펴 바르는 수고를 감수하려는 사람이 점점 줄고 있기 때문이다. 항간에는 시멘트를 오래 다루면 수명이 짧아진다는 이야기도 있어서 미장공을 찾기가 더욱 어려워졌다. 자연스레 인력과 인건비가 많이 드는 미장 대신 내장 목수가 그 자리를 대신하게 됐다. 요즘은 화장실 내부처럼 타일을 붙이는 벽조차 목수가 시공한다. 한치각으로 틀을 세우고 합판이나 석고보드를 덧댄 다음 그 위에 타일을 붙이는 식이다. 미장으로 마감한 벽에 비하면 속이 비어 있는 듯한 느낌이 들지만, 평활도만큼은 훨씬 우수하다. 무거운 추를 이용해 상하로 실을 띄워 수직을 정확히 맞춘 뒤, 그 위에 판재를 덧대 완성하기 때문이다.

미장으로 마감한 벽보다 석고보드 벽이 유리한 또 다른 이유가 있다. 바로 구조체와 마감재 사이에 생기는 얇은 빈 공간 덕분에, 복잡해진 전기선과 인터넷선을 자유롭게 배선할 수 있다는 점이다. 예전 집에는 천장 전등 하나, TV 한 대, 선풍기 정도면 충분했다. 인터넷은커녕 콘센트조차 몇 개 없던 시절이었다. 하지만 지금은 노트북, 데

각종 전기 및 통신배관으로 복잡해진 석고보드 벽 내부

스크톱, 휴대폰, 조명, 심지어 실링 팬까지 모두 인터넷으로 연결되어 있다. 외부에서도 집 안의 전등을 켜고 끌 수 있는 시대가 된 것이다. 자동차가 점점 전자제품처럼 진화하듯 집도 마찬가지다. 이제 벽 속은 수많은 전기선과 데이터선이 흐르는 혈관이자 신경망이 되었다. 이런 배선 공간이 없었다면 집은 오늘날처럼 똑똑해질 수 없었을 것이다. 그리고 머지않은 미래에는 그 선들조차 걷어내고 새로운 네트워크로 교체해야 할지도 모른다.

미장 공법은 요즘처럼 복잡한 전기 기구와 사물인터넷, 각종 영상·음향 기기의 수요가 폭증하는 시대엔 한계가 있을 수밖에 없다. 1990년대에 내가 현장기사로 일할 때만 해도 아무리 크고 높은 벽이라도 대부분 미장으로 마감했다. 중간 칸막이만 석고보드로 세우고 나머지는 모두 시멘트 모르타르를 발라 단단히 다졌다. 하지만 2025년 현재는 상황이 완전히 바뀌었다. 현장 대부분이 석고보드 벽으로 대체되었고, 미장은 점점 자취를 감추고 있다.

그렇다고 미장이 완전히 사라져야 하는 건 아니다. 벽이 놓인 조건에 따라 미장과 석고보드를 적절히 혼용하면 훨씬 효율적일 때가 많다. 예를 들어 외기에 직접 면한 창고나 지하처럼 습기가 많아 결로나 곰팡이가 생기기 쉬운 공간은 미장으로 마감하는 편이 훨씬 낫다. 관리가 아무리 철저해도 결로는 막기 어렵다. 미장 벽은 곰팡이가 생겨도 닦아낼 수 있지만 석고보드에 곰팡이가 번지면 제거가 거의 불가능하다. 건식 공법은 단열이 완벽하다는 전제에서만 유효하기 때문이다. 인테리어를 새로 할 때도 석고보드만 고집하지 말고 벽의 위치와 환경에 따라 미장을 병행하는 게 좋다. 특히 외부 발코니를 확장해 옷방이나 서재로 사용할 경우 결로 위험이 높아진다. 물론 단열을 철저히 하는 게 우선이지만, 그럼에도 시멘트 모르타르로 마감해두면 만일의 상황에서 훨씬 안정적이다. 단열재가 외투라면 미장은 그 위를 덮는 방수 코트 같은 역할을 한다.

집은 수많은 기술이 공존하는 생태계다. 느리지만 꾸준히, 시대에 맞게 진화하고 있다. 냉장고와 청소기까지 인터넷으로 연결된 최첨단 시대지만, 여전히 벽은 단열과 방수, 결로 같은 근본적인 문제를 해결하며 진화 중인 오래된 유전자의 산물이다.

집의 유전자

3

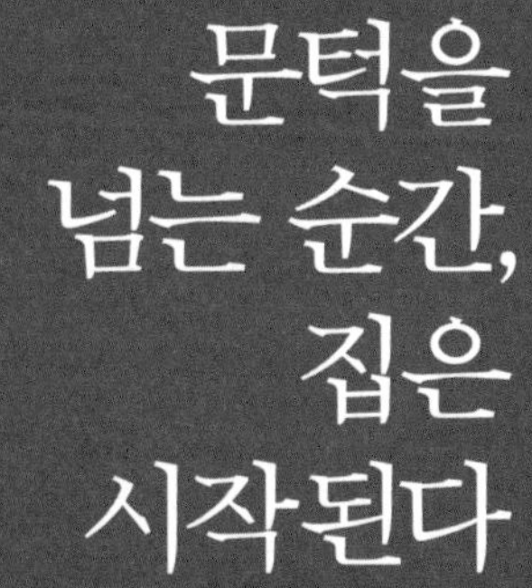

문턱을
넘는 순간,
집은
시작된다

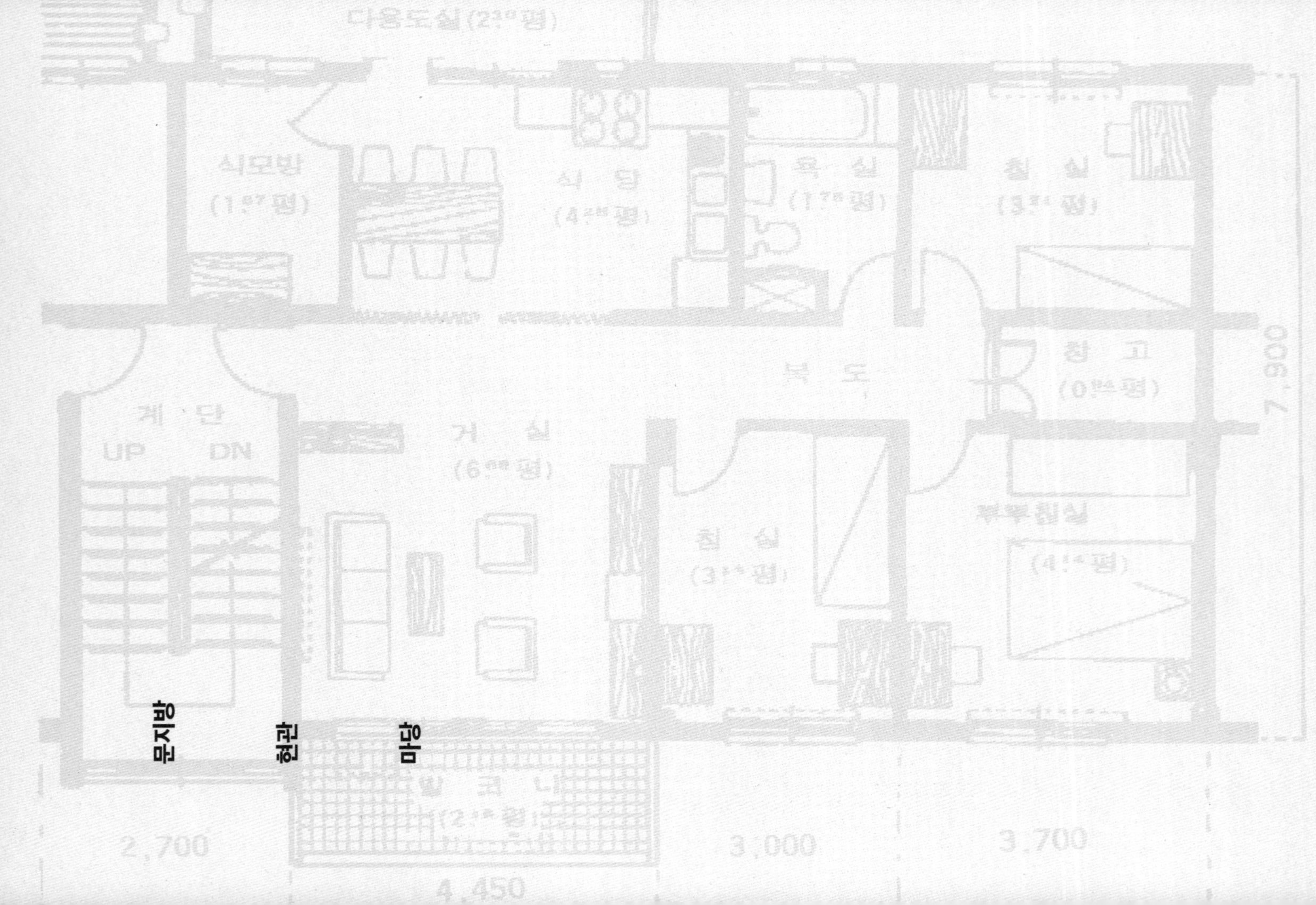
다용도실
식모방
식당
욕실
침실
창고
계단
UP   DN
거실
복도
침실
부부침실
코너
문지방
현관
마당
2,700
3,000
3,700
4,450
7,900

당신이 집에 들어갈 때
거치는 것들

문지방

"집 대문을 열면
무엇이 보이나요?"

건축가였던 아버지가 우리 가족을 위해 처음 설계한 집은 여러모로 특이했다. 다른 집들은 마당에 들어서면 곧장 현관문이 보였지만, 우리 집은 대문을 열고 들어가도 현관이 바로 드러나지 않았다. 잘못된 건 아니었지만 그땐 우리 집만 다르다는 게 못내 싫었니. 어린 나는 아버지가 왜 굳이 이웃집과 다르게 설계했는지 이해하지 못했다. 훗날 내가 건축가가 되고 나서야 그 의도를 알게 되었다. 아버지는 가족을 위한 집을 설계하며, 우리가 오랫동안 잊고 있던 '문지방 공간'을 되살리고자 하셨다.

마당은 작게 두되 진입로를 넉넉하게 만들고 현관을 숨김으로써 걷는 사람이 목적지를 향해 서두르지 않고 잠시 여유를 느낄 수 있도록 한 설계였다. 돌이켜보면 대문에서 현관까지의 길은 짧았지만 인상 깊었다. 바닥에는 요즘은 구하기 힘든 천연 슬레이트가 깔려 있었고, 비에 젖으면 짙은 회색으로 변하며 운치를 더했다. 주변에는 대추나무와 작은 화초들이 있어서 가을이면 대추를 줍고 여름이면 개구리를 키우며 놀던 기억이 남았다. 전통건축을 전공했던 아버지는 집을 현대식으로 지으면서도 공간 구성만큼은 전통의 원리를 고집하셨다.

우리 조상들은 대문을 열자마자 집 안이 훤히 드러나게 하지 않았다. 마당이 보이기 전에 작은 문을 한 번 더 지나게 하거나, 누마루 밑으로 몸을 낮추게 했다. 그것마저 여의치 않으면 골목을 돌아 들어가게 했다. 낯선 사람과 갑자기 마주하지 않기 위한 배려였다. 처음 보는 사람이 민얼굴이나 잠옷 차림으로 만난다면 서로 당황스러운 것처럼, 만나기 전에 마음의 준비를 할 수 있는 시간과 여유를 갖게 하려는 의도다.

실제로 오늘날까지 보존 중인 전통 한옥에 가보면 겹겹이 옷을 입은 한복처럼 담과 문, 길로 둘러싸여 안채에 닿기까지 몇 겹의 사이 공간을 거치도록 되어 있다. 이는 곧 집에 들어가기 전에 마음을 가다듬고 잡념을 내려놓으라는 뜻이기도 했다. 한옥에서는 이 애매한 여백을 '문지방'이라고 부른다. 대청마루에 앉은 주인과 대문을 열고 들어온 손님의 시선이 겹치지 말라고 약간의 여유 공간을 배치한 것이다.

아버지가 설계한 집의 입구와 그 앞에 서 계신 어머니

들어올 땐 몸을 가다듬고,
나갈 땐 마음의 준비를 하고

그런데 요즘의 문지방은 문턱처럼 아주 가느다란 경계선으로 축소됐다. 하지만 본래 문지방은 훨씬 넓은 개념이었다. 영어에서도 문지방은 '틀Frame'이 아니라 '전환점Threshold'이다. 단순히 얇은 경계로만 이해하기 쉽지만 '문지방을 밟으면 귀신이 들어온다'는 미신이 말하듯 공간적인 의미를 지녔다.

그래서 '문'이 외부와 내부를 가르는 물리적 경계라면 '문지방'은 그 사이를 구분하는 심리적 경계다. 대표적인 예가 사찰로 들어갈 때 지나치는 일주문이다. 기둥 두 개에 지붕이 얹혀 있을 뿐인데 사람들은 그것을 엄연히 문이라 부른다. 주변에 담도 없으니 돌아가면 그만이지만 그렇게 하는 이는 없다. 누가 시키지 않아도 사람들은 약속이나 한 듯 일주문을 통과한다. 열고 들어갈 문이 있는 것도 아니지만 그 문을 지나면 속세에서 신의 세계로 들어가는 듯한 기분이 든다. 일주문은 일종의 거대한 문지방이다. 외부와 내부, 속세와 신계를 걸러주는 장치이자 마음의 경계를 전환시키는 통로다.

흥미로운 건 서양에서도 이와 비슷한 개념이 있다는 점이다. 네덜란드 건축가 알도 반 에이크는 사람이 숨을 들이쉬고 내쉬는 것처럼, 건축 역시 동시다발적으로 일어나는 공간적인 감정이자 사람에서 사람으로 이어지는 마음이라고 설명했다.[12] 문화인류학에서도 문지방을 성스러움이 최초로 발현되는 곳이자 통과의례가 이뤄지는 곳이라

고 설명한 적이 있다. 종교학
자 엘리아데는 문지방을 밖
과 안의 경계가 구체적으로
나타날 뿐 아니라 어떤 곳에
서 다른 곳으로 이동하는 가
능성이 구현되는 곳이라고도
말했다.

대표적인 예가 바로 포치
Porch라고 부르는 공간이다.
미국의 단독주택들을 보면
주로 현관문 앞에 지붕이 있
는 긴 외부 복도 같은 공간
을 따로 붙여놓는다. 집에 들
어올 땐 몸을 가다듬고 세상

나주 계은고택 문지방의 시적인 공간

으로 나갈 땐 마음을 준비하는 곳이다. 비가 내릴 때 우산을 접고 펴
기에도 매우 편리하다. 차양이 없으면 현관문을 열고 들어오거나 나
갈 때 비가 안으로 들이쳐 여러모로 불편하기 마련이다. 이 차양이 공
간으로 확장된 것인데 미국 드라마에서 포치에 의자를 놓고 앉아 신
문도 보고 이웃들과 인사도 나누는 모습도 볼 수 있다. 포치는 일종의
서양식 문지방 공간이다.

중문으로 계승된
한국인의 공간 DNA

우리 선조들은 이 문지방 공간을 꽤 각별하게 생각했던 것 같다. 집뿐만 아니라 외부까지 포함해서 좀 다르게 만들었다. 바로 길과 담을 이용해서다. 외부의 길과 담까지 이용해 새로운 공간적 가치를 창출해냈다. 조선 후기 최고 가문 중 하나인 윤씨가의 고택인 해남 녹우당이 대표적이다. 윤씨가는 고산 윤선도와 화가 윤두서가 나왔던 집안으로 당대엔 조선 최고 부잣집이었다. 그런데, 녹우당은 당시 부잣집이 으레 세웠던 솟을대문을 크고 화려하게 높이진 않았지만, 오히려 거대한 솟을대문보다 더 큰 위용을 뽐낸다. 비법은 바로 문지방 공간이다. 정면에서 봤을 때 대문이 잘 드러나지도 않는다. 근처에 큰 은행나무가 있어 입구임을 살짝 눈치챌 뿐이다.

나무 그늘을 돌아 대문을 열고 들어가도 마주치는 건 작은 마당일 뿐이다. 집에 들어왔나 싶은 순간, 방문객은 오른편 사랑방에서 내려다보는 주인의 시선을 본능적으로 알아챈다. 하지만 그 얼굴은 잘 보이지 않는다. 높은 단 위에 있는 데다 차양이 깊어 내부에 드리운 그림자 때문이다. 이와 반대로 손님은 햇빛에 정면으로 노출된 데다 마당 바닥에 반사된 빛까지 더해져 훤히 보인다. 마치 서부 영화의 한 장면을 보는 듯하다. 주로 사랑방에서 사회 교류를 했던 조선 세도가에서 문지방 공간은 꽤 상징적인 공간이었다. 이는 북촌의 도시형 한옥도 마찬가지다.

해남 녹우당 입구 전경(위)과 안쪽에 숨어 있는 대문 입구(아래)

이렇듯 우리나라 전통건축에서는 대문에서 대청마루까지 바로 들어갈 수 있도록 공간을 설계하지 않았다. 대문에 도착하기 전에 골목길을 좀 돌아 들어가게 할지언정 문을 열고 들어갔을 때 최대한 주인과의 시선이 정면으로 마주치지 않고 옆으로 보이게 해 서로 맞이하고 준비할 수 있는 여유를 주도록 했다.

요즘 우리가 사는 집에서도 이런 문지방의 유전자를 떠올리게 할 때가 있다. 바로 현관 앞 중문이다. 언젠가부터 아파트도 현관문을 열고 들어오면 거실이 바로 보이는 것보다 중문을 거쳐서 들어가는 게 더 일반적으로 됐다. 시선이 바로 거실로 열리는 게 부담스럽기 때문인데 외부의 추위와 더위까지 한번 걸러줘서 내부의 열효율을 높이는 장점도 있다. 하지만 중문이 무조건 장점만 있는 것은 아니다. 가장 큰 단점은 가뜩이나 좁은 거실 공간이 더 좁게 느껴진다는 것이다. 그리고 방문객 입장에서 처음 현관에 들어왔을 때 중문이 앞을 가로막고 있으면 답답하다는 인상을 받을 수도 있다.' 두 번 문을 여는 것도 불편하다면 불편할 수 있다.

그래서 1980년대나 1990년대에는 내부 공간이 조금이라도 더 크게 보이게 하려고 오히려 중문을 두지 않았다. 하지만 얼마 가지 않아 아파트마다 중문을 다는 것이 예삿일이 되어버렸다. 왜 그랬을까? 이렇게 대문을 열고 현관에 들어오자마자 거실이 훤히 보이는 시선은 우리의 유전자로부터 나온 게 아니었기 때문이다. 사람들은 오히려 중문이 달려 있으면 더 아늑하고 편안하다고 생각한다. 그런 점에서 중문은 방문객에게 조금의 수고로움을 전가하더라도 맞이하는 사람과 찾아온 사람 사이의 일말의 여유를 두고 싶어 했던 한국인의 공간 DNA가 계승된 흔적이라고 할 수 있다.

아버지가 설계하셨던 우리 집도 마찬가지였다. 대문을 열면 좁은 길을 거쳐 현관으로 가는 낭만이 있었다. 문에서 나와 등교할 때마다 비록 아주 짧은 순간이었지만 세상과 대면하기 전 마음의 준비를 할 여유도 있었다. 마치 레드 카펫을 밟듯 계단을 오르고 걸음을 옮겼다. 밖에서 현관문이 보이진 않았어도 오히려 더 편안했다. 친구가 밖에서 부르면 문을 열고 나와 빼꼼히 볼 여유도 있었다. 잘못한 일이 있어 어머니께 발가벗겨져 잠깐 집에서 내쫓겼을 때도 현관 앞에 숨을 곳도 있었다.

맞은편 불란서주택에 사는 이웃집은 우리 집보다 훨씬 더 세련되고 밝은 실내에 집 구조도 현대식이었지만 뭔가 항상 불편한 느낌이 있었다. 대문을 열고 들어서자마자 포치에서 내려다보시는 친구 아버지의 시선이나 현관문을 열고 들어갔을 때 거실에 앉아 있는 가족들을 바로 마주하는 것도 그랬다. 여러분은 어떤가? 만약 시골에 내려가 전원주택을 지을 수 있다면 조금 돌아가더라도 운치가 있는 문지방을 넣고 싶은가, 아니면 그런 여유 공간을 모두 없애 조금이라도 너 공간을 넓히고 싶은가? 건축가의 아들이자, 건축 일을 하고 있는 필자는 전자를 권하고 싶다. 문지방의 의미가 이렇게 변해온 것만 봐도, 우리가 모르는 사이 유전자에 새겨진 집의 기억은 여전히 진화하고 있음을 알 수 있다.

우리는 언제부터 집에 들어갈 때
선 채로 신발을 벗었을까

현관

왜 서양은 신고,
동양은 벗을까?

내가 어렸을 때 외국 드라마나 영화를 보며 가장 신기했던 것은, 신발을 신은 채로 실내에서 생활하는 모습이었다. 서양 사람들은 위생적이지 않다고 생각하면서도, 신발을 벗지 않고 사는 건 참 편리하겠다고 부러워하곤 했다. 하지만 정작 외국에서 친구들과 함께 살면서 신발을 신은 채로 생활해보니 여러모로 불편했다. 영국에 살 때 친구 집 문을 열면 현관이 따로 없어 항상 어디에 신발을 벗어야 할지 고민이 됐고, 심지어 친구들과 공유주택에서 살 때는 한쪽에 신발을 둘 수 있도록 나만의 작은 신발장을 마련하기도 했다. 그만큼 현관은 우리에게 너무나 자연스럽고, 집에 없어서는 안 될 필수 공간이다. 그런데 놀랍게도 이 현관이 본래 우리의 문화가 아니었다면 믿겠는가?

현관이라는 개념은 일제강점기에 들어온 수입품이었다. 전통 한옥에 현관은 따로 없었다. 대문을 열고 마당을 지나서 일단 댓돌 위에 신발을 벗고 대청에 오르는 게 집에 들어오는 일반적인 순서였다. 마루가 거실이자 일종의 거대한 현관이었던 셈이다. 요즘도 한옥에 놀러 갔다가 댓돌에 올려놓은 신발에 빗물이 들이쳐 당황할 때가 있다. 아무리 처마가 있다고 한들 비바람이 불어 사선으로 들이치면 당연히 댓돌 위 신발까지 젖게 되어 있다. 그나마 마당보다 조금 높은 곳에 있어서 튀는 물을 막는 정도다. 그런데, 이렇게 불편한데도 우리 조상들은 왜 현관 대신 댓돌을 고집했던 것일까?

일단 한옥의 구조가 빈번하게 실내와 실외를 돌아다닐 수밖에 없는 형태라서 현관보다는 댓돌이 편했을 것이다. 농경사회에서는 바깥 활동이 많을 수밖에 없다. 아무리 직접 농사를 짓지 않는 양반집이라 하더라도 거둬들인 농작물을 보관하고 말리는 등 관리를 위한 마당은 꼭 필요했다. 일반 농민은 말할 것도 없다. 심지어 요즘도 전원생활을 하면 조경 일이나 텃밭을 가꾸는 등 외부에 드나들 때 신발을 신고 벗는 일 자체가 성가실 수밖에 없다. 댓돌에 신발을 편하게 벗어두고 대청과 마루, 마당을 신속하게 들락날락하는 편이 훨씬 더 낫다. 심지어 부엌은 흙 바닥이었다. 아궁이에 불을 피우기 위해서는 장작도 들여야 하고 수시로 들고나야 하니 부엌에서 그냥 신을 신고 일하는 편이 나았다. 어머니들은 음식상을 방에 들일 때야 비로소 신발을

바깥 마당과 실내 사이를 분주히 다니기에 유용했던 댓돌(안성 정무공 오정방고택)

벗을 수 있었다는 걸 고려하면 현관을 두기보다는 댓돌을 여러 곳에 두는 편이 훨씬 편했을 것이다.

화장실의 진화와
현관의 상관관계

그렇다면 도대체 현관이 우리 실생활에 정착한 건 언제부터일까? 처음엔 적산 가옥(일본식 주택)을 통해 현관이 소개됐을 때만 해도 그 저 먼 나라 얘기일 뿐이었다. 그러다 앞서 설명한 문화주택, 서양식 2

층 양옥이 인기를 끌면서 현관도 함께 주목받기 시작했다. 우리가 좌식 생활을 한 지는 오래됐어도, 현관을 사용한 지는 이제 불과 100여 년밖에 되지 않았다는 뜻이다. 문화주택이 1930년대 초 조선에 처음 소개됐을 땐 일본에서조차 낯선 서구식, 최신식 집일 뿐이었다. 하지만 우리나라에서는 푸른 잔디밭이 깔린 2층 양옥으로, 골목길에서도 피아노 소리가 들리는 부잣집으로 선망의 대상이 됐고 1970년대까지 그 명맥이 이어졌다. 앞서 소개한 '불란서주택'이 대표적인 예다.

그런데 문화주택에서 가장 획기적인 변화는 다름 아닌 내부로 들어온 화장실이었다. 전통적인 재래식 화장실에서는 용변을 보면 밭에 거름으로 재활용하거나 그마저도 안되면 직접 수거하는 식이 전부였다. 그래서 화장실은 최대한 집에서는 멀리, 도로에는 가깝게 배치했다. 악취를 피하기 위해선 불편해도 어쩔 수 없었다. 외부 화장실은 사용하기 번거롭고 지저분했지만 별다른 방도가 없었다. 심지어 1980년대까지도 제주에서는 아예 화장실 근처에서 돼지를 키우면서 고기까지 얻는 일거양득의 효과를 노리기도 했다고 한다.

실제로 주택에서 제일 시공하기 어려운 곳이 바로 화장실이다. 일단 깨끗한 물을 내부로 끌어들이고, 사용한 물은 정수와 섞이지 않게 하수로 내보내야 한다. 그리고 변기에서 나온 오물을 보관하기 위한 정화조 시설도 있어야 한다. 마치 우리 몸에 위나 장, 콩팥 같은 신체 기관들이 원활하게 연결돼야 건강하게 살 수 있듯 집도 마찬가지다. 깨끗한 물이 잘 들어오고 사용한 물을 잘 배출해야 한다. 실내 화장실은 외부의 재래식 화장실과 완벽히 달라야 했다. 이를 위해 일제강점기에 수입된 문화주택은 당시 조선에는 없던 새로운 기술과 자재들이 필요했다. 심지어 변기조차 생소했던 시절이었다.

그 효과는 매우 컸다. 일단 화장실과 부엌이 바깥에서 실내로 들어옴으로써 일상생활은 완벽히 내부에서만 가능해졌다. 집에 들어와 신발을 한번 벗으면 외출할 때까지 다시 신을 일이 없어졌다. 대청과 툇마루, 마당을 빈번히 오가기 위해 신을 벗고 다시 신던 댓돌 대신 잔디마당과 실내 복도를 이어주는 현관이 그 자리를 차지했다. 하지만 현관이 집의 보편적인 공간으로 자리 잡기까지는 그 후로도 한 세대 이상 더 걸려야 했다.

신발에 흙 묻을 일이 없는 '초품아' 아파트

현관이 한국의 주택에 완전히 들어와 정착하기까지 흥미로운 사건이 하나 더 있다. 1970년대 아파트가 처음 소개됐을 때 다양한 시도들이 있었는데 그중 하나가 바로 현관이 아예 없는 서구식 입식 생활이었다. 1973년에 분양했던 반포아파트(구반포) 32평형 평면도를 보면 주출입구와 거실 사이에 현관이 없었다. 신발장이 그려져 있긴 했지만 단 차이나 바닥 마감도 따로 구분이 없었다. 평면도의 좌측을 보면 집으로 들어오는 현관이 그려져 있지 않다. 공용부 계단에서 문을 열면 곧장 거실이 나오는 구조다. 당시에도 좌식 생활에 익숙한 우리

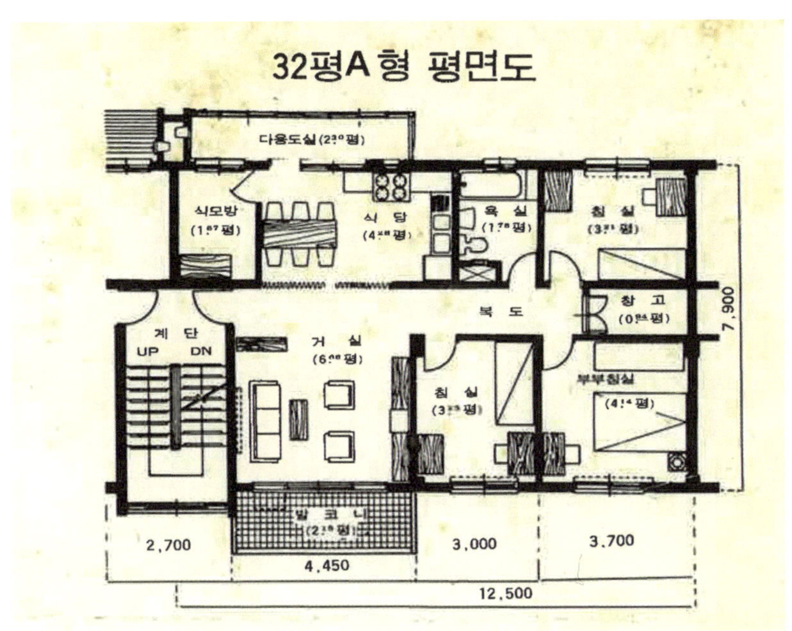

현관에 단 차이가 없던 1973년 반포아파트(구반포) 32평형 평면도

에게 신발을 벗을 곳을 따로 마련해주지 않았다는 건 신기하고 흥미로운 사건이었다.

일단 현관이 없는 평면은 두 가지 해석이 가능하다. 첫 번째는 현관문을 열고 들어와 바로 신발장에 넣고 실내로 들어가거나, 두 번째는 이에 서양처럼 신발을 신고 실내 생활을 하는 것이다. 이성적인 형태로 최적화된 오늘날의 아파트에 사는 우리로서는 상상할 수 없는 파격적인 사건이었지만, 아파트 자체가 아예 생소한 당시에는 충분히 말이 되는 구조였다. 난생처음 아파트를 소개하며 한옥의 추운 대청마루 대신 라디에이터 난방을 도입해 따뜻한 거실에서 서구식 생활이

가능하다는 인상을 심어주기 위해서였다.

현관에 대한 당시의 혼란한 상황은 비슷한 시기에 분양했던 여의도 아파트 평면도에 고스란히 드러난다. 같은 시기 분양한 신식 아파트였음에도 여의도 아파트 평면도에는 현관이 제대로 그려져 있었기 때문이다. 아마도 1973년 반포아파트는 새로운 주거형식이 도입된 실험적인 아파트였던 것 같다. 반포아파트 단지는 소위 '초품아'(초등학교를 품은 아파트)로 불리는 근린지구 단지였다. 그래서 일단 단지에 들어오면 주변에 나갈 필요가 없어 신발에 흙을 묻힐 일이 없어졌고, 흙 묻은 신발을 벗을 현관도 불필요하다는 논리였다. 이를 광고로 활용하기 위해 보란 듯이 설계도에서 현관을 빼버린 것이다.

여기서 또 하나 흥미로운 건 현관문을 열면 일체의 복도나 문지방 없이 바로 거실이 보이게 했다는 사실이다. 보통 방이 총 네 개인 아파트 평면이라면 현관에서 짧은 복도를 거쳐 거실로 들어서는 게 일반적이다. 하지만 당시 반포아파트는 외부 공용계단에서 문을 열면 바로 거실이 보이도록 공간을 설계했다. 앞서 말한 문지방의 여유조차 없앤 것이다. 왜 그랬을까?

전통 한옥에서는 마당을 중심으로 대청마루를 거쳐 댓돌에 신발을 올려놓고 각자 방으로 가는 경험이 훨씬 더 익숙하고 자연스러웠다. 대문을 열면 마당을 통해 대청마루까지 한눈에 보였던 전통 한옥의 구조를, 한국의 초기 아파트들은 나름의 방식으로 번역하려 했다. 마당이 없으면 집이 아니라는 인식이 강했던 시절, 오랫동안 익숙했던 경험을 갑자기 버릴 수는 없었다. 그래서 문을 열었을 때 가장 먼저 마주

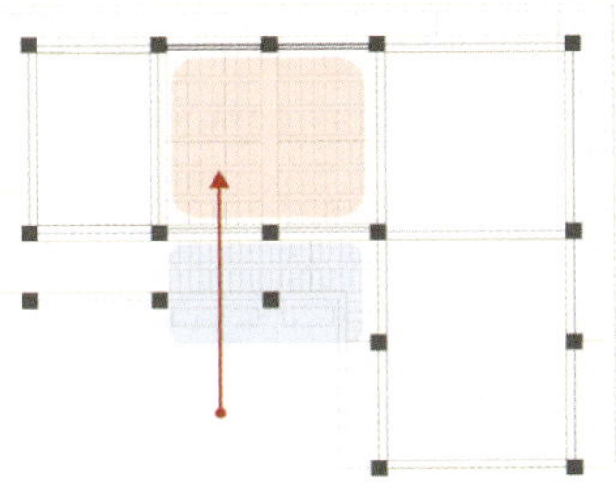

댓돌을 통해 현관의 기능을 겸했던 전통 한옥

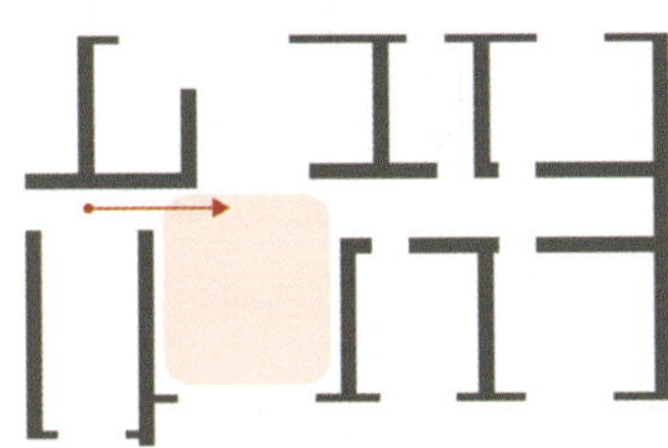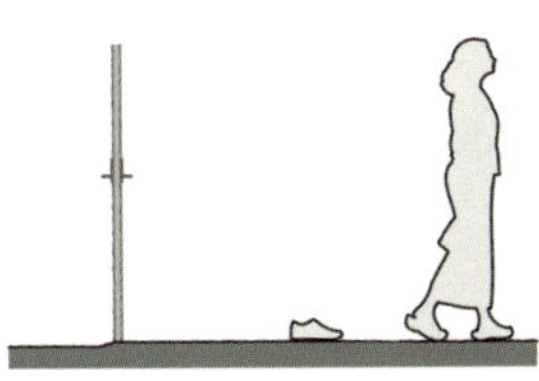

현관 공간이 없는 1973년 반포아파트

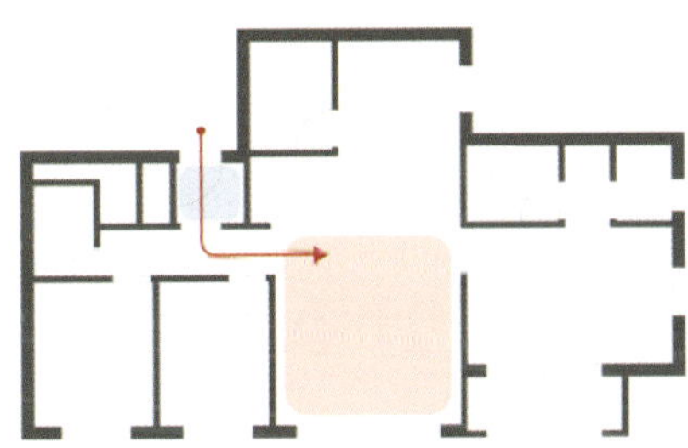

현관이 보편화된 2000년 이후 현대식 아파트

댓돌과 툇마루에서 현관으로 진화한 과정

해야 하는 공간은 여전히 마당의 역할을 대신할 수 있는 거실이었다.

　물론 이런 공간 구성은 앞서 이야기했던 문지방의 여유, 즉 외부에서 내부로 들어오기 전 잠시 마음의 준비를 하게 하는 여백과는 다소 다른 성격을 띠었다. 하지만 이는 상충되는 개념이라기보다는 시대와 구조의 차이에서 비롯된 변형이라고 할 수 있다. 한옥의 문지방이 방문객에게 여유를 주는 완충지대였다면, 아파트의 복도와 계단은 그 역할을 공용의 영역으로 옮긴 셈이다. 문제는 이 완충 공간이 충분한 고민의 시간을 거쳐 제대로 번역(설계)되지 못했다는 점이다. 그럼에도, 집 안으로 들어섰을 때는 오히려 대청마루나 마당을 거쳐 방으로 들어가는 시퀀스만큼은 포기할 수 없었다. 그래서 문을 열면 컴컴한 복도가 아닌, 한눈에 트인 거실을 훤히 볼 수 있도록 설계함으로써 '집에 들어왔다'는 감각을 완성시킨 것이다.

현관에 머드룸을
만들면 어떨까

　하지만 현관 없는 아파트의 역사는 오래가지 못했다. 아파트를 이용하는 사람들이 신발을 신고 벗을 수 있는 현관의 기능을 강렬히 원했기 때문이다. 이후 현관 없는 설계도는 자취를 감췄고, 지금 우리에게 너무나 익숙한 아파트식 현관이 표준으로 자리를 잡았다.

　이렇듯 현관은 처음 소개된 지 100년도 되기 전에 우리 생활에 없어서는 안 될 필수 공간으로 자리 잡았다. 최근엔 신발장이 수납을 위한 창고를 겸하거나, 중문을 달아 독립적인 공간으로 만드는 게 아파트에서도 일반적인 추세다. 전원주택을 계획할 때 반드시 고려해야할 사항도 외부에서 들어올 때 흙이 묻은 신발을 벗어 놓고 간단히 손이나 발을 씻을 수 있는 개수대다. 그런데 현관에 물을 쓸 수 있는 공간을 만드는 일은 실제로 보통 번거로운 일이 아니다. 집에 들어오자마자 개수대가 보이는 것도 미관상 그리 예쁘지 않다. 아예 외부에 두면 좋겠지만 겨울에는 물이 얼어 사용할 수 없으니 실용적이지 않기 때문이다.

그래서 최근에는 미국식 주택에서 흔히 볼 수 있는 '머드룸Mud room' 개념을 참고하는 경우가 늘고 있다. 머드룸은 말 그대로 흙Mud이 묻은 신발이나 옷을 정리하고 손발을 씻는 공간이다. 마당의 잔디를 깎지 않으면 신고까지 당할 정도로 깔끔함을 중시하는 미국인들에게는 실용적인 생활공간이다. 신발을 신고 실내로 들어가는 문화가 일반적임에도 불구하고 미국인들이 머드룸을 따로 두는 걸 보면, 흙 묻은 신발로 실내를 더럽히는 것은 동서양을 막론하고 모두 꺼리는 일임을 알 수 있다.

한국 주택의 현관에도 머드룸의 개념을 적용하면 여러모로 유용하다. 신발을 벗는 공간과 세척 공간을 분리하면 더욱 위생적이고, 실내로 들어가기 전 손발을 씻거나 반려동물의 발을 닦는 용도로도 쓸 수 있다. 결국 머드룸은 미국식이지만, '바깥의 먼지를 안으로 들이지 않는다'는 철학은 오히려 우리 전통의 댓돌 문화와도 맞닿아 있다.

푸른 초원 위
그림 같은 집의 오류

마당

전통 한옥의 마당에는
원래 잔디가 없었다

가사만 들어도 멜로디가 절로 떠오를 만큼 유명한 가수 남진의 노래 〈님과 함께〉에는 "저 푸른 초원 위에 / 그림 같은 집을 짓고 / 사랑하는 우리 님과 / 한 백 년 살고 싶어"라는 소절이 있다. 이 노래를 듣다 보면 나도 모르게 푸른 잔디밭 위 삼각형 지붕의 네모난 집이 자연스레 떠오르곤 한다.

가사 속 '저 푸른 초원 위에 그림 같은 집'은 우리가 꿈꾸는 전원생활을 가장 함축적으로 표현한 대표적인 문구다. 굴뚝 위로 연기가 뭉게뭉게 피어오르는 저녁, 푸른 잔디밭이 펼쳐진 집에서 가족이 함께 모여 즐겁게 식사하는 모습은 누구나 한 번쯤 꿈꾸는 로망이다.

하지만 현실은 이상과 다르다. 잔디는 심기는 쉽지만 1년 내내 잡초와 싸워야 하고, 생전 보지 못했던 벌레들 때문에 사랑하는 임은커녕 독수공방하게 될지도 모른다. 어쩌면 그래서였을까? 우리 조상들은 마당에 잔디를 깔지 않았다. 그냥 흙을 그대로 두었다. 물론 잡초 때문만은 아니었다. 태양 빛을 마당에서 반사시켜 어두운 실내를 밝히려 했다는 설도 있고, 풀이나 나무 없이 비워진 공간 자체를 즐겼다는 해석도 있다. 어쨌든 우리 전통에서 마당은 잔디나 풀이 없는, 그저 땅 그대로의 공간이었다.

일제강점기가 시작되자 일본식 정원이 한국에 들어왔다. 우리의 마당이 사람들이 분주히 오가고 농산물을 말리는 등 활동적인 공간이었다면, 일본인들에게 마당은 감상의 대상이었다. 자연을 중시한다는 철학은 비슷했지만 그 자연을 대하는 태도는 전혀 달랐다. 우리의 마당이 발바닥으로 느끼는 촉각의 공간이라면 일본 정원은 눈으로 즐기는 시각의 공간이었다.

흥미로운 점은 일제강점기에 지어진 한옥들 가운데 일본식 정원의 영향을 받은 흔적이 종종 발견된다는 사실이다. 요즘 목수들이 집을 지을 때 한식과 양식을 굳이 가리지 않듯, 그 시절에도 마찬가지였다. 건축주의 성향에 따라 어제는 한옥을 짓고 오늘은 일본식 주택을 지었다. 자연스럽게 두 문화가 서로 영향을 주고받았던 것이다. 건물은 한옥으로 짓되, 마당만큼은 일본식 정원처럼 만들어달라는 요구도 있었을 것이다.

가령, 집의 외관은 한옥인데도 마당을 두르는 툇마루가 실내 복도처럼 나 있고 방들이 그 복도를 중심으로 양옆에 배치되어 있다면 일제강점기에 지어진 집일 가능성을 의심해볼 만하다. 일본인들은 방이 다소 어두워야 편안하다고 여겼다. 그래서 정원 주변에 복도를 두르고 미닫이문을 달아, 방을 오가며 언제나 밖을 바라볼 수 있도록 했다. 일본식 주택의 또 다른 흥미로운 특징은 바로 현관과 마당의 관계다. 우리 조상들은 반드시 마당을 가로질러 댓돌 위에 신발을 벗고 집에 들어왔다. 현관이라는 별도의 공간이 없었으며 마당을 지나 곧장 대청마루로 올라서는 구조였다.

반면 일본 가옥은 어두운 현관을 지나 집 안으로 들어와야 비로소 마당이 보였다. 이 공간을 나무와 화초로 가꿔 '앞마당 정원'으로 꾸몄다. 겉모습은 분명 한옥이지만, 현관문이 마당 반대편에 있다면 일본식 주택의 영향을 받은 것으로 볼 수 있다. 우리 전통 조경에서는 마당뿐 아니라 뒤뜰(후정)까지 가꿔 대청마루의 창문을 열면 앞뒤가 모두 트이는 개방형 구조였다. 하지만 일본식 정원은 외부에서 안이 보이지 않도록 담으로 둘러싸인 폐쇄형이었다.

이는 마치 요즘의 외벽형 주택처럼 밖에서는 내부가 전혀 보이지 않는 형태다. 이런 혼합형 한옥들은 서울뿐만 아니라 전국 곳곳에서도 발견되며, 주로 당시 지역의 만석꾼이나 사업가들의 집에서 많이 볼 수 있었다. 북촌과 서촌의 도시형 한옥에서도 이러한 형태가 자연스럽게 섞여 들어갔다.

전통건축을 흠모했던
아버지의 마당

해방 이후 1960~1970년대에는 외국인을 위한 '외인 주택'이 선망의 대상이자 고급 주택의 모델이었다. 당시 정부는 외교관이나 미군 장교 등 소수 외국인에게 임대하기 위해 최고급 주택을 지었다. 한남동 유엔빌리지나 이태원의 고급 주택들은 하나같이 완만한 구릉 위에 잔디가 깔린 넓은 뜰을 가진, 마치 영화 속에나 나올 법한 단독주택들이었다. 일반인들에게는 그야말로 동화 속 '그림 같은 집'으로 비쳤다. 특히 외인 주택은 아름다운 경관에 철저한 경비와 보안을 더해, 당시 고급 주거 이미지를 완성했다.

그 덕분에 높은 담과 주차장, 그리고 대문을 열고 계단을 오르면 펼쳐지는 푸른 잔디 마당은 곧 부잣집의 상징이 되었다. 영화 〈기생충〉에 등장한 고급 주택이 그 대표적인 예다. 지금도 '부잣집'이라고 하면 자연스레 떠오르는 이미지 속에는 어김없이 높은 담장과 그 안의 푸른 잔디 마당이 자리한다. 한층 위, 남들보다 높은 곳에 놓인 잔디 마당은 부의 상징이자 상류층만의 전유물이었던 것이다.

앞서 언급한 '불란서주택'은 외인 주택의 서민형 비전이있다. 강남에 대규모로 주택이 지어지던 당시, 잘 손질된 잔디 마당 위 파라솔과 의자가 놓인 풍경은 대표적인 로망이었다. 느긋하게 앉아 어머니는 과일을 깎고, 아버지는 신문을 읽으며, 아이들은 그 앞에서 뛰노는 모습은 성공한 사람들만이 누릴 수 있는 일종의 전리품처럼 여겨졌다.

하지만 잔디 마당은 부러움의 대상인 동시에 해결해야 할 골칫덩이였다. 당시 우리는 미국의 주택문화처럼 푸른 잔디를 유지하기 위해 얼마나 많은 손이 가는지 잘 몰랐다. 봄부터 가을까지는 잡초와의 전쟁이었고, 혹독한 겨울의 추위는 잔디에게 치명적이었다.

건축가였던 아버지께서 1980년에 완공하신 우리 집은 조금 달랐다. 당시 주변의 불란서식 주택들은 대문을 들어서면 곧장 넓은 정원이 펼쳐졌지만, 우리 집의 마당은 도로에서 가장 먼 곳에 자리해 밖에서는 잘 보이지 않았다. 그 대신 대문에서 현관까지 이어지는 짧은 길 양옆에 나무를 심어, 그 길 자체를 낭만적인 산책로처럼 꾸미셨다. 마당은 현관에 가까워져야 비로소 모습을 드러냈다. 크기도 다른 집들에 비해 아담하고 아늑했으며, 가로세로 비율이 정방형이라 친구들과 놀기에도 딱 좋았다. 그래도 푸른 잔디로 덮여 있었다는 점만큼은 다른 집들과 다르지 않았다.

아버지는 전통건축 전문가셨지만, 우리 집 마당만큼은 전통 방식대로 흙바닥으로 남겨두지 않으셨다. 그 대신 전통 마당의 구조를 유지하되, 잔디를 심는 절충안을 택하셨다. 그러나 잔디로 덮인 마당은 몇 해 지나지 않아 관리의 어려움으로 곳곳이 듬성듬성 비어 갔다. 아이 셋을 둔 30대 부부에게 정원을 가꾸는 일은 늘 우선순위에서 밀릴 수밖에 없었을 것이다. 잔디를 돌보느라 일주일 중 유일한 휴일인 일요일을 반납하기란 쉽지 않으셨을 테다. 그래서인지 거의 3년을 살았지만, 웃프게도 그 마당에서 온 가족이 함께 바비큐를 하거나 모임을 가진 기억은 단 한 번도 없다.

중곡동 고급 단독주택의 푸른 잔디 마당

관리가 잘 되지 않아 잡초가 무성해진 어느 주택의 정원

거실에서는 언제나 정원이 내려다보였지만, 정작 그곳에서 무언가를 해본 기억은 거의 없다. 동네 친구들과 놀 때도 늘 골목길을 택했지, 집 마당은 아니었다. 아버지께서 마당의 형태와 위치까지 세심하게 고려해 설계하셨음에도 우리 가족이 그 공간에서 특별히 시간을 보냈던 기억은 떠오르지 않는다. 다만 대추나무에 열린 열매를 따던 일, 근처에서 잡은 올챙이를 개구리로 키웠던 기억, 그리고 가끔 친구들과 술래잡기를 하던 장면 정도가 희미하게 남아 있을 뿐이다.

풀과의 전쟁터,
정원에서 가장 중요한 재료는 시간이다

프랑스의 건축가 외젠 비올레르뒤크는 "건축은 피신처, 즉 숨을 곳을 만들고자 계획과 절차를 세우면서 시작됐다"고 말했다.[13] 인류는 자연으로부터 몸을 숨기기 위한 은신처를 만들기 위해 집을 짓기 시작했다. 저항할 수 없는 거대한 자연의 힘으로부터 자신을 지키기 위해 최소한의 경계를 긋고, 스스로의 영토를 만들어가는 과정 자체가 바로 집이다. 그렇기에 집은 건물만이 아니라, 그 주변의 정원까지 포함한 하나의 완전한 세계여야 한다.

하지만 정원의 시작은 나무를 심고 예쁘게 꾸미는 데서 출발하지 않았다. 본래는 먹고살기 위한 작물을 기르는 '원예Horticulture'에서 비롯되었다. 지금으로 치면 일종의 텃밭이다. 오늘날에는 취미로 텃밭을 가꾸지만, 당시의 원예는 생존을 위한 필수 수단이었다. 고대 이집트에서는 나일강 변에 정원을 만들어 식량을 재배하면서 동시에 그 아름다움을 즐겼고, 중세 유럽의 수도원에서도 승려들이 생활을 위해 채소를 기르며 정원을 함께 가꿨다. 그리고 르네상스 시대에 이르러서야 비로소 '보는 즐거움'과 '명상'을 위한 정원이 탄생했다.

그런데 정원을 가꾼다는 건 말처럼 쉬운 일이 아니다. 요즘 촬영 때문에 여러 집을 방문하다 보면, 잔디 관리가 너무 어려워 마당 전체를 쇄석으로 덮거나 콘크리트로 포장했다는 이야기를 자주 듣는다. 실제로 야외에서 자라는 잡초의 양은 상상 이상이다. 산이나 바다, 들에 가까울수록 그 양과 속도는 배로 늘어난다. 100평 남짓한 정원을 제대로 유지하려면 매일 아침저녁으로 풀을 뽑고 손을 봐야 비로소 좋아하는 나무와 꽃을 즐길 수 있다. 잠시라도 관리를 소홀히 하면 무성하게 자란 잡초들이 정원은 물론 집 주변까지 순식간에 뒤덮어버린다. 그 모습을 보고 있으면 자연 앞에서 인간이 만든 경계가 얼마나 덧없는지, 그리고 위대한 자연의 힘 앞에서 인간이 세운 집이 얼마나 보잘것없는지 새삼 깨닫게 된다.

집 안은 인간의 영역이다. 덥거나 추우면 에어컨이나 보일러를 켜면 되지만, 자연의 세계인 정원은 그렇지 않다. 날씨의 변화가 고스란히 전해진다. 뜨거운 여름 햇살을 피해 새벽에 김을 맬 때, 살짝 불어오는 바람 한 줄기가 얼마나 고마운지 모른다. 심지어 나무들도 한여름의 무더위 속에서는 성장을 멈추고 잠시 숨 고르기를 한다. 그런데 유독 잡풀들만은 무덥고 습한 날씨에도 거침없이 자라난다. 반대로 한겨울에는 죽은 듯 숨을 죽인 나무들이 봄을 기다리며 겨울잠에 들지만, 그때조차 한 줄기 햇빛은 여전히 필요하다.

"당신의 로망은 무엇인가요?"라는 질문을 받으면, 많은 사람은 곧장 자신이 꿈꾸는 집을 떠올린다. 우리가 바라는 집, 이상적인 공간은 늘 미래의 어떤 경험과 연결되어 있다. 하지만 로망은 신기루와도 같다. 손에 닿을 듯 가까워도, 결국은 영원히 닿지 못한다는 사실을 깨달게 되면 좌절이 찾아온다. 원하는 대로 지으면 행복도 따라올 것 같지만, 집은 언제나 현재진행형이다. 완공은 있어도 완성은 없다. 그 과정을 살아내는 일 자체가 곧 집이다. 우리는 신기루를 좇듯 행복을 찾아 집을 짓지만, 그 끝은 언제나 미완성이다.

우리 조상들에게 집의 정원은 나무를 심고 감상하는 공간이라기보다 '무언가를 세우고 지은 뒤 남겨진 여분의 터'에 가까웠다. 전통 건축의 마당을 비움과 사색의 공간으로 해석하기도 하지만, 실제로 조상들에게 마당은 처절한 삶의 터전이자 현실 그 자체였다. 나무 한 그루조차 제대로 심지 않았던 이유는, 그곳이 농사와 생활을 위한 실질적인 공간이었기 때문이다. 경작한 곡식을 다듬고 말리고 포장하기 위해서는 넓은 마당이 필수적이었다. 게다가 농기구를 둘 곳도 필요했고, 소를 기르기 위한 공간도 있어야 했다. 농사일로 수시로 들락거려야 했고, 끼니마다 솥에 소여물을 끓이려면 짚을 쌓아둘 마당과 아궁이가 딸린 부엌 또한 필수였다.

지붕 없는 방,
마당

1960~1970년대, 경제가 성장하고 사람들이 일자리를 찾아 도시로 떠나면서 집과 마을 모두 산업화의 영향을 받기 시작했다. 그 발전 속도는 세계적으로도 유례를 찾기 어려울 만큼 빨랐다. 지역 사회는 토지를 기반으로 한 공동체에서 기술과 노동력이 집중된 도시 중심 사회로 재편되었다. 인간이 만든 위대한 발명품 중 하나라 불리는 도시로 사람들이 몰려들었고, 대량으로 집이 지어졌다. 이 변화의 소용돌이 속에서 마당의 역할은 애매해졌다. 농사일이 사라지자 마당은 더 이상 일터가 아니었다. 그렇다고 관상용 정원으로 꾸미기에는 아직 어색하고 사치스러웠다. 여전히 경제적 여유는 없었지만, 그렇다고 집을 지으며 마당을 비워 둘 수도 없었다. 이제 마당은 정원이 되어야 했다.

그 와중에 등장한 것이 바로 '저 푸른 초원 위'였다. 가수 남진의 노래 가사처럼, '그림 같은 집'이라면 푸른 초원이 빠질 수 없었다. 외국 사람들은 넓은 잔디 마당에 2층 양옥집을 짓고 산다고 했다. 개발도상국이던 한국에서 프랑스에도 없는 '불란서주택'이 유행했던 것처럼, 카펫처럼 깔린 잔디 위 흰색 테이블과 파라솔은 성공한 사람의 상징이 되었다. 대한민국 중산층 가정의 일요일 풍경(아이들은 잔디 위에서 공놀이를 하고 부모는 테이블에 앉아 차를 마시는 모습)은 그야말로 영화 속 한 장면처럼 여겨졌다.

하지만 이렇게 기원을 알 수 없는 혼종의 변천을 겪은 마당은 다시 한번 다양한 방식으로 변주되고 있다. 요즘 마당은 사람들이 머물 수 있는 공간이자 취미와 여가의 장소로 활용되는 추세다. 사람들은 마당을 지붕이 없는 방처럼 적극적으로 사용한다. 실내에서 하기 어려운 활동을 실외로 확장하는 것이다. 실제로 캠핑을 즐기던 가족은 마당을 캠프장처럼 꾸미고 반려동물을 위한 외부 공간으로 활용하기도 한다. 야구를 좋아하는 부부는 마당을 작은 구장으로 만들어 캐치볼을 하거나 경기가 있을 때 함께 응원하는 자리로 쓰기도 했다.

물론 조경에 진심인 집주인들도 있다. 예전과 달라진 점은 잔디 마당에 멋들어진 소나무를 세우는 대신 자연 그대로의 정원을 꾸민다는 것이다. 요즘 말로 '꾸안꾸', 가꾼 듯 안 가꾼 듯한 분위기다. 야생화나 풀을 이용해 마치 스스로 자라난 듯한 정원을 만드는 방식이다. 이를 자연주의 조경이라 부른다. 그 핵심은 주변에서 잘 자라는 식물, 심지어 잡초조차도 정원의 일부가 될 수 있다는 생각이다. 겉보기에는 자연스럽고 편해 보이지만 그 안의 식물 구성과 균형을 잡기 위해서는 상당한 식물학적 이해와 꾸준한 관리가 필요하다.

이제는 무엇을 하더라도 허투루 하지 않는 현실이 마당에도 반영되고 있다. 예전처럼 잔디를 심어 푸른 초원을 만들고 나무 몇 그루를 세워 바라보기만 하던 마당이 아니라, 취미와 여가를 즐기기 위한 참여형 공간으로 바뀌고 있다. 마당은 이제 감상의 대상이 아니라 직접 사용하는 생활의 장이 되었다.

아무튼 아버지께서 지으셨던 집도, 주변의 불란서주택들도 모두

이태원에 있던 사무실 앞 작은 정원과 감나무(좌)
현관의 좁은 공간을 화분으로 조성한 미니 정원(우)

푸른 잔디 마당이었지만 제대로 관리하기엔 버거웠다. 하지만 그들은 아무리 버거워도 자신들이 상상한 '이미지'를 연출하기 위해 기꺼이 불편함을 감수했다. 아마 그 당시의 마당은 중산층이 되고 싶은 서민들의 욕망이 발현된 가장 극적인 공간이었던 것 같다. 하지만 영화 〈기생충〉 속 높은 담과 그 위에 펼쳐진 푸른 마당은 한국 사회에서도 성공한 극소수에게만 허락된 제한된 주택 유전자였으리라.

몇 해 전, 사무실을 겸했던 오래된 집에서 부모님과 우리 가족 모두 함께 산 적이 있었다. 마당에는 큰 감나무 한 그루가 있었는데 그늘이 너무 짙어 우리가 이사 가기 전까지는 이웃들이 귀신 나오는 집이라고 할 정도로 음침하고 어두운 분위기였다. 마당 바닥은 잔디 대신 쇄석이 깔려 있었고, 공간의 크기도 크지 않았다. 그래도 다행인 건 주변이 다른 건물들로 둘러싸여 있어 특유의 아늑한 정취가 느껴졌다는 점이다. 무언가에 감싸인 듯한 그 묘한 분위기가 근사했다. 무엇보다 가장 고마운 존재는 오랫동안 그 자리를 지켜온 감나무 한 그루와 그 나무가 드리운 그늘이었다. 문득 생각해본다. 예전에 아버지가 설계하셨던 집의 마당에도 관리하기 힘든 잔디 대신 이렇게 큰 나무 그늘이 있었다면 어땠을까. 온 가족이 그 아래 모여 즐거운 시간을 보낸 추억 몇 개쯤은 감처럼 주렁주렁 열렸을지도 모를 일이다.

종로구 구기동의 단독주택 앞 마당

집의 유전자

4

방,
삶의 시간이
쌓이는 장소

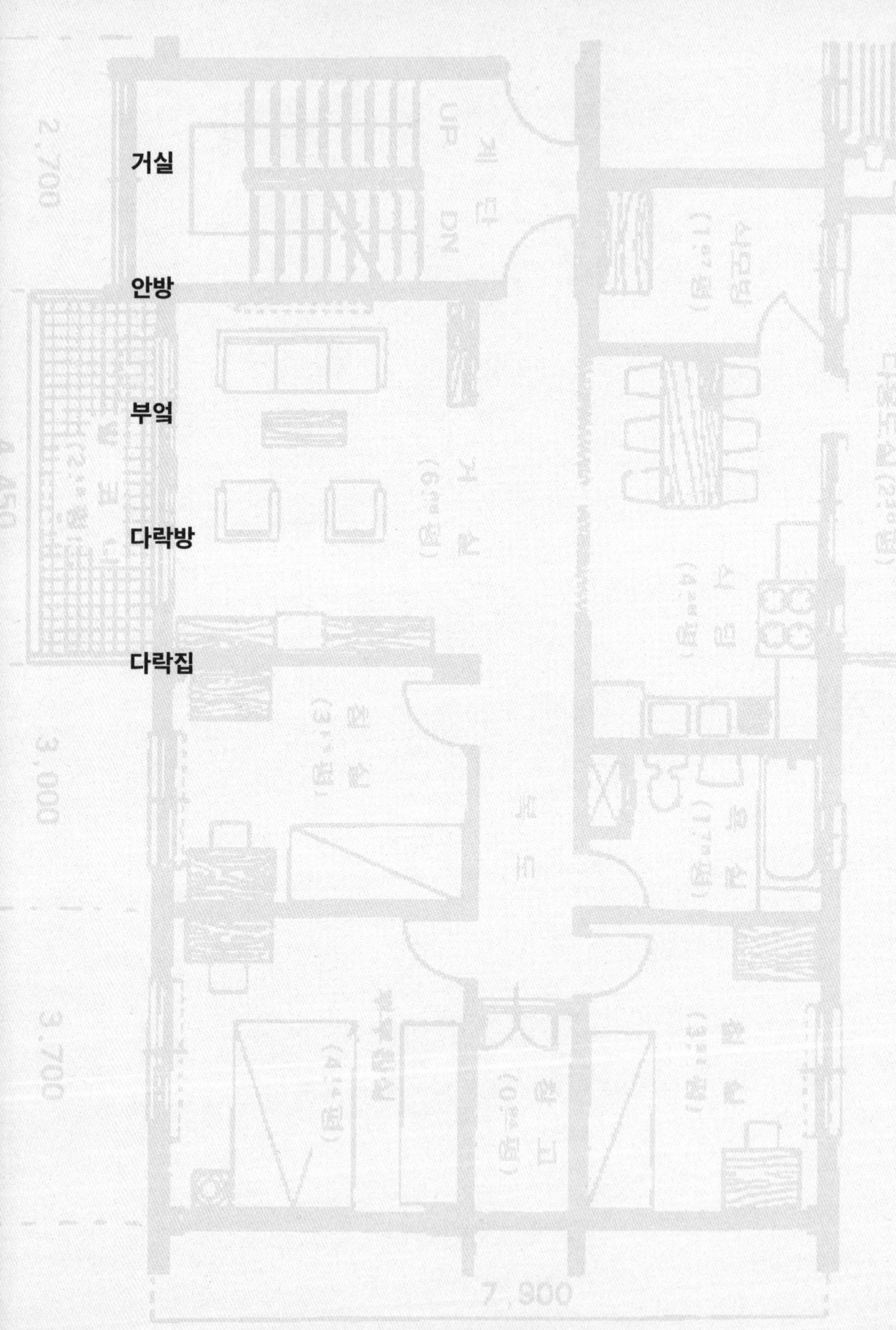

거실

안방

부엌

다락방

다락집

거실은 언제부터
거실이었을까

거실

문 없는 거실,
감시 구조가 구현된 작은 무대

집에서 방(室)이 아닌데 방으로 부르는 공간이 있다. 바로 거실居室이다. 영어로는 거실Living room이어서 방Room인데 우리에겐 오히려 홀Hall에 더 가까운 공간이다. 한자어로도 실室은 방을 의미하고 사생활 보장을 위해 문으로 공간을 구분한다. 그런데 거실에는 문이 없다. 그럼 어떻게 문도 없는 공간을 방(室)으로 부르게 된 걸까?

우리가 사는 집에서 거실만큼 많이 변했고, 지금도 계속 진화 중인 공간도 드물다. 현재의 거실이 요즘처럼 자리를 잡은 지는 기껏해야 50년 정도다. 과거 우리 조상들이 살았던 전통 한옥을 떠올려보자.

전통 한옥의 공간에서 거실의 역할을 하는 공간은 바로 '마루'(대청)였
다. 하지만 지금의 거실과는 많이 달랐다. 거실과 마루의 차이를 정확
히 설명하긴 어렵지만, 굳이 구분하자면 거실은 공간을 뜻하고, 마루
는 바닥이라는 물리적 존재 자체를 의미한다.

그러던 것이 일제강점기를 거치면서 '대청마루'라는 개념이 한국
주택 유전자에 이식되기 시작했고, 거기에 서양 주택의 '리빙룸'이라
는 새로운 개념이 추가로 이식됐다. 현재와 유사한 모습으로 완전히
정착한 건 1980년대 이후에 들어서다. 이러한 복잡한 도입 과정 탓에
하나의 방으로 구분된 서구의 거실 개념과는 달리 '문이 없는 거실'이
라는 한국만의 독특한 공간 개념이 탄생했다.

이 배경에는 한국의 급격한 산업화와 함께, 서로를 끝없이 감시하
던 사회 분위기가 있다. 웬 감시인가 싶지만, 우리의 기억 속 거실 풍
경을 떠올려보자. 소파에 앉아 신문을 보던 아버지, 과일을 깎는 어머
니, 텔레비전 앞에 모여 웃음소리를 주고받던 자녀들. 마치 '둘만 낳
아 잘 기르자'는 포스터 속 한 장면처럼 이 시대의 집이란 밖에서 일하
는 아버지, 안에서 살림을 맡은 어머니 그리고 교육을 통해 사회의 일
꾼으로 자라날 아이들로 구성된 핵가족의 무대였다.

특히 거실은 가족 구성원 간의 위계와 역할을 드러내는 상징적인
공간이었다. 각 방의 문이 모두 거실을 향하도록 배치된 구조는 단순
한 설계가 아니라, 가족이 서로의 존재를 의식하며 살아가던 시대의
질서를 반영했다. 거실은 가장의 시선이 머무는 중심이자 모든 가족
의 일상과 대화가 교차하는 장소였다. 프랑스 철학자 미셸 푸코가 말

1970년대 마포아파트 거실 풍경

한 일망감시(패놉티콘)의 개념처럼 거실은 가족 구성원들의 행동과 움직임이 은연중에 드러나는 '보이는 공간'이었다. 그러나 그것은 통제라기보다는 서로의 존재를 확인하며 안도하던 그 시대의 보편적인 분위기였다. 따라서 문이 달리지 않은 열린 거실이라는 개념이 큰 거부감 없이 한국 사회에 받아들여질 수 있었다.

평온한 거실의 모습을 이렇게 통제 사회에 빗댄 건 좀 지나치다고 할 수 있다. 하지만 한 가지 분명한 건 가족 구성원의 일거수일투족이 거실의 소파에서 한눈에 보이도록 배열한 현대의 공간 배치가 과거 전통 한옥의 마루에서 안살림 전체를 내려다보던 안방마님의 시선과 일치했다는 점이다. 결과적으로, '열린 공간'을 지향하는 전통 한옥의

마루 개념과 '닫힌 공간'을 지향하는 서양 주택의 거실 개념이 복잡한
과정을 거쳐 하나로 통합된 결과물이 바로 이른바 '한국형 거실 구조'
인 것이다.

실내이자
실외인 공간

그렇다면 '마루'는 무엇이고 '대청마루'는 또 무엇일까? 앞서 서양의
거실 개념과 한옥의 마루 개념을 설명하며 마루라는 단어를 썼지만,
사실 더 정확한 표현은 '대청'이다. 대청에서 한자 '청廳'은 마루라는 뜻
으로 바닥의 재료와 구조를 동시에 드러내는 단어다. 대청은 원래 사
방에 별도의 벽이나 문이 없이 탁 트여 있어 외부 공간이기도 했지만,
위에는 지붕으로 덮여 있어 내부 공간이기도 했다.

이런 이중성 덕분에 대청은 여름엔 온 가족이 시원하게 잠을 자거
나 생활 공간으로 쓰이기도 하고, 집안의 대소사가 있을 땐 깨끗이 비
워 가족 행사를 치르는 등 다목적 공간으로 활용했다. 한옥에서 대청
은 실외 같은 실내였고 바닥이 지면으로부터 떨어져 있어서 습기나
쥐나 해충 등으로부터 피할 수 있었다. 또한 대청은 집에서 가장 높은
곳에 있어 권위와 신성함을 나타내기도 했다.[14] 이와 동시에 집에서
전면의 사랑채와 후면의 사당을 시선으로 연결하는 가장 중심적인 공
간으로서 이곳에서 가장이나 안방마님은 시선만으로도 집 안의 모든

것을 장악할 수 있었다.

다양한 기능을 갖춘 공간이자 반 외부 공간이었던 대청은 일제강점기에 들어서 큰 변화가 생긴다. 크기가 작아지고 미닫이문이 달린 실내 공간으로 변한 것이다. 그리고 이제 '대청마루'라는 새로운 이름이 붙여졌다.[15] 대청마루가 처음 우리나라에 소개된 것은 일제의 문화주택이었다. 문화주택의 대청마루와 전통 한옥의 대청의 가장 큰 차이점은 바로 현관과 복도다. 앞서 설명했듯 전통 한옥에 댓돌은 있었어도 현관은 없었다. 복도도 마찬가지였다. 한옥에는 복도에 해당하는 공간이 없다. 그런데 문화주택과 함께 대청마루가 소개되며 한국 주택 유전자에 자연스레 현관과 복도라는 개념이 도입되었다.

신당동 일대에 조선도시경영주식회사가 설계 및 시공했던 한 문화주택의 평면을 보면 미닫이문이 달린 방들이 서로 어두운 복도를 통해 연결된다. 동서로 펼쳐져 되도록 남향의 빛을 많이 받고 맞통풍을 중시했던 한옥과 달리, 복도를 가운데 두고 방들이 동서남북으로 붙어 있는 소위 중복도라고 불리는 구조다. 그래서 어둡고 바람도 잘 통하지 않았다. 어떻게 일본인들은 이렇게 어둡고 침침한 공간을 좋아했는지 알 수 없지만 고유한 문화마다 편안함을 느끼는 공간이 서로 달랐던 것만큼은 분명했다.

어쨌든 문화주택은 당시 조선인들에게 부와 근대의 상징이자 선망의 대상이었다. 이런 새로운 주거 양식은 한옥에도 적지 않은 영향을 끼쳤다. 그중 대표적인 변화가 바로 대청이었다. 대청은 실내와 외부를 잇는 중간적 공간, 즉 바람과 햇살이 오가던 반 외부 공간이었지

경주 양동의 무첨당 대청

만, 문화주택의 영향을 받으면서 점차 실내 중심의 거실형 공간으로 변했다. 이름만 대청으로 남고 성격은 완전히 달라진 셈이다.

이 변화의 흔적은 북촌과 서촌 등 종로 일대에 주로 조성된 도시형 한옥에서 뚜렷하게 드러난다. 좁은 필지 안에 중앙 마당을 두고 방과 대청을 효율적으로 배치한 구조다. 마당을 중심으로 툇마루와 방들이 빙 둘러서고, 그 한가운데에는 실내 거실의 역할을 하는 대청마루가 자리한다. 바람이 통하고 햇살이 드는 전통의 미학을 유지하면서도 도시적 효율성과 실용성을 동시에 추구한 결과물이다.

해방 후에도 이 흐름은 유효했다. 일본인들이 사라졌음에도 불구하고 오히려 문화주택의 영향은 더 커졌다. 소위 부잣집으로만 여겼던 2층 양옥이 중산층의 로망과 맞아떨어지면서 1970~1980년대엔 단독주택의 대명사였던 불란서주택과 새마을주택으로 진화했다. 그때까지도 어정쩡하게 존재했던 대청마루는 완벽한 내부 공간인 거실로 바뀌었고, 그 앞엔 잔디 마당과 테라스가 놓였다. 하지만 실제로는 앞서 말했듯 감시 사회 구조의 영향 탓에 여전히 한국의 거실은 닫힌 공간인 방과 열린 공간인 커다란 홀이 뒤섞인 성격을 지닌 채 지금에 이르렀다.

재미있는 건 앞서 설명했듯이 현관과 거실이 바로 붙어 있어 누구나 집에 들어와 현관에서 신발을 벗으면 마치 홀처럼 거실을 거쳐 각 방으로 들어갈 수 있도록 설계했다는 점이다. 한옥의 대청과 문화주택의 대청마루가 교배해 오늘날의 거실로 진화했음을 알 수 있는 또 다른 증거다.

여기서 한 가지 눈여겨볼 특징은 1980년대에도 여전히 주택의 거실에는 온돌을 깔지 않았다는 점이다. 종이나 장판으로 마감했던 방과 달리 거실은 온돌 없이 주로 두꺼운 목재로 덮어 마감했다. 그래서 이름도 마루라고 불렸던 것이다. 그런데 의문은 여전히 남는다. 도대체 왜 거실에 온돌을 하시 않았을까? 기술직인 어려움보다는 우니 유전자에 새겨져 있는 대청의 영향 때문이 아닐까 짐작할 뿐이다.

대청마루에서 진화한 오늘날의 거실,
그 다음은?

전통 한옥의 '대청'이 일제강점기를 거쳐 문화주택의 '대청마루'로 이어지고, 다시 오늘날 아파트의 '거실'이 되기까지 그 과정이 선형적으로 무 자르듯 이뤄진 것은 아니었다. 비교적 최근인 아파트에서조차 거실도 아니고 대청도 아닌 애매한 시기가 상당 기간 지속됐다.

1960년대부터 사람들이 본격적으로 도시로 몰리기 시작하면서 주택 문제는 상상을 초월할 정도로 심각해졌다. 치솟는 집값에 당황한 정부가 해결책으로 내놓은 것이 바로 '아파트'였다. 물론 그 이전에도 일제강점기 일부 관사나 기숙사 형태의 아파트가 존재하긴 했지만, 극히 소수에 불과했다. 주택난을 해결하기 위해 갑작스럽게 아파트 건설에 나섰지만, 문제는 가진 것이 절박함뿐이라는 사실이었다. 자본도, 기술도, 경험도 턱없이 부족했다. 자본과 기술은 어렵사리 외국에서 들여올 수 있었지만 경험 부족만큼은 메울 길이 없었다. 더욱이 당시의 주요 수요층은 평생 마당이 있는 단독주택에서 살아온 사람들이었다. 그들에게 아파트는 익숙함보다는 낯섦과 답답함의 상징에 가까웠다.

심지어 1970년 와우아파트 붕괴 사건은 불에 기름을 끼얹는 격이었다. 그렇지 않아도 아파트에 대한 의구심을 버릴 수 없었는데 심지어 위험하다는 인식까지 퍼지면서 정부 입장이 난처해졌다. 아파트를 대량으로 보급해 주택 문제를 해결하고 경제도 활성화하겠다는 목표가 물거품처럼 날아갈 판이었다. 그래도 당시 정부는 결코 아파트를 포기할 수 없었다. 그 외엔 방법이 없었다. 도시의 기반 시설을 정비하는 동시에 주거문제를 해결하고, 건설산업까지 촉진할 수 있는 최적의 방법이었다.

이런 배경에서 야심 차게 시도된 단지들이 바로 마포, 이촌동, 구반포, 여의도였다. 아파트 상가, 건물 외관, 주차장, 조경까지 전부 외국에서 설계한 수입품이었다. 우리에게는 노하우가 전혀 없었기 때문이다. 그래도 내부 공간은 소비자들이 살고 있던 공간과 최대한 비슷하게 만들려고 했다. 마스터플랜은 독일에서 설계했어도, 내부 평면만큼은 끝까지 우리가 직접 설계했던 것도 바로 이런 이유 때문이다. 이를 반영한 가장 대표적인 공간이 거실이다.

아파트는 서구를 통해 수입한 건축 양식이었다. 한국인들에게 문턱을 낮추려면 한국인에게 익숙한 공간 경험이 꼭 필요했다. 이것이

전통 한옥 전근대	일제강점기 1910년대 이후	서양 주택 1930년대 이후	현재 1980년대 이후
대청			
	대청마루		
		리빙룸	
			거실

현재의 거실 개념이 정착된 과정

바로 마루 문화를 계승한 거실이었다. 그리고 또 하나, 거실이 마루라는 유전자로부터 진화한 또 다른 증거가 있다. 1970년대까지도 지금의 LH공사(도시주택공사)에서 발주한 아파트 거실의 정식명칭이 바로 마루였다. 당시에도 거실이란 명칭보다는 대청마루가 우리에게 더 익숙하게 들렸다는 증거다.

거실을 둘러싼 논쟁(?)은 생각보다 치열했다. 1950~1960년대 아파트 평면을 보면 거실이냐 마루냐를 놓고 얼마나 많은 혼란과 시행착오가 있었는지 알 수 있다. 공동주택임에도 마치 'ㄷ' 자 한옥 가운데 대청과 마당이 있는 것처럼 방들이 둘러싼 중심에 거실이 있었다. 1957년 공영주택의 평면을 보면 마루라 적힌 거실은 북촌의 한옥처럼 아궁이가 있던 부엌과도 떨어져 있었다. 그런데 당시 거실은 마루가 아니라 정말 별도의 문이 있는 하나의 실이었다. 심지어 1970년대 아파트엔 방들에 완전히 둘러싸여 자연 채광이 전혀 안 되는 소위 먹방(빛이 들어오지 않는 방)으로 설계된 아파트 마루방도 있었다. 평면만으론 'ㅁ' 자 한옥처럼 보이지만 위아래 층을 쌓아야 하는 공동주택에선 채광도 통풍도 전혀 되지 않는 암실이었다. 다만, 거실을 마치 마루처럼 평면에서 보이도록 한 것은 아파트에 익숙하지 않았던 사람들이 오랫동안 살던 단독주택과 최대한 비슷하게 느끼도록 하려는 의도였다.

이런 혼란기를 거쳐 1960년대 마포아파트가 완공된 이후에서야 드디어 거실이라는 명칭이 정식으로 도면에 붙었다. 최초로 서구식 리빙룸 개념을 도입해 각 방이 독립된 공간으로 기능할 수 있도록 설계했으며, 심지어 침실과 부엌은 북향에 공용 복도와 면하게 해도, 거실만큼은 반드시 번듯하게 남향으로 계획했다. 그래도 여전히 거실엔 마루처럼 바닥 난방이 없었다.

드디어 1980년대에 들어서면서, 오늘날 우리가 익숙하게 보는 거실의 형태가 자리 잡기 시작했다. 거실 한쪽 벽에는 텔레비전을 두고, 그 맞은편에는 소파를 배치할 수 있도록 마주 보는 두 벽이 확보되었다. 이제야 아버지가 소파에 앉아 신문을 읽으며 가족들과 담소를 나누는, 그 '전형적인' 가정의 풍경이 가능해진 것이다. 소파에 앉은 자리에서 모든 방의 문이 한눈에 들어오는 시선 구조도 이 시기에 비로소 완성되었다.

그런데 최근 들어 거실의 풍경이 다시 한번 바뀌고 있다. 오랫동안 집의 중심을 차지하던 텔레비전이 사라지고, 그와 함께 '아버지의 자리'로 상징되던 존재감도 점점 희미해지고 있다. 자연스럽게 거실의 면적도 줄어들고, 그 자리를 부엌과 식탁이 차지하면서 거실의 기능을 함께 수행하는 구조가 늘고 있다. 이는 여성의 사회적 지위 향상과 더불어 가사와 육아, 노동의 경계가 흐려진 시대적 변화의 결과이기도 하다. 한옥의 대청마루가 중심이었던 시절부터 이어져 온 '가족이 모이는 공간'의 유전자는 여전히 유효하지만, 이제 그 중심축은 거실에서 식탁과 주방으로 옮겨가고 있다.

스마트폰으로 각자 원하는 영상을 보고 노트북으로 재택근무하는 모습이 일상이 된 지금, 소파보다 식탁이 훨씬 더 실용적이다. 좌식 문화가 완전히 사라지고 입식 생활이 보편화된 것도 중요한 이유다.

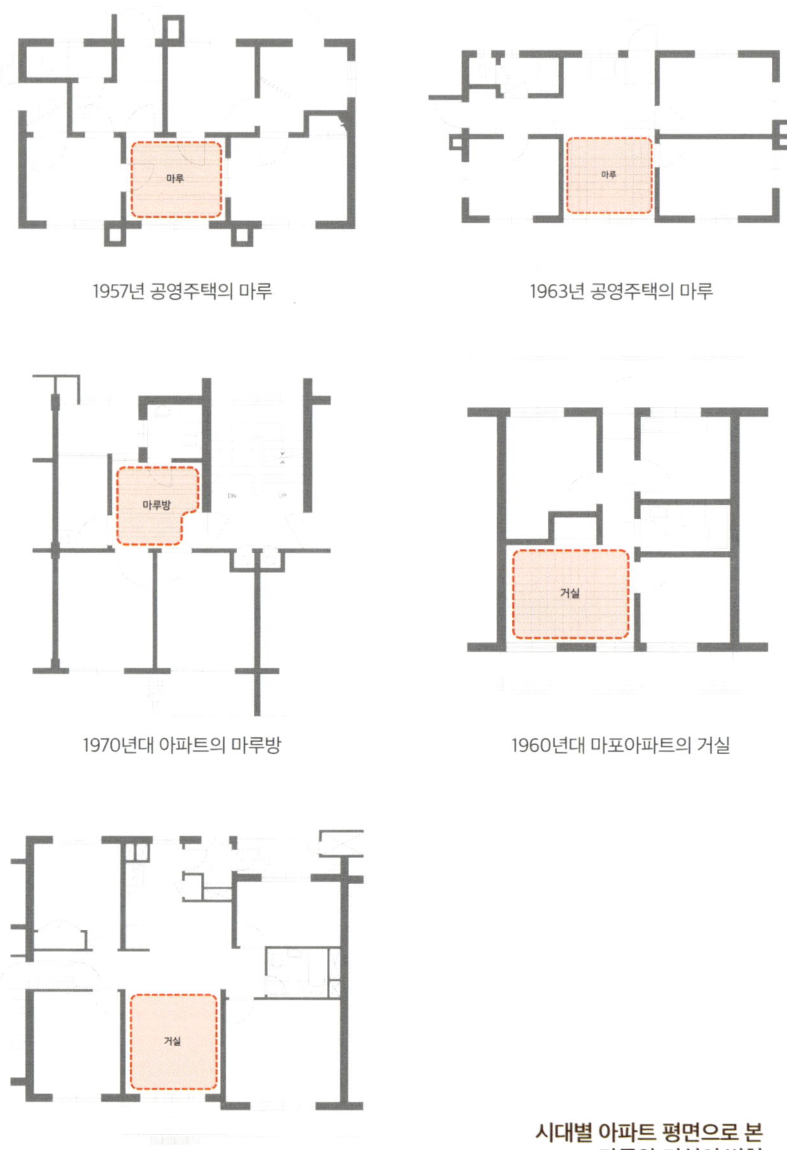

1957년 공영주택의 마루

1963년 공영주택의 마루

1970년대 아파트의 마루방

1960년대 마포아파트의 거실

1980년대 아파트의 거실

**시대별 아파트 평면으로 본
마루와 거실의 변천**

예전엔 대청마루에 앉아 일하고 대화를 나누던 풍경이 거실과 소파로 옮겨갔지만, 이제는 마치 카페처럼 식탁에 둘러앉아 책을 읽고 전화를 하고 노트북을 펼쳐놓는 모습이 자연스럽다. 주거 설계의 중심 또한 변했다. 한때 '거실이 집의 얼굴'이라 불렸던 시절은 지나가고, 오늘날의 건축가들은 집을 설계할 때 거실이나 응접실보다 먼저 '주방과 식탁을 어디에 둘 것인가'를 고민한다. 생활의 중심이 대화와 식사가 이루어지는 자리로 이동한 셈이다.

지난 100년 동안 대청이 거실로 진화한 과정은 일제강점기와 경제 성장기를 거치며 외부의 온갖 건축 공간 요소를 전방위적으로 흡수하며 변천한 한국 주택 유전자의 역사를 상징적으로 잘 보여주는 사례다. 앞으로도 거실은 계속해서 진화할 것이다. 우리의 공간 역사에서 또 한 번의 거대한 변화를 다시 목격할 수 있을지 궁금할 뿐이다.

안방은
잠만 자야 할까

안방

권력의 상징,
안방

우리는 안방 하면 보통 부모님의 침실부터 떠올린다. 일반적으로 현관문에서 가장 멀리 떨어져 있고 남향에 볕도 잘 들며 멋진 장롱이 한쪽 벽면을 채운 공간을 상상한다. 집에서 가장 상전의 위치라고 할 수 있다. 면적도 가장 넓다. 전통적으로 안방은 안채에서도 '안주인이 머무는 방'이라는 뜻으로 살림을 누가 쥐고 있는가를 가늠하는 가장 은밀하고 중요한 공간이었다. 대청마루가 제사 등 가족 행사를 위한 다목적 공간이었다면 안방은 주로 여성과 아이들이 생활하는 장소였다.

따라서 안채는 외부인의 출입 자체가 어려운 영역이었고 그중에서도 특히 안방은 남편과 가족 외엔 허가 없이는 누구도 들어갈 수 없는, 집에서 가장 사적인 곳이었다. 대청의 건넌방이 살림을 며느리에게 물려준 시어머니가 기거하는 방이었다면 안방은 가장 실질적인 권력이 머무는 공간이었다.

그런데 이 안방의 위치와 크기, 그리고 위상은 시대에 따라 끊임없이 변해왔다. 한때 손님을 맞이하고 담소를 나누던 은밀한 응접실의 역할까지 겸했던 안방은 이제 사라지고, 오로지 부부의 침실 기능만 남았다. 크기도 침대 하나 놓기에 벅찰 만큼 작아졌고 굳이 남향을 고집하지도 않는다. 쾌적한 수면을 위해 북향을 택하기도 하고, 사생활 보호를 위해 창문을 최소한으로 내는 경우도 많다. 예전 같으면 상상조차 하기 힘든 변화다.

안방이 너무 작지 않냐고 물어보면 매우 실용적인 답변들이 돌아온다. 부부 침실은 잠만 자는 곳인데 굳이 크게 할 이유도 없고, 특히 빛이 많이 드는 남향일 필요는 더더욱 없다. 참 현실적이고 현명한 이유다. 하지만 놀랍게도 조선 시대에도 마찬가지로 안방의 향이 중요하지 않았다. 시어머니가 사시는 대청마루 건넌방은 남향을 고집해도 안방은 서향이든 북향이든 크게 상관없었다. 오히려 부엌과 창고와 가까운 위치에 있는 게 중요했다. 마당에서 볼 때는 번듯하게 보이는 건넌방이 주된 공간 같아도 실질적인 권력은 내청마루 안쪽의 안방에 있었던 셈이다.

원래 안방은 집에서도 가장 안쪽에 자리한 공간으로, 부엌과 맞닿아 있는 방이라는 뜻이었다. 그래서 안방에 사는 안사람들에겐 언제

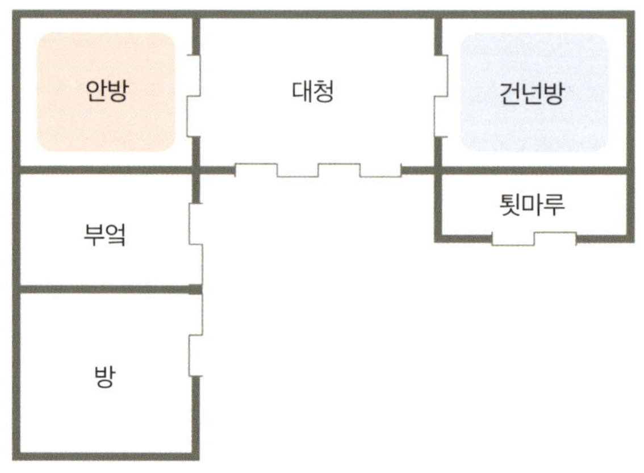

부엌과 맞닿아 있는 안방 맞은편에 자리한 건넌방

든 부엌을 오가며 온 가족을 위해 아궁이에 불을 지피고, 음식을 만들고, 온돌을 덥혀 안방을 따뜻하게 유지하는 역할이 주어졌다. 낮에는 식구들이 모여 밥을 먹고, 밤에는 잠을 청하는 말 그대로 '생존의 중심'이었다. 안방은 고상하게 한복을 차려입고 뜨개질을 하던 공간이 아니라, 흙바닥에 쪼그려 앉아 불을 지피고 음식상을 들고 나르던 일상의 현장이었다. 부엌에 딸린 방처럼 실용적인 공간이면서도, 이와 동시에 누가 집안의 살림을 쥐고 있는지를 보여주는 실질적인 권력의 상징이기도 했다.

그런데 한옥의 평면도를 보면 건넌방이 중심인 것처럼 보이지만, 건넌방은 이미 살림을 넘겨준 시어머니의 은퇴를 위한 공간이었을 뿐이다. 오히려 집안의 실제 권력은 부엌과 창고 사이, 창문 하나 제대로 없는 안방에 있었다. '건넌방 늙은이'라는 말도 바로 여기에서 나온 말이다.

살림 권력의 중심에서
친목 도모의 중심으로

1960~1970년대, 사람들이 고향을 떠나 도시로 이주하면서 안방에도 큰 변화가 일기 시작했다. 앞서 설명했듯, 현관을 지나면 곧장 보이던 거실은 당시 사람들에게 대청마루와 같은 의미였다. 아버지가 거실(대청마루)을 차지하면 자연스레 안방은 어머니의 영역이 됐다. 이미 한국인의 집 유전자에는 거실은 '가장의 공간', 안방은 '가족의 중심이자 어머니의 공간'으로 새겨져 있었다.

이 유전적 질서가 바뀌기 시작한 건 경제 성장률이 10%에 육박하던 시절이었다. 남편이 밖에서 돈을 벌어오면, 아내는 집 안에서 그 돈을 관리하고 불려야 했다. 가계 대출 이자가 15%를 넘던 1970~1980년대엔 사금융이 발달했고 각종 계모임이 활발했다. 여성에게도 자연스럽게 사회적 교류와 경제 활동의 장이 필요해졌고, 그 역할을 안방이 대신했다. 집 안에서 가장 조용하면서도 독립된 공간이었기에 친구들과 모여 차를 마시고 정보를 나누기에 적합했다. 지금이야 친구를 만나려면 카페로 나가면 그만이지만, 당시엔 다방은커녕 전화 한 통도 귀하던 시절이었다. 그래서 안방은 단순한 사적 공간을 넘어, 주부들이 모여 서로의 삶을 나누고 정보를 교환하며 때로는

	조선 시대	1960~	2020~
지위	부엌에 붙은 방	침실+응접실	침실
기능	살림 권력의 중심	집안 대소사, 친목, 사교	부부의 사적인 공간

안방의 지위 및 기능 변화

돈을 굴리는 '가정 속의 작은 사회'였다. 거실이 아버지의 권위와 질서를 상징했다면 안방은 여성들의 네트워크와 생활력이 숨 쉬는 또 하나의 무대였다.

그리고 그 무렵 여성들은 살림에서도 조금씩 자유로워졌다. 일반 아파트에도 가사도우미 방이라는 것이 생기고, 부엌과 식당은 거실 쪽으로 점차 가까워지면서 안방과 분리되었다. 이는 단순한 구조 변화가 아니라, 여성의 사회적 지위가 향상되고 점차 사회활동에 참여하기 시작했음을 보여주는 징표였다.

이와 함께 안방의 크기도 커졌다. 더 밝고 넓은 공간을 차지하게 되었고, 그 위상은 거실과 대등해졌다. 1960~1970년대 아파트 평면도를 보면 안방이 거실과 비슷하거나, 오히려 더 크게 설계된 사례도 많다. 그만큼 안방이 단순한 침실을 넘어 응접실의 기능까지 겸했기 때문이다. 안방은 낮에는 손님을 맞아 밀담을 나누는 어머니의 응접 공간이었고, 밤이 되면 가족 모두가 모여 이불을 펴고 잠드는 다목적 방으로 변신했다.

손님을 맞이하는 등 안방처럼 쓰인 조선 시대 주택의 사랑방 내부

사랑방이자 응접실이었던 1990년대 중곡동 고급 주택의 안방

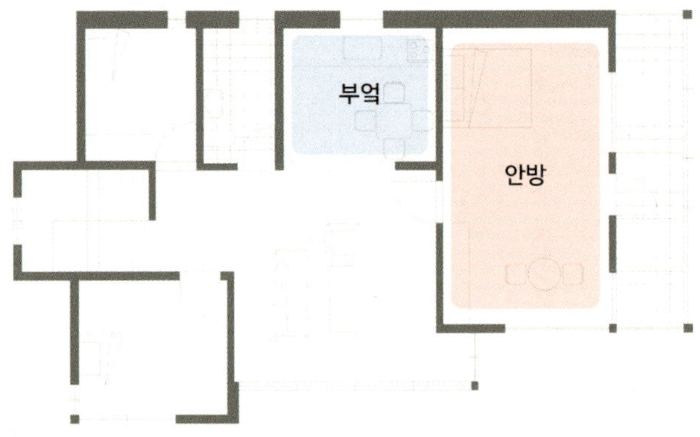

리모델링 전

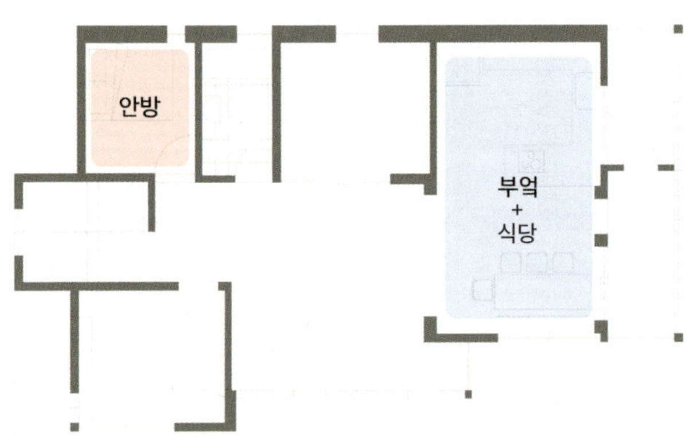

리모델링 후

안방의 지위 변화를 보여주는 종로구 평창동 주택의 리모델링 전후 평면도

'작은 방'이 되어가고 있는
침대

　요즘에도 약속 장소를 정할 때 인테리어와 분위기를 따지듯, 당시의 안방 역시 집의 취향과 안목을 드러내는 일종의 '만남의 공간'이었다. 그래서 이사할 때마다 커다란 장롱을 들고 옮기는 수고를 마다하지 않았다. 한쪽 벽면을 가득 채운 장롱의 재료와 문양, 장식은 곧 그 집의 얼굴이자 자존심이었기 때문이다. 특히 아파트에 살기 시작하면서 외형적으로 집들이 비슷해지자 사람들의 관심은 자연스럽게 '내부 인테리어'로 옮겨갔다. 응접실의 기능을 겸한 안방은 그 흐름의 중심에 있었고, 덕분에 장롱에 대한 집착은 더욱 커졌다. 한때 고급 자개장이 유행했던 것도 같은 이유에서였다.

　거실과 마찬가지로 안방의 위상이 시대에 따라 어떻게 변해왔는지를 살펴보는 일은 꽤 흥미롭다. 가족 간의 호칭을 보면 구성원의 위계와 관계를 짐작할 수 있듯, 집을 구성하는 공간의 이름을 보면 그 시대가 공간에 부여한 의미를 읽을 수 있다. 안방이라는 명칭은 그대로지만, 시대에 따라 그 역할과 위상은 전혀 달라졌다. 집이란 결국 시대의 변화에 맞춰 가장 먼저 변신하는 생명체이기 때문이다.

　최근 들어 핵가족이 해체되고 개인 중심이 사회로 바뀌면서, 그 변화의 한가운데에 선 공간이 바로 안방이다. 어머니들이 애지중지하던 장롱은 붙박이장이나 드레스룸으로 대체됐고, 이부자리 대신 커다란 침대가 그 자리를 차지했다. 과거에는 불편하더라도 이불을 넣고 빼며 응접실과 침실을 겸하던 안방은 이제는 사라지고, 오직 수면을 위한 침실만 남았다.

나 역시 어린 시절엔 집에 각자 방이 있었음에도 부모님과 동생들, 그리고 나까지 안방에 이불 다섯 개를 나란히 깔고 이리저리 굴러다니며 잠을 청했다. 하지만 그 시절의 풍경은 이제 아련한 추억 속에만 남았다. 앞으로 혼자 사는 가구가 늘어날수록 안방의 역할은 점점 더 축소되어 결국 침대만 놓인 침실로 남게 될 것이다. 그 대신 침대는 점점 더 커질 것이다. 이제 침대는 단순히 잠을 자는 가구가 아니라, 반쯤 기대 앉아 책을 읽고, 스마트폰으로 영상을 보고, 사색을 즐기는 다목적 공간이자 '작은 방'으로 진화하고 있다.

어쩌다 부엌은
집의 중심이 되었을까

부엌

가장 어두운 곳에서
가장 밝은 곳으로

집 안에서 지금 가장 빠르게 변하고 있는 공간을 꼽으라면 단연 부엌과 식당이다. 내부 공간의 중심이 거실에서 이곳으로 옮겨가고 있다. 과거에는 주택을 설계할 때 가장 먼저 자리를 잡아야 하는 공간이 거실이었다. 특히 텔레비전을 어디에 둘지가 가장 큰 고민이었다. 텔레비전 위치가 정해져야 그 맞은편에 소파를 놓을 수 있고, 나머지 방들의 위치도 비로소 정할 수 있었다. 즉, 거실이 중심을 잡고 나서야 비로소 집의 다른 공간들이 제자리를 찾아갔던 것이다.

그런데 요즘엔 순서가 완전히 바뀌었다. 이제 주택 설계의 첫 번째 단계는 부엌과 식당의 위치를 정하는 일이다. 그다음이 보조 주방, 다용도실, 팬트리, 세탁실 등 부엌을 중심으로 따라붙는 공간들의 배치다. 물을 쓰는 곳인 만큼 설비와 동선 등 고려해야 할 요소가 많기 때문이다. 냉장고나 세탁기 같은 가전제품은 하루가 다르게 바뀌고, 시장을 보고 돌아왔을 때 차에서부터 부엌까지 장바구니를 옮기는 동선까지 세심하게 설계한다. 무엇보다 가족이 모이는 장소가 이제는 거실의 소파가 아니라 식탁으로 바뀌었다. 굳이 식사 시간이 아니어도 식탁에 둘러앉아 각자 일을 하고 이야기를 나눈다.

2000년대까지만 해도 부엌은 집에서 가장 어두운 곳에 자리했다. 거실이 남향이면 부엌은 자연스럽게 맞은편 북향으로 밀렸다. 음식이 상하지 않도록 하기 위해서였다. 냉장고가 귀하던 시절에는 국이

집에서도 가장 어두운 곳에 있어야만 했던 부엌(함양 일두고택)

나 반찬을 식탁이나 레인지 위에 그대로 두는 경우가 많았으니, 요즘처럼 밝은 곳에 음식을 노출한다는 건 상상하기 어려웠다. 한때 흔하게 보이던 장독대가 사라진 대신, 이제는 집이 아무리 좁아도 냉장고는 두세 대씩 두는 시대다. 김치냉장고, 와인셀러 등 용도도 다양해졌다. 냉장고의 용량이 커지고 설비가 현대화되면서 부엌은 비로소 어둠을 벗고 밝은 곳으로 나올 수 있게 되었다.

부엌과 식당이 집의 중심으로 나올 수 있었던 또 다른 배경은 가족의 역할이 달라졌기 때문이다. 이제 요리하고 치우는 일은 한 사람의 몫이 아니다. 함께 일하고 함께 사는 시대가 되면서 자연스럽게 함께 모일 수 있는 공간이 중요해졌다. 거실에서 신문을 보던 아버지와 부엌에서 일하던 어머니의 모습은 이제 옛이야기다. 혼자 사는 1인 가구부터 아이를 두지 않는 딩크족까지, 가족의 형태가 다양해지면서 삶의 중심 역시 바뀌고 있다. 일상의 중심이 '누구의 공간'이 아니라 '모두의 공간'으로 옮겨가면서 지난 반만 년 동안 늘 집 안의 음지에 머물던 부엌과 식당이 마침내 밝은 곳으로, 집의 중심으로 나올 수 있게 된 것이다.

건축,
불을 정복하다

건축의 기원은 불을 둘러싼 이야기다. 르 코르뷔지에는 "건축이 에 위쌀 만큼 중요한 것은 불뿐이었다"고까지 말했다.[16] 인류는 수백만 년 전 불을 다루기 시작하면서 비로소 밤을 지배하고, 포식자로부터 자신을 지킬 수 있었다. 불은 단순한 도구가 아니라 생존과 문명의 출발점이었다. 최초의 집이라 불리는 수혈식 주거 또한 땅을 둥글게 파고 그 중심에 불을 피우기 위해 만들어졌다. 사람들은 불 주위로 모여 몸을 녹이고 음식을 나누며 불빛이 사라질 때까지 이야기하다 잠들었다. 불은 따뜻함이자 공동체의 중심이었고, 어찌 보면 집이라는 개념의 시작이었다.

이렇게 집 중심에 불을 둔 이유는 단순히 난방이나 취사를 위한 것이 아니었다. 불은 생명과 공동체의 상징이었다. 원시 주거지에서는 불씨를 꺼뜨리지 않기 위해 하루 종일 누군가는 불을 지켜야 했고 이를 통해 집단의 생존이 유지되었다. 실제로 고고학자들은 구석기 시대 유적에서 불씨를 보호하기 위한 돌로 둘러싼 화덕의 흔적을 발견하기도 했다. 불은 인류의 주거 공간을 설계하는 가장 오래된 원리였다.

하지만 인류가 점차 정착 생활을 시작하고 농경과 목축이 발달하면서 집은 기능적으로 세분화되었다. 불을 피우던 자리는 화로에서 아궁이로, 그리고 결국 부엌으로 진화했다. 불은 여전히 가족의 중심이었지만, 그 역할이 생존에서 생활의 편의로 바뀌면서 부엌은 점점 주변부로 밀려났다. 햇빛이 직접 닿으면 음식이 상하기 쉬웠고 바람이 통하면 불이 꺼지기 때문에 부엌은 의도적으로 집의 북쪽, 그늘진 곳에 배치됐다. 전통 한옥에서도 안채의 뒤쪽이나 측면에 부엌이 있는 이유가 여기에 있다.

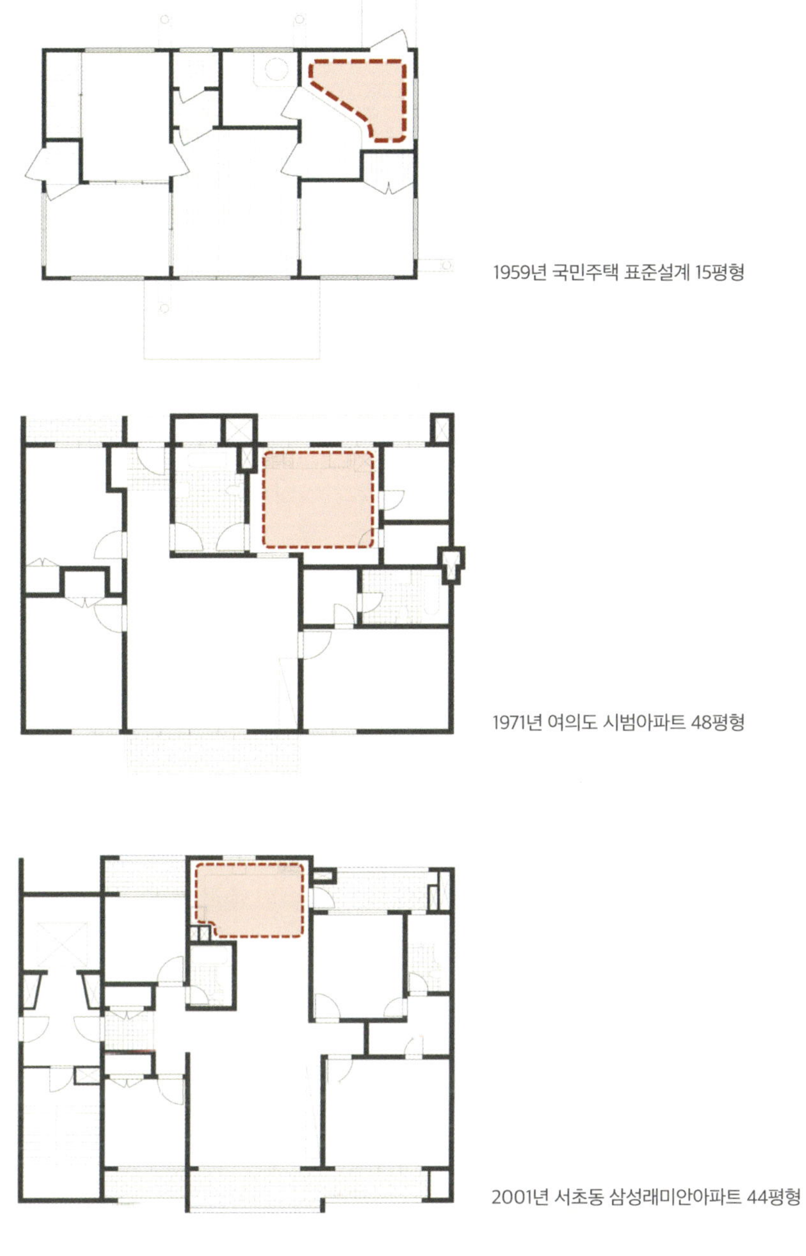

1959년 국민주택 표준설계 15평형

1971년 여의도 시범아파트 48평형

2001년 서초동 삼성래미안아파트 44평형

부엌의 지위 변화를 보여주는 도면

1960~1970년대 새마을주택, 불란서주택, 그리고 초창기 아파트들도 같은 논리를 따랐다. 당시 부엌은 주거의 '서비스 공간'으로 인식됐다. 가족의 중심인 거실과는 분리된 곳, 말 그대로 보이지 않는 노동의 공간이었다. 부엌이 거실과 분리된 이유는 위생과 냄새, 그리고 사회적 인식 때문이었다. 손님을 맞이하는 공간과 음식을 조리하는 공간은 달라야 한다는 개념이 강했다. 그 시절 주택 도면을 보면 대부분 부엌은 집의 북쪽에 붙어 있었고, 햇볕 대신 환기창 하나가 전부였다.

하지만 2000년대 이후로 변화의 물결이 찾아왔다. 냉장 및 냉동 기술의 급격한 발달로 음식의 부패를 걱정할 필요가 줄어들었고, 가스레인지 대신 전기 인덕션이나 하이브리드 쿡탑이 보급되면서 연기와 냄새 문제도 거의 사라졌다. 주방 환기 후드의 성능은 과거보다 10배 이상 향상되었고, 빌트인 가전 덕분에 부엌은 점점 '보여지는 공간'으로 탈바꿈했다. 주방은 더 이상 어두운 곳에 숨길 이유가 사라진 것이다.

이러한 변화는 서구화된 식문화와도 관련이 깊다. 예전처럼 큰 솥에 국을 끓이고 반찬을 만들어 며칠씩 먹는 문화가 줄고, 즉석식품과 간편식 위주의 라이프스타일이 확산되면서 조리 과정이 단순해졌다. 가족 구성원들이 한자리에 모여 요리를 하고 식사를 즐기는 '홈다이닝Home dining' 문화가 등장하면서 부엌은 자연스럽게 집의 중심으로 이동했다.

이제 부엌은 더 이상 불을 감추는 공간만이 아니다. 오히려 불과 사람의 관계를 다시 복원하는 열린 무대가 되었다. 아이들이 식탁 옆에서 숙제를 하고, 부모가 노트북을 펼치며 요리를 하는 모습은 과거

대청마루를 중심으로 가족이 모이던 풍경을 닮았다. 그렇다면 부엌은 이제 불과 완전히 작별한 것일까? 나는 그렇게 생각하지 않는다. 기술이 부엌을 밝은 곳으로 옮겨놓았지만, 그 근원에는 불을 둘러싸고 모였던 인류의 본능이 여전히 살아 있다. 결국 부엌은 다시 '불의 자리'로 돌아오고 있는 셈이다.

1층 전체가
부엌인 집

요즘은 현관문을 열고 들어서면 가장 먼저 부엌이 보이는 집이 많다. 이에 대해서는 여전히 의견이 분분하다. 대체로 젊은 세대는 자연스럽다고 느끼지만, 연세 있는 분들은 다소 어색해한다. 외부인의 시선에 싱크대가 바로 노출되는 것을 부담스러워하기 때문이다.

방송 촬영을 위해 방문했던 한 집은 맞벌이하는 젊은 부부의 신혼집이었다. 대지가 좁아 어쩔 수 없이 3층으로 올린 집이었는데, 놀랍게도 가장 중요한 1층 전체를 부엌과 식탁에 할애해 놓았다. 거실과 침실은 오히려 2층에 있었다. 퇴근 후 함께 요리하고 식사하는 시간을 가장 소중하게 여긴 부부는 필로티 주차장을 제외한 1층 전부를 부엌으로 꾸몄다고 했다. 부모님이나 손님들이 불편해하지 않느냐는 질문에는 오히려 "상관없다"고 단호하게 답했다.

또 다른 사례도 있다. 딸이 부모님을 위해 설계해 화제가 된 집이

1층 전체를 부엌과 식당으로 활용한 수원 환영가

현관 옆 가장 잘 보이는 곳에 부엌을 둔 여주 화이불치재

필로티 주차장을 가족실로 가변적으로 활용하는 충남 서산의 단독주택

육각형의 특이한 부엌을 집의 중심에 둔 광주의 애처가

었다. 현관에 들어서자마자 훌륭하고 세련된 부엌이 눈에 들어왔지만, 정작 사용자인 어머니의 반응은 달랐다. 아일랜드 주방 위에 미처 설거지하지 못한 그릇들이 항상 눈에 띄는 게 영 불편하다는 것이다.

"식탁은 제2의 거실이다"라는 말이 있다. 그만큼 가족이 모이는 방식이 달라졌다. 과거엔 거실의 텔레비전을 중심으로 가족이 둘러앉아 과일을 나누는 풍경이 일반적이었다면, 이제는 식탁이 그 자리를 대신하고 있다. 좌식에서 입식으로 전환된 생활습관 덕분에 사람들은 거실 바닥보다 식탁 의자에 앉는 걸 더 편하게 느낀다.

영상 시청 방식의 변화도 큰 요인이다. 예전에는 거실의 한쪽 벽을 텔레비전이 차지했지만, 이제는 아예 텔레비전이 없는 집도 많다. 그 대신 각자 스마트폰이나 노트북으로 원하는 영상을 선택해 보는 시대가 됐다. 자연스럽게 식탁은 제2의 거실로 자리 잡았다. 가족이 함께 식사하는 장소이면서도, 각자 책을 읽거나 업무를 보고, 때로는 영상을 시청하는 다목적 공간이 된 것이다. 코로나 시기를 거치며 재택근무와 화상회의가 일상화된 것도 이러한 변화를 더욱 가속시켰다.

이는 오랫동안 이어져 온 '마당과 대청마루 중심의 배치'라는 한국 주거의 유전자를 완전히 바꿔놓고 있다. 과거에는 손님의 시선을 의식해 부엌과 식사 공간을 최대한 숨기는 것이 일반적이었다. 부엌은 늘 집의 가장 안쪽 구석에 있었고, 가족이 함께 모여 식사하던 안방도 그 옆에 자리했다. 그러나 이 유전자가 아파트 평면으로 번역되면서 구조는 완전히 달라졌다. 거실이 집의 중심으로 옮겨오고, 부엌과 식당은 그 반대편으로 밀려났다. 앞에서 설명한 전형적인 LDK 배치다.

최근에는 중문을 열고 들어서면 복도에서 시작해 침실, 식당, 부엌, 거실로 이어지는 구조의 집이 많아지고 있다. 거실은 집의 가장 안쪽으로 물러나고, 그 대신 식당이 현관 가까이에 배치된다. 손님이 찾아와도 마치 응접실처럼 부담 없이 차 한 잔을 나눌 수 있는 공간이 된 것이다. 거실은 점점 더 사적인 영역으로 축소되고, 식당은 외부인과의 교류가 이루어지는 사랑방의 역할을 맡게 되었다. 이러한 변화의 배경에는 사회 전반에서, 그리고 가정 안에서 커진 여성의 영향력과 생활 방식의 변화가 자리한다. 집은 언제나 시대를 비추는 거울이다. 이제 막 진화를 시작한 부엌과 식당이 앞으로 어떤 형태로 발전해 나갈지 궁금하다.

보너스 공간은
언제부터 메인 공간이 되었을까

다락방

다락의 기원
'달-약'

나는 다락방을 참 사랑한다. 부인할 수 없는, 우리 모두의 로망이다. 천장이 머리에 닿을 만큼 낮아도 불평 하나 없이 행복해한다. 넓은 집이든 좁은 집이든, 한국인의 다락방 사랑은 한결같다. 특히 단독주택이라면 다른 건 몰라도 다락방은 꼭 있었으면 한다. 남녀노소를 막론하고 모두 마찬가지다. 아파트에서 발코니 확장이 수평적으로 주어지는 '보너스 면적'이라면, 단독주택의 다락방은 지붕 아래 덤으로 얻을 수 있는 수직적 보너스 공간이다. 그런데 의외의 사실이 있다. 다락이 생활 공간으로 쓰이게 된 건 그리 오래된 일이 아니다. 우리 조상들은 다락을 부엌 위의 단순한 수납공간으로만 활용했을 뿐이다.

다락의 어원은 '달-약'이다. 달아 매달았단 뜻으로, 별도 공간을 만들어 물건을 두는 곳을 뜻했다. 그 기원은 삼국시대부터 높은 곳에 올려 지은 고상건축부터 시작된다. 주로 습한 곳에 건물을 지을 땐 지면으로부터 바닥을 띄워야 공간을 쾌적하게 만들 수 있었다. 또 다른 이유는 주요 구조체였던 목재가 썩는 걸 방지하기 위해서였다. 이런 이유로 우리나라 남부 지방에서는 아주 오래전부터 고상건축을 지었다.

한옥의 대청마루를 항상 지면에서 띄워서 지은 것도 고상건축의 흔적이다. 하지만 불을 다루는 부엌은 안전상의 이유로 흙바닥 위에 바로 지을 수밖에 없었다. 자연스럽게 부엌은 다른 방의 바닥보다 50~60cm 정도 낮았지만, 상대적으로 천장은 다른 방보다 높았다. 이 높은 천장 공간에 만든 게 바로 다락이었다. 가야 고분에서 발견한 토기의 지붕에 표현된 환기 구멍이 바로 이 다락의 증거다. 앞서 설명했듯이 부엌과 직접 안방이 붙어 있었으므로 이 다락으로 직접 출입하기 위해 안방에 별도의 작은 문을 둬서 계단으로 연결했던 흔적도 있다.

그래도 여전히 다락은 물건을 보관하는 창고였지 사람이 올라가서 생활하는 곳은 아니었다. 초가가 대부분이었던 시절 천장 위 공간이 그리 쾌적하지도 않았고, 구조적으로 천장 위를 밟고 올라설 만큼 튼튼하게 만들기도 쉽지 않았다. 천장 위가 주로 쥐와 벌레들 차지가 된 것도 다 이런 이유에서다.

땅콩주택의 유행,
다락의 부활

그럼 요즘처럼 다락이 가족실이나 서재, 아이들의 놀이방 등 생활 공간으로 유행하기 시작한 건 언제부터였을까? 건축법을 보면 그 시기를 짐작할 수 있는데 건축법 시행령에 다락의 높이와 시설 기준이 처음 도입된 시점은 놀랍게도 2008년이다. 기준이 아에 없었던 건 아니지만, 2008년에 되어서야 비로소 구체적으로 다락방의 층고 기준이 확실히 정해졌다. 많이 늦어지긴 했지만 그 이후 몇 차례 개정을 거쳐 현재의 규정이 정착되었다. 흥미로운 건 2008년은 금융위기 이후 부동산 정체기가 몇 년 동안 이어지던 기간이었고, 단독주택에 대한 수요가 늘어나던 시기와 겹친다는 점이다. 정부는 이 시기부터 신도시를 만들 때 아파트 단지 옆에 단독주택지를 함께 조성했고, 지자체마다 지구단위계획을 다르게 적용하기 시작했다.

그런데 다락방에 대한 활용과 관심이 촉발되기 시작한 시점은 이미 1990년대였다. 일산, 판교 등 단지에 전체 단지의 미관을 위해 평지붕 대신 경사 지붕을 적용하도록 의무적으로 강제했던 것이 계기가 됐다. 평평한 옥상이면 가능했던 옥탑방이 경사 지붕 구조에서는 시공이 불가능했지만, 그 대신 경사 지붕 밑에 널찍한 다락 공간이 생긴 것이다. 과거 선조들이 화재를 예방하기 위해 설계한 주택 구조도에서 부수적으로 파생되었던 '달-약'과는 전혀 상관없이, 그저 미관상의 이유로 조성되기 시작한 경사 지붕에 의해 대한민국에 다락이 다시

부엌 위 다락 공간이 생기게 된 한옥 부엌의 구조

부활한 셈이다.

그리고 2011년에는 땅콩 주택이 선풍적인 인기를 끌면서, 이때 함께 소개됐던 다락방이 덩달아 다시 큰 주목을 받았다. 작은 창고로나 생각했던 다락 공간이 아이의 공부방이나 서재로 번듯하게 활용될 수 있다는 가능성에 다들 눈이 휘둥그레졌다. 무엇보다 건물의 연면적에 포함되지 않는 공간이라는 점이 큰 매력이었다.

재미있는 건 다락이 겉으로 보기엔 얼핏 비슷해 보여도, 집마다 크기와 모양, 활용 방식이 제각각이라는 점이다. 마치 누가 더 창의적으로 보너스 공간을 활용하는지 경연하는 것처럼 보일 정도다. 때로는 그 실험이 지나쳐 합법과 불법의 경계를 아슬아슬하게 넘나들기도 한다. 그래서 다락에 대한 법적 기준은 의외로 매우 명확하다. 건물의 전체면적에 포함되지 않는 다락으로 인정받으려면 우선 높이 기준을 충족해야 한다. 평지붕일 경우 천장 높이가 1.5m를 넘지 않아야 하고, 경사지붕일 경우 평균 높이를 계산해 1.8m까지만 허용된다. 결국 다락은 '보너스로 주어진 면적'이지만, 사람의 키만큼 공간을 허락하지 않는 건 그만큼 다락이 완전한 층이 아닌, 반쪽짜리 공간으로 남기를 의도했기 때문이다.

그리고 중요한 점은, 이 기준 높이가 우리가 실제로 사용하는 바닥에서 다락의 천장 하단까지의 높이가 아니라, 지붕 구조물의 최상단까지를 포함한 높이라는 것이다. 즉, 준공 시에는 천장 마감을 두껍게 처리해 천장고를 낮춰 보이게 하고, 나중에 마감을 철거해 공간을 더 높게 쓰려는 꼼수를 막기 위한 조항이다. 이러한 기준은 다락이 '임시적이고 부가적인 공간'이라는 본래의 성격을 유지하도록 하기 위한 법의 최소한의 장치다.

다락은 발코니처럼 어디까지나 보너스 면적으로 인정받는 공간이다. 건물 연면적에 포함되지 않기 때문에 재산세 등 세금도 부과되지 않는다. 다만, 지붕 아래에 자리해 외부에서는 거의 보이지 않으므로 일단 짓고 나면 사후 규제가 사실상 어렵다. 그래서 허가 과정에서 법을 훨씬 더 엄격하게 적용한다. 예를 들어, 다락의 총면적은 바로 아래층 바닥면적의 절반 이하여야 하며, 복층 주택에서 다락이 아래층보다 넓다면 누구라도 불법을 의심할 수밖에 없다. 또한 용도에도 제한이 있어 침실처럼 상시 거주 공간으로 사용할 수 없고 수납이나 취

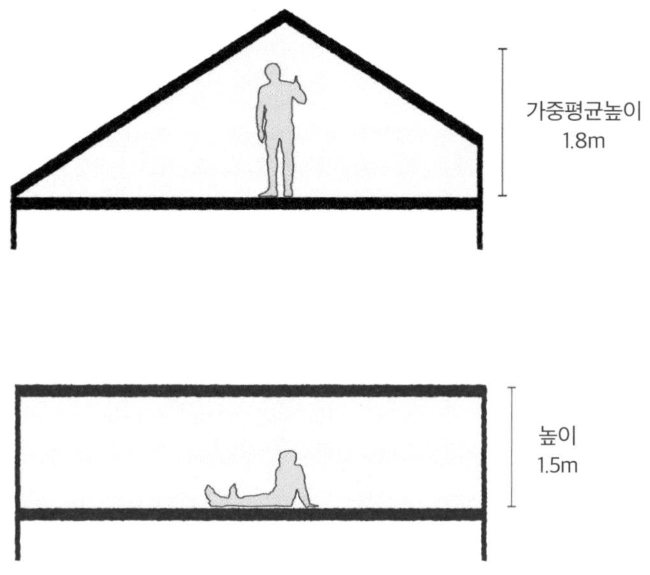

다락의 천장고와 높이 제한 규정

미용으로만 쓰도록 규정하고 있다.

추가적으로 다세대나 연립주택, 아파트에 있는 다락은 공용계단을 통해 외부에서 직접 접근할 수 없다. 반드시 해당 세대 내부에서만 연결돼야 한다. 이는 옥탑처럼 별도의 출입구를 만들어 전세나 월세를 주는 불법 임대 공간으로 이용되지 않도록 하기 위한 조치다. 심지어 옥상 정원이 다락과 맞닿아 있는 경우에도 출입문을 설치할 수 없다.

에어컨을 설치하면
불법이라고?

그리고 다락방에는 개별 난방이나 냉방 시설을 설치할 수 없도록 법적으로 제한하고 있다. 간혹 에어컨을 두거나 바닥에 전기 패널을 시공하는 경우가 있지만, 이는 명백한 불법 행위다. 굳이 이렇게까지 강제해야 하나 싶지만, 다른 방법이 없다. 규제 당국이 일일이 집 안을 수색할 수도 없는 노릇이기 때문이다. 이러한 법적 규제에도 불구하고 많은 사람이 다락을 자신만의 판타지를 해소하는 가장 사적인 공간으로 활용하고 있다. 다락은 불법적인 요소가 많을 수밖에 없고, 현실적으로 확인하기도 어렵다. 게다가 화재 등 큰 사고가 났을 때 별도의 대피로가 없다는 점도 문제다. 이런 이유로 지자체마다 규정이 달라 서울시의 일부 구에서는 아예 다락을 허용하지 않는 곳도 있다.

그런데도 우리가 다락방을 사랑하는 이유는 바로 그 공간의 아늑함 때문이다. 거실은 천장이 높을수록 시원해 좋아하지만, 다락은 오히려 나를 포근히 감싸는 듯한 안정감을 준다. 마치 어머니의 품속에 있는 듯 편안한 느낌이다. 무엇보다 다락은 아이들이 가장 좋아하는 공간이다. 흥미로운 건, 아무리 큰 집이라도 어린아이들이나 어른 모두 결국 계단 밑이나 방 모퉁이, 계단의 중간참처럼 자투리 공간을 나만의 장소로 삼는다는 점이다. 다락은 집의 가장 높은 곳에, 하늘과 가장 가까운 곳에 있는 우리만의 아지트다.

최근에는 다락층을 하나의 큰 공간으로 만드는 대신, 각 방마다 개

높은 천장고를 활용해 다락을 복층 구조로 활용한 원룸

별적으로 작은 다락 공간을 만들어 서로 연결하지 않고 쓰는 경우가 늘고 있다. 마치 작은 메자닌(Mezzanine, 중간층)[*]처럼 침대나 공부방, 부족한 수납공간으로 활용하는 방식이다. 팬데믹 이후 어른이나 아이를 막론하고 개인 공간에 대한 수요가 높아지면서, 방에 딸린 다락이 특히 인기를 끌고 있다. 이렇게 하면 다락층 전체를 묶어 활용할 때보다 각 방의 성격과 용도에 맞게 다락을 꾸밀 수 있어 개성이 살아난다. 특히 아이들에겐 훌륭한 아지트이자 자신만의 공간으로서 매력적이다. 사춘기 자녀에게는 잔소리를 피할 수 있는 최적의 장소이기도 하다. 하지만 부모 입장에서는 한 번 올라가면 세상과의 연결을 끊고 살겠다는 듯 내려올 줄 모르는 아이들을 걱정하느라 한숨을 쉬는 공간이 될 수도 있다. 선택은 각자의 몫이다.

[*] 기존 층과 층 사이의 높은 층고 공간을 활용해 만든 반층 구조로, 면적을 넓히면서도 독립된 공간감을 확보할 수 있는 장점이 있다.

다락방도
집이 될 수 있을까

다락집

1층엔 귀족, 지하엔 부엌, 다락엔 하인

우리에게 '다락방'이 있다면 유럽엔 '다락집'이 있다. 과거 유럽에 엘리베이터가 없던 시절 접근성이 좋은 저층부는 귀족이 차지하고 상부엔 서민이. 다락층엔 주로 하인들이 살았다. 전통적으로 유럽은 귀족 계급 사회였고 계층에 따라 한 건물에 어느 층에 사는지가 정해졌다. 내가 다녔던 영국 런던에 있는 건축 대학도 이런 오래된 집을 개조한 곳이었는데, 나를 포함한 학생들은 다락층을 개조해 만든 강의실에서 수업을 들었다.

영국에서는 전통적으로 건물에서 천장이 가장 낮고 지붕 밑에 딸려 있는 다락층은 빈곤한 사람들이 살았던 곳이다. 그래도 가난했지만 하늘 밑 다락인데 낭만까지 빼앗길 리 없었다. 그래서 프랑스의 철학자 가스통 바슐라르는 공간 시학에서 '다락방은 몽상을 키우고 몽상가는 다락방에 숨어든다'라는 멋진 말을 남기기도 했다.[17]

내가 런던에 유학을 가자마자 살았던 첫 집도 우연히 다락집이었다. 2000년에 건축 디자인을 공부해보겠다고 번듯한 직장을 그만두고 홀연히 떠난 곳이 바로 영국 런던이었다. 유럽에서도 물가와 집세 비싸기로 악명 높은 도시인데, 그것도 도심 한가운데서 학생 신분으로 살 집을 구한다는 건 결코 쉬운 일이 아니었다. 게다가 영국에는 전세 제도도 없으니 월세는 상상을 초월했다. 다행히 같은 학교에 다니던 선배가 먼저 구해둔 집에 들어갈 수 있는 행운이 따랐다.

그런데 내가 너무 사람을 믿은 걸까? 설마 그 '구해 놓은 집'이 맨 꼭대기일 줄이야. 공항에 도착한 첫날, 어머니와 함께 찾아간 그곳은 건물 지붕 밑을 개조해 만든 다락집이었다. 밖에서 보면 지붕에 완전히 덮여 있어서 집이 있는지조차 알기 어려웠다. 안으로 들어가니 더 놀라웠다. 지붕 속 공간이라 천장은 낮고, 벽은 사선으로 기울어져 있어 몸을 조금만 움직여도 머리가 닿을 것만 같았다. 낯설고 어색한 첫인상이었다.

낯선 땅에 도착한 첫날, 다락집 천장 아래에서야 비로소 내가 정말 한국을 떠나 새로운 세상에 와 있다는 사실을 실감했다. 그날 밤, 함께 오신 어머니와 한 방에 누워 잠을 청하며 들은 첫 당부는 "얼른 공부 마치고 돌아오라"는 말이었다. "이런 데 오래 살다간 정신이 이상

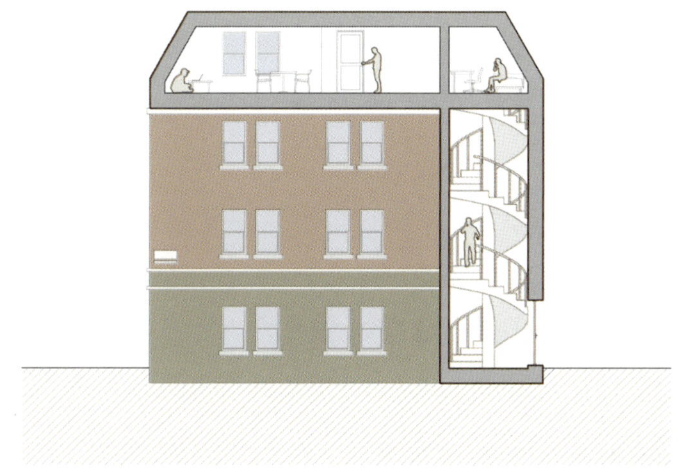

지상층에 있던 펍의 주인이 살던 집을 개조한 런던의 다락집 단면도

해질 것 같다"는 농담 반 진담 반의 말도 덧붙이셨다. 그땐 정말 금세 돌아갈 줄 알았다. 하지만 영국에서 7년을 더 살게 될 줄은 꿈에도 몰랐다. 처음엔 낯설고 답답하기만 했던 그 공간이 시간이 지나자 세상에서 가장 아늑한 곳이 될 줄도 몰랐다.

시간이 약이라더니 정말 그랬다. 처음엔 매번 열쇠를 억지로 꽂아 돌려야만 열리던 낡은 줄입문도, 빙글빙글 돌아 올라가야 했던 좁디좁은 나선형 계단도, 세 층을 돌고 돌아 겨우 닿는 작은 현관과 컴컴한 복도도 어느새 익숙해졌다. 저녁이면 슈퍼마켓 비닐봉지를 양손에 가득 들고 그 계단을 오르며, 낯선 이국땅에서도 내가 돌아올 곳이 있다는 사실에 이상한 안도감이 들곤 했다. 다락집의 목재에서 은근

히 풍기던 외국 냄새, 처음엔 낯설 정도로 푹신했던 카펫 바닥의 감촉
도 이내 익숙해졌다. 그때서야 비로소 '편안함'이라는 감정이 꼭 고향
에서만 느껴지는 건 아니라는 걸 알았다.

공동주택에
폐업한 펍의 간판이 왜 달려 있을까

　영국은 리모델링과 증축의 왕국이다. 서울의 역사가 500년으로 길
지만, 런던은 무려 2000년이 넘는다. 평범한 건물들 중에도 100년을
훌쩍 넘긴 문화재가 수두룩하다. 유럽 대륙에서 떨어진 섬나라이기
에 제2차 세계대전에서도 상대적으로 폭격을 덜 받았고, 그 덕분에
오래된 건물들이 더 많이 보존되었다. 그만큼 건물 보존에 대한 인식
과 제도적 관심이 강한 곳이 바로 영국 런던이다.

　가장 흥미로운 건 건물의 외관은 그대로 두고 내부만 완전히 뜯어
고쳐 전혀 다른 기능을 새로 이식하는 경우다. 겉모습은 영락없는 교
회인데, 안으로 들어가면 사람들이 사는 공동주택으로 바뀐 사례도
있었다. 내가 살았던 다락집도 우리나라로 치면 200년도 넘은 문화재
급 건물로, 원래는 동네의 펍(술집)이었다고 했다. 펍은 원래 '퍼블릭
스페이스Public space'의 줄임말로, 보통 맥주를 파는 술집을 뜻하지만 간
단한 식사도 함께 즐길 수 있다. 영국 사람들에게 맥주는 거의 음료수
에 가까운 존재다. 그래서 펍은 단순히 술을 마시는 곳이라기보다, 동

네 사람들이 모여 담소를 나누는 커뮤니티의 중심 공간이었다.

　　주말이면 가족 모두가 나와 아버지는 신문을 보며 차나 맥주를 마시고, 아이들은 모여 놀았다. 우리가 아는 동네 호프집과는 사뭇 다르다. 내가 살았던 다락집도 100년쯤 전엔 1층에서 펍을 운영하던 주인이 살던 곳이었을 텐데, 리모델링을 거쳐 각 층에 한 세대씩, 총 네 세대가 사는 공동주택으로 바뀐 셈이었다. 장식용 소품인 줄 알았던 건물 외벽의 펍 간판도 그래서 그대로 남아 있었다. 단순한 장식이 아니라 이곳이 한때 어떤 장소였는지를 기억하게 하는 표식이었다. 우리 같으면 흔적 없이 허물고 새로 지었을 테지만, 영국 사람들은 동네에 오래 자리 잡은 건물을 없애는 걸 극도로 꺼린다. 건축주가 신축을 원해도 허가 과정에서 반려되는 경우가 허다하다. 불법이 아니라도, 역사를 지우는 일이라면 '안 된다'는 게 그들의 일관된 태도다.

　　영국의 건축 허가 절차에는 '커뮤니티 미팅'이라는 독특한 과정이 있다. 동네 주민들이 모두 모여 새 건물의 필요성과 디자인, 주변 환경에 미칠 영향을 두고 의견을 나눈다. 여기서 다수가 반대하면 설계가 아무리 완벽해도 허가를 받을 수 없다. 아마 내가 살았던 다락집 건물도 그 과정을 거쳐 신축 대신 리모델링이 결정됐을 것이다. 특히 펍은 단순한 술집이 아니라 지역 커뮤니티의 중심 공간이었다. 사람들이 하루의 피로를 풀고, 소식을 나누고, 이웃과 관계를 맺던 장소였다. 그러니 그 흔적이라도 남겨두자는 목소리가 있었을 것이다. 그렇게 남겨진 간판 하나가, 이 동네가 지켜온 시간과 정체성을 증명하고 있었다.

영국인들이 투자처로
아파트가 아닌 단독주택을 택하는 이유

이렇게 신축이 어려운 환경에 사는 영국 사람들은 집을 늘리는 방식도 우리와 조금 다르다. 여유가 생기면 집을 새로 짓기보다는, 가족이 오랫동안 살아온 주택을 조금씩 손보고 확장한다. 우리가 아파트 발코니 확장을 통해 실내 공간을 최대한 넓히듯, 그들도 나름의 방식으로 집을 키워간다.

단독주택에 방 한 칸만큼씩 집을 늘려가는 것이 영국의 방식이다. 예를 들어 1층 마당에 티룸Tea room을 새로 만들거나 2층에 방을 하나 더 얹는 식이다. 이렇게 기존 구조를 부분적으로 트고 고쳐 증축하는 일을 '익스텐션Extension'이라고 부른다. 흥미로운 점은 영국 사람들이 단독주택을 선호하는 이유 중 하나가, 이런 증축을 통해 부동산 가치를 높일 수 있다고 믿기 때문이다. 목적은 같지만, 집을 헐고 새로 짓는 우리와는 전혀 다른 방향의 접근이다.

영국 사람들은 위아래와 양옆이 모두 막혀 있어 증축이 어려운 아파트보다, 언제든 방을 늘릴 수 있는 단독주택이 투자 가치가 더 높다고 생각한다. 그래서 자연스럽게 단독주택의 선호도가 아파트보다 훨씬 높다. 다락층도 마찬가지다. 과거의 형태를 유지하면서 현대의 생활 방식에 맞게 공간을 개조하는 방식의 좋은 예다.

만일 영국에서의 내 첫 집이 평범한 아파트였다면 아마 다락방에 대한 로망도, 오래된 문화재 속에서 살아본 경험도 갖지 못했을 것이다. 처음엔 낯설고 불편하기만 했던 그곳이 나중엔 내 유일한 안식처이자 아지트가 될 줄은 몰랐다. 걸을 때마다 삐걱거리던 바닥도, 아래층에서 들려오던 생활 소음도, 심지어 더운물과 찬물이 꼭지부터 따로였던 화장실의 불편함도 시간이 지나자 모두 익숙해졌다.

새집이라면 하자로 여겼을 일들이 오래된 집에서는 불평하는 사람이 오히려 하자로 여겨졌다. 낮은 천장도, 기울어진 벽도 문제 될 게 없었다. 위아래로 길게 나 있던 창은 여닫기 불편했지만, 다락이라 깊어진 벽면에는 자연스럽게 윈도우 시트가 생겨 앉기에 제격이었다. 그 창 너머로 보이던 집 앞 공원과 오래된 나무들은 마음을 다독여주기에 충분했다. 공부에 지쳐 창가에 기대어 밖을 바라보던, 지금은 대학 교수가 된 룸메이트의 모습도 아직 선명히 기억이 난다.

집의 유전자

5

한국 주택 인테리어의 진화사

체리몰딩

창

타일

천장

화이트모던

우리가 콘크리트에
빼앗긴 것들

체리몰딩

우리에게
익숙한 그 냄새

방송 촬영으로 캄보디아의 세계적 유적 앙코르와트를 찾은 적이 있었다. 인류가 만든 위대한 건축 앞에서 감탄이 멈추지 않았지만, 그와 동시에 의문이 생겼다. 주위엔 무성한 숲이 널려 있는데, 왜 굳이 다루기 힘든 돌로 지었을까. 나무는 훨씬 가볍고 가공하기도 쉬운데 말이다. 그러나 인근의 다른 유적지를 둘러보며 이유를 알 수 있었다. 앙코르와트를 제외한 대부분의 건축물들은 이미 숲과 뒤엉켜 있었다. 돌로 지었음에도 불구하고 관리되지 않자 금세 식물에 덮이고 무너졌다. 울창한 밀림 속에서 신의 집을 지켜내기 위해서는 결국 돌로 땅을 눌러야 했다. 신의 영역은 견고하고 오래 남아야 한다는 믿음이 그들의 선택을 이끌었을 것이다.

반면 캄보디아 사람들이 실제로 사는 집은 대부분 목재로 지어져 있었다. 사계절 내내 습하고 덥지만, 그만큼 식물이 빠르게 자라 풍부한 목재를 손쉽게 구할 수 있다. 재료의 접근성뿐 아니라 품질도 뛰어났다. 현지에서 만난 건축가의 집 역시 예외가 아니었다. 현관문을 여는 순간, 마치 거대한 나무 속으로 들어가는 듯한 기분이 들었다. 바닥과 벽, 천장, 지붕, 가구에 이르기까지 거의 모든 요소가 단단한 원목으로 만들어져 있었다.

그런데 그 집의 나무 향을 맡으며 묘한 기분이 들었다. 분명 예전에 이것과 비슷한 걸 경험한 것 같았다. 대체 어디였더라? 나무로 만들어졌을 때 나는 냄새, 그리고 어둡고 칙칙한 분위기까지 데자뷔였다. '아, 맞다. 옛날 우리 집도 이랬었지.' 거실 내부를 목재로 마감했던 시절 우리 집은 좀 칙칙했어도 그래서 오히려 더 편안했다. 아직도 그곳이 남아 있다면 얼마나 좋을까? '집은 기억을 수집하는 기계'[18]라고 했던 스페인 건축가 엔릭 미라예스의 말처럼 집은 수많은 추억이 마치 퇴적암처럼 차곡차곡 쌓여 있는 곳이다. 그래서일까. 내 기억 속목재로 마감한 오래된 집은 컴컴하고 약간 눅눅한 공기마저도 편안하게 느껴지는 곳이었다. 짙은 색 목재가 만들어내는 분위기, 향기, 색, 그리고 손끝의 촉감까지 모두가 하나로 어우러져 지금도 가장 아늑한 집의 기억으로 남아 있다.

원목이
더 저렴하다

드라마 〈응답하라 1988〉은 그 시절의 풍경과 감정을 정교하게 복원해내며 큰 사랑을 받았다. 당시의 골목길, 반지하, 그리고 2층 양옥 집들이 재현된 세트는 1980년대의 기억을 생생히 불러왔다. 특히 동룡이네 집의 어둡고 칙칙한 거실은 어린 시절 우리 집의 풍경과도 닮아 있었다. 벽을 가득 채운 원목 마감, 손바닥만 한 나무 조각을 하나씩 끼워 맞춘 바닥재, 화려한 우물천장까지 모두 낯익고 따뜻했다.

그 집이 바로 앞서 언급한 불란서주택이다. 지금도 도심 곳곳에서 볼 수 있는 2층 양옥의 전형이다. 외벽은 콘크리트나 벽돌, 돌, 타일로 마감했고 내부는 벽과 바닥, 천장 모두 목재로 채웠다. 당시엔 얇게 켠 원목을 합판 위에 붙이는 기술이 보편화되지 않아 대부분 실제 원목을 그대로 사용했다. 돈도, 기술도 귀했던 시절 지금은 부르는 게 값인 원목을 집 내부 인테리어 곳곳에 활용했다니, 대체 어떻게 가능했을까? 이유는 간단하다. 돈은 없어도 노동력이 풍부했던 시절에는 오히려 원목이 더 사용하기 쉬운 자재였기 때문이다.

우리가 흔히 원목의 대안으로 사용하는 무늬목은 일반 합판 위에 고급 원목을 매우 얇게 썰어서 풀로 붙이는 방법이다. 겉은 원목으로 보이는데 실제로 몸통은 합판으로 된 일종의 눈속임이다. 종이보다도 얇게 썬 원목을 합판 풀로 붙인 후에도 울지 않아야 해서 그리 쉬운 일이 아니다. 하지만 당시엔 이런 기술이 없었으니 선택의 여지가

원목으로 벽과 바닥, 천장까지 마감한 중곡동 어느 주택의 거실

없었다. 오히려 원목 자체를 쓰는 게 얇게 켜서 어렵게 붙이는 공정보다 저렴했다.

심지어 당시 목수들은 전부 톱, 대패, 망치 등 공구로 다듬고 잘라서 만들었다. 요즘처럼 전기로 돌아가는 공구들은 상상조차 할 수 없었고 훨씬 더 많은 노동력이 필요했다. 집 하나를 짓기 위해서 미장, 방수, 도배 등 여러 공정이 필요한 건 지금이나 그때나 마찬가지였다. 단, 당시엔 벽돌이나 콘크리트로 뼈대를 세우고 나면 남은 내부 일들은 전부 목수가 맡아서 마무리했다. 뼈대와 목공이 끝나고 전기와 설비만 연결하면 집이 완성됐다. 지금처럼 창호, 벽 마감, 마루, 부엌이 각각 다른 공정으로 나뉘지 않았다. 틀이 서면 목수 몇 명이 집 안 전체를 마무리했다. 문과 문틀은 물론 창호에 유리를 끼워 미닫이창을 만드는 일까지 모두 목수의 손에서 나왔다.

말 그대로 모든 게 수제였다. 지금처럼 건축이 철저히 분업화되고 산업화된 시대를 생각하면 상상하기 어려운 일이다. 하지만 한옥처럼 전부 목재로 짓는 경우엔 여전히 목수가 뼈대부터 가구까지 완성하니, 과거의 방식이 결코 낯선 일만은 아니다. 집 짓는 일이 한때 마을 사람들이 힘을 모아 함께하던 공동의 일이었다는 사실을 떠올리면, 사회의 현대화와 산업화가 건축을 공장 생산과 현장 조립의 형태로 바꿔놓았다는 걸 실감하게 된다.

그런데 이렇게 목재로만 마감된 내부는 아무래도 어둡고 눅눅한 느낌이 들기 쉽다. 바닥부터 벽, 천장까지 짙은 색 나무로 된 거실 중앙에 전등 하나만 켜놓은 모습을 떠올려보면 된다. 그 불빛이 나무 표면에 부드럽게 반사되며 공간 전체에 노란빛이 번졌다. 바닥에 앉으면 두꺼운 원목에서 전해지는 묘한 쿠션감이 느껴지기도 했다. 요즘 집들은 대부분 밝은 색으로 인테리어를 하고 조명도 환하게 켜는 걸 선호하지만, 그때는 오히려 어둡고 컴컴한 집이 더 편안하게 느껴졌다.

자재도, 기술도
사라져간다

내가 어릴 때 살던 집도 그랬다. 아파트처럼 흰색 도배지로 깔끔하게 마감된 공간에 비해 주택 내부는 다소 어둡고 거칠었다. 그런데 이상하게도 그 어둠이 주는 온기가 있었다. 처음엔 낡고 촌스럽다고 느꼈지만, 며칠 지나지 않아 금세 익숙해졌다. 깨끗하고 현대적으로 느껴졌던 아파트보다, 오래된 단독주택이 오히려 더 편안하고 정겨웠다. 마치 오랜만에 고향집에 돌아온 것 같은 기분이었다.

무엇보다 목재로 마감된 집에서는 사람 사는 냄새가 난다. 그 특유의 향과 분위기를 한마디로 설명하긴 어렵다. 사람에게 체취가 있듯이 공간에도 그만의 냄새가 있다. 방을 잠시 비웠다 돌아왔을 때, '아, 이게 내 냄새였구나' 하고 느낄 때가 있다. 유전적인 요소와 생활습관이 뒤섞여 만들어지는 냄새처럼, 집도 그 안에 사는 사람들의 시간이 쌓이며 고유의 향을 품는다. 낯선 나라에 갔을 때 '여긴 다르다'는 느낌이 드는 것도 그 때문이다. 분명 모두 사람 사는 곳인데도, 장소마다 다른 냄새가 있다.

집도 마찬가지다. 같은 아파트, 같은 평면에 살아도 각 세대마다 풍기는 향이 다 다르다. 현관문을 열자마자 오감으로 느껴지는 특유의 체취가 있다. 이를 스위스 건축가 페터 춤토르는 '분위기'라고 불렀다. 그는 사람들이 건축을 경험할 때 느끼는 감정적 반응을 포괄하는 개념으로서 분위기를 정의했다. 시각, 청각, 촉각, 후각 등 여러 감각이 동시에 작용해 형성되며, 재료의 질감이나 빛의 양, 심지어 공기의 흐름까지도 사람에게 특정한 감정을 전달한다고 말했다.[19]

특히 목재로 마감된 내부는 작은 부재들이 모여 만들어내는 이음매와 세밀한 디테일, 그리고 특유의 나무 향과 색이 있었다. 이들이 어우러져 만들어내는 고유한 분위기가 있어야 비로소 집이라 느꼈고,

나무의 느낌을 살리면서도 과하지 않은 최근의 목재 몰딩 인테리어

그 속에서 편안함을 얻었다. 밝은색으로 마감하고 환하게 조명해야 깨끗하고 위생적이며 쾌적하다고 여기는 요즘과는 달랐다. 오히려 약간은 어둡고, 깔끔하지 않아 더 따뜻했던 공간들이 있었다. 최근 간접조명으로 차분한 분위기를 연출하는 인테리어가 다시 인기를 얻는 걸 보면 편안함의 미학도 유행처럼 돌고 도는 모양이다.

요즘 복고 분위기가 다시 유행하면서 합판으로 가구나 인테리어를 하는 집이 많다. 멀리서 보면 마치 원목처럼 보이지만, 가까이 다가가면 대부분 합판에 색을 입히거나 무늬를 입힌 것이다. 최근엔 오히려 합판의 결을 그대로 드러내는 디자인도 인기다. 층층이 쌓인 단면을 일부러 노출해 그 거칠고 자연스러운 질감을 살린다. 하지만 누군가 진짜 원목으로 내부를 마감하겠다고 마음먹는다면 금세 현실적인 벽에 부딪히게 된다. 비용이 비쌀 뿐 아니라 재료 자체를 구하기도 어렵기 때문이다. 한때 시골집이나 오래된 주택의 흔한 재료였던 원목이 지금은 귀한 자재가 됐다. 인건비는 치솟고, 그 일을 할 기술자도 거의 사라졌다. 만들기 쉽고 시공이 간편한 방식이 주류가 되면서 재료도, 기술도, 사람도 모두 사라져버렸다. 이젠 원해도 만들기 어려운 시대가 되어버린 것이다.

한편으로는 오히려 구하기 어려워졌기 때문에 원목 마감을 더 선호하는지도 모른다. 서양에서는 짙고 붉은 원목으로 내부를 마감하는 것이 여전히 고급 인테리어의 상징이다. 최고급 주택일수록 벽과 천장, 바닥까지 원목으로 마감하고 그 위에 정교한 몰딩을 두른다. 그래서 귀족들이 살았던 저택의 응접실에는 늘 원목 벽과 몰딩이 있고,

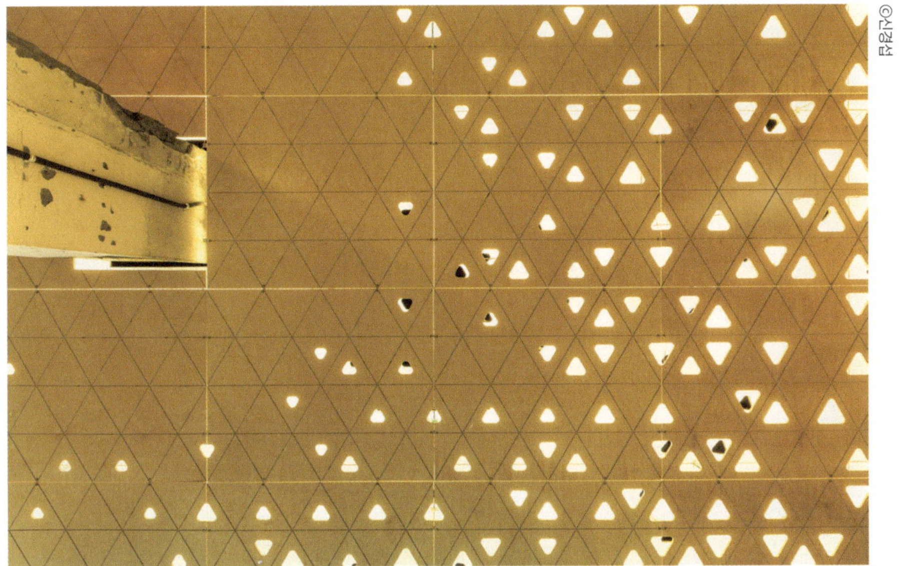

자작합판

벽돌

돌과 티타늄 징크

색다른 미감을 자아내는 마감재들

그 위에는 집주인과 조상들의 초상화가 걸려 있다. 영화 속 부와 품격의 상징으로 그런 장면이 자주 등장하는 이유도 바로 그 때문이다.

이런 걸 보면 우리의 안목만 달라졌을 뿐, 진짜 고급스러움의 기준은 변하지 않았다. 예전에는 석고보드나 합판 같은 대체재가 없어서 어쩔 수 없이 원목을 썼지만, 그럼에도 두껍고 단단한 나무로 내부를 마감하는 일은 언제나 귀족 집의 상징이었다. 동서양을 막론하고 외벽은 돌이나 벽돌로, 내부는 원목으로 꾸며야 품격 있는 집이라 여겼다. 하지만 지금 누군가 〈응답하라 1988〉 속 동룡이네처럼 해달라고 하면, 현장에선 아마 "합판으로 대신하고 필름지 붙이면 안 되겠냐"고 되물을 것이다. 결국 원목으로 집을 짓는다는 건 단순한 취향의 문제가 아니라 재료와 인건비가 모두 허락하는 시대의 경제적 현실과 직결된 선택이다.

그런데 미니멀한 화이트 인테리어, 즉 장식을 최소화한 흰색의 깔끔한 마감이 유행인 요즘, 왜 사람들은 다시 과할 정도로 디테일이 많은 체리몰딩과 목수의 손때가 묻은 공간을 더 편안하고 매력적이라고 느끼는 걸까? 복고풍이 단순히 돌고 도는 유행이라기보다, 체리몰딩은 우리를 시각의 세계에서 촉각의 세계로 이끌기 때문이다.

"보는 것이 곧 만지는 것이다." 건축가 루이스 칸의 말이다.[20] 체리원목의 문양과 색, 향은 눈으로 보는 순간 이미 손끝의 감각을 자극한다. 만지지 않아도 느껴지는 재료의 온기와 깊이는 공간의 질을 바꾼다. 유리잔에 따른 와인과 물컵에 따른 와인의 맛이 다르듯, 같은 공간이라도 어떤 재료로, 어떤 디테일로, 어떤 장식으로 마감했는지에 따라 전혀 다른 분위기와 감정을 불러일으킨다. 시대마다 유행은 달라지지만, 그 덕분에 우리는 재료와 디테일만으로도 공간에 시간을 더할 수 있다는 사실을 새삼 깨닫는다. 그것이 집이고, 건축이다.

IMF 이후
목재 창문이 사라진 이유

창

유리창은
왜 크기가 똑같을까?

주변 풍광이 너무 좋아 최대한 즐기고 싶을 때 가장 고민이 되는 게 창호다. 틀을 없애거나 최대한 얇게 만들어 유리를 넓히면 좋겠지만 단열이 걱정이다. 그런데 막상 업체와 상담을 해보면 유리 높이가 기껏해야 3m를 넘기 어렵다고 한다. 물론 창틀을 더 두껍게 하면 유리의 두께와 면적을 키울 수도 있겠지만, 무겁고 둔한 창틀은 풍경을 오히려 해친다. 해외에는 훨씬 더 큰 유리창도 많다는데, 왜 우리는 여전히 가로, 세로 3m가 한계일까? 우리나라 창호 회사 중에는 상장사도 있고 기술력도 결코 뒤지지 않는데 말이다. 그 이유는 생각보다 단순하다. 바로 창틀의 재료 때문이다. 우리는 알루미늄과 철강의 강국이다. 그래서 유리를 키우는 대신, 창호 자체의 강도와 구조에 더 많은 힘을 쏟는다.

1970년대 드라마나 영화에 빠지지 않고 등장하던 단골 장면이 있다. 좁은 골목길에서 친구나 연인이 창문을 똑똑 두드리면 "누구야?" 하는 목소리와 함께 드르륵 소리를 내며 열리던 미닫이창이다. 언제든 집 밖에서 친구 방 창문을 두드릴 수 있는 그 풍경이 어쩐지 따뜻하고 부러웠다. 우리가 한때 살았을 법한 동네의 골목길에서 느껴지는 정겨움과 낭만이 그 안에 있었다. 특히 아파트에 사는 사람들에게는 한옥의 문간방 창문이 하나의 로망이었다. 실제로도 밤새 창문 앞에서 연인을 기다리던, 한국판 로미오와 줄리엣의 장면이 수도 없이 펼쳐졌다고 한다.

그런데 미닫이창을 여닫을 때마다 들리던 드르륵 소리는 단순한 추억의 소리가 아니었다. 창틀 재료가 나무였기 때문에 났던 것이다. 목재는 따뜻하고 아름답지만 금속이나 플라스틱에 비해 강도가 약해 감당할 수 있는 유리의 무게에 한계가 있었다. 그래서 당시 목재 창호에는 대부분 얇은 단판 유리를 썼고, 크기도 1m를 넘기기 어려웠다. 게다가 외부 창틀뿐 아니라 내부의 분과 문틀까지도 모두 목재였다. 집이란 목수가 나무로 짓는 것이 당연하던 시절, 나무는 선택이 아니라 유일한 대안이었다.

그러다 집에서 목재 창호가 플라스틱이나 금속으로 대체된 계기는 1997년 IMF 외환위기였다. 목재로 만들던 창틀과 문틀이 외환위기 이후로 대부분 플라스틱으로 대체됐다. 도대체 창틀과 외환위기는 어떤 관련이 있었던 걸까?

IMF 외환위기 전에는 목수들이 직접 목재로 만든 창문틀에 홈을 파고 유리를 끼웠다. 지금은 인건비가 너무 올라 감히 엄두조차 못 내지만, 당시엔 그렇게 손으로 만드는 일이 공장에서 대량으로 생산하는 것보다 훨씬 저렴했다. 당시 대기업들은 창호 시장에 관심은 있었지만 상도에 어긋난다고 여겨 선뜻 주택 시장에 뛰어들지 못했다. 그곳은 일반 목재상과 소규모 집장사, 그리고 동네 목수들을 위한 시장이었기 때문이다.

그 시절 소비자들은 집 안의 문과 문틀은 당연히 나무여야 한다고 믿었다. 플라스틱이나 금속은 가짜처럼 느껴졌고, 몸에도 해로울 것 같았다. '진짜 집'이라면 무조건 목재여야 했다. 알루미늄 창호는 오로지 사무실이나 상가 건물에서나 쓰였다. 그렇게 건축의 중추적인 자재로 군림하던 목재 산업이 외환위기를 맞으며 순식간에 무너져내렸다. 주로 동남아시아에서 원목을 들여오던 영세 수입업체들이 급등한 환율을 감당하지 못하고 줄줄이 부도를 낸 것이다. 더 이상 원목을 수입할 수 없게 된 것이다.

IMF 외환위기 때 아파트 현장기사로 일하던 나는 눈물을 뚝뚝 흘리며 미안해 하시던 목창호 사장님의 얼굴을 아직도 잊지 못한다. 본사로부터 이미 계약을 마친 목창호와 문 납품이 불가하다는 최종 통보를 받았기 때문이다. 그 덕분에 몇 날 며칠을 밤새워 기존에 발주했던 물량 전부를 플라스틱 창호로 변경해야 했다. 그 사건 이후였을

오래된 주택의 목재 창틀

까? 어느덧 목재로 된 문틀과 문, 창문은 우리 주변에서 완전히 사라졌다.

그동안 군침만 흘리며 지켜보던 대기업들도 이때를 기점으로 적극적으로 주택 시장에 진출했다. 대규모 생산이 가능하고 자재 수급이 용이한 플라스틱으로 문과 문틀을 제작하기 시작한 것이다. 그 대신 이때부터 창호의 색도 인간미 없는 흰색으로 바뀌었다. 우리에게 익숙한 플라스틱 이중창의 기본색이 흰색이기 때문이다. 문제는 이 흰색이 지나치게 도드라진다는 점이다. 나를 포함한 많은 건축가들이 이 흰색 창호를 싫어해 최소한 짙은 회색으로 바꾸려 하지만, 시트지를 일일이 잘라 붙이는 별도의 공정을 거쳐야 하기에 결국 비용 상승으로 이어지게 되었다.

주택 인테리어의 최첨단 기술, 유리창

최근에는 주택 창호에도 변화가 찾아왔다. 플라스틱 이중창 대신 시스템 창호로 바뀌고 있다. 참고로 서구에서는 창호를 만들 때 주로 철(스틸)을 사용하고, 우리는 알루미늄을 많이 쓴다. 창호를 만드는 데 재료가 무엇이든 별 차이 없을 것 같지만, 철과 알루미늄에 따라 큰 차이가 있다. 철은 강도가 좋아 프레임을 얇게 만들 수 있고, 유리도 크게 사용할 수 있다. 반면 녹이 잘 슬고 자재비가 비싸며, 일일이 용접해야 해서 시공비 부담이 크다. 알루미늄은 가볍고 가공이 쉬우며, 공장에서 분체도장[*]을 하면 녹이 잘 슬지 않는다. 현장에서는 대량으로 생산된 알루미늄 바Bar를 서로 끼우기만 하면 된다. 하지만 알루미늄은 열전도율이 높고 단열에 취약하며, 강도가 약해 유리 크기를 크게 하기는 어렵다.

그런데 우리나라의 창호 회사 중 상장한 기업은 모두 알루미늄 창호를 제작한다. 철로 제작하는 회사는 극소수다. 그래서 알루미늄 창틀이 시장을 주도하고 있으며, 프레임이 많이 들어갈수록 이익이 된다. 반면 서구에서는 유리가 산업의 중심이어서, 오히려 부가가치가 높은 대형 유리를 선호한다. 최근 유리 제작 기술은 하이테크 수준이

---

[*] 일종의 뿜칠 페인트 시공으로 가루 형태의 도료를 금속 표면에 정전기로 부착한 뒤 열처리해 흠집에 강하고 균일한 마감층을 만드는 도장 방식.

목재 창틀과 방호창, 그리고 외벽을 같은 색 페인트로 칠한 주택

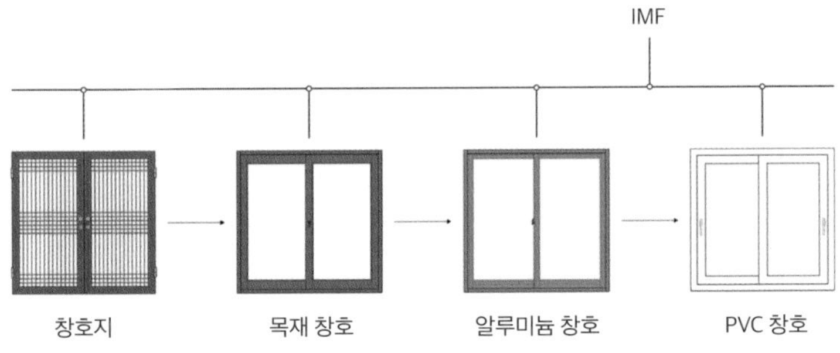

재료에 따른 창호의 변천

다. 단열을 위해 이중 유리도 모자라 삼중 유리를 사용하고, 그 사이에 특수한 기체를 채워 단열을 보강한다. 또한 강화와 반강화 등 표면 처리를 통해 깨져도 자동차 유리처럼 안전하도록 만든다. 자외선처럼 해로운 빛을 차단하면서 유리 자체의 크기를 키우는 최첨단 기술이 집약된 산업으로 발전 중이다. 결국 서구와 우리나라의 산업 환경에 따라 주택에 적용되는 유리창의 크기가 달라지는 것이다.

'건축은 산업과 생활을 이어주는 다리다'라는 말처럼, 작은 주택이라도 서른 종이 넘는 다양한 기술이 필요하다고 한다. 특히 창문은 건물의 '눈'에 비유될 만큼 복잡한 기술과 재료가 모여 있는 곳이다. 드르륵 소리를 내던 예전의 창문은 낭만적이었지만, 기밀성과 단열은 부족했다. 창틀 사이의 유리가 한 장(단판 유리)으로 매우 얇아, 한겨울에는 외부의 찬 공기가 그대로 실내로 전달될 정도였다. 요즘 일반적으로 사용하는 복층 유리는 6mm 유리 두 장을 끼우고, 그 사이에 특

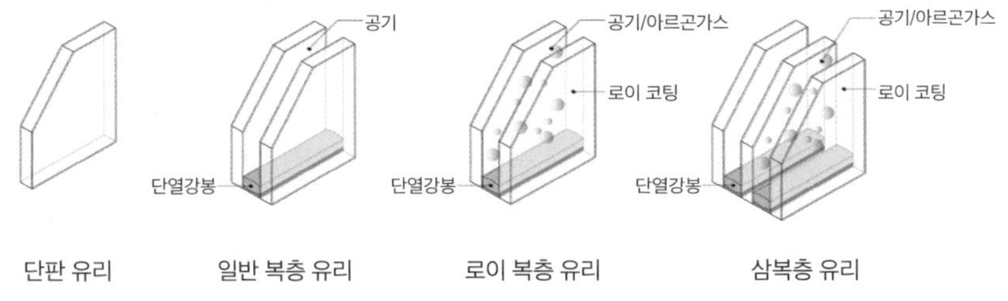

단판 유리에서 삼중 유리까지 창 유리의 변천

수 가스를 채운 공기층을 둔다. 두 유리 중 한 면에는 로이Low-E 코팅*
을 입혀 자외선 차단까지 하는 것이 일반적이다. 최근에는 단열 성능
을 더욱 강화하기 위해 아파트에도 삼중 유리를 사용하는 경우가 늘
고 있다. 삼중 유리는 일반 복층 유리에 유리 한 장을 더 덧붙여 단열
성능을 한층 높인 유리다.

목재 창호의
귀환

집은 전통적으로 마을의 공동작업이었다. 하지만 산업화 시대에

---

* 유리 표면에 특수 금속막을 입혀 열은 차단하고 빛은 투과시키는 고효율 코팅 기술로, 단열성과 에너
지 절감 효과가 크다.

목수가 현장에서 직접 만들어 설치했던 목재 창호

들어서면서 마을 사람들 대신 목수들이 그 일을 전문적으로 맡게 되었고, 여전히 주문에 의존하는 맞춤형 일품생산이었다. 만약 외환위기로 인해 동남아에서 수입하던 목재상이 사라지지 않았다면, 우리는 아직도 목수들이 만드는 '드르륵' 창을 쓰고 있을지도 모른다.

반면 공장에서 제작하는 하얀색 플라스틱 창호를 사용하면서 단열 성능은 월등히 향상되었다. 목재처럼 비를 맞아 뒤틀리거나 썩지도 않는다. 이제는 찬바람이 숭숭 들어오지 않지만, 드르륵 소리도 나지 않는다. 요즘 다시 그 창을 만들고 싶어도 목수들이 먼저 말린다. 일일이 대패로 나무를 다듬고 홈을 파서 창문을 만들 경험도, 기술도,

사람도, 열정도 현장에는 남아 있지 않기 때문이다.

그런데 뭔가 아쉬움이 남는다. 나무의 따뜻한 촉감과 색감 대신, 병원 의사 가운 같은 하얀색만 남은 것 같다. 문제가 있는 건 아니지만, 그렇다고 반드시 좋아졌다고는 말하기 어렵다. 그래서일까, 최근 복고풍을 선호하는 젊은 세대가 집을 지을 때 굳이 예전의 드르륵 창을 찾는 이유도 여기에 있는 것 같다. 요즘은 다시 합판으로 내부 문과 문틀을 만드는 경우가 늘고 있다. 심지어 외부 창호도 재질은 플라스틱이지만, 손잡이나 경첩 등 하드웨어는 시스템으로 하고, 겉면에는 목재를 덧대거나 시트지로 마감한 제품들이 속속 출시되고 있다.

특히 한옥에 이런 제품을 적용하면 전체적인 외관을 해치지 않으면서 단열성과 기능까지 모두 잡을 수 있다. 목재 창은 완전히 잊힌 구태의연한 것으로만 여겨졌는데, 다시 살아나는 모습을 보니 신기할 따름이다. 창 하나조차 우리가 인식하지 못하는 사이 끊임없이 진화하고 있다는 사실이 새삼 놀랍다.

불에도 타지 않고
물에도 젖지 않는

타일

타일은
사치다

집 안에서 물을 쓴다는 건 인류 주거 역사에서 가장 혁명적인 변화였다. 타일은 주로 물을 사용하는 공간의 유지 관리와 위생 문제를 해결하기 위해 사용된다. 그런데 타일이 욕실이나 화장실에 쓰이기 시작한 것도 그리 오래되지 않았다. 애초에 화장실과 욕실이 집 안으로 들어온 것 자체가 얼마 되지 않은 일이다. 물을 쓰고 배출하기 위한 설비뿐 아니라, 이를 위생적으로 관리하기 어려웠기 때문에 인류는 수천, 수만 년 동안 화장실과 욕실을 집 안으로 들일 수 없었다.

1970년대만 해도 우리나라의 화장실은 매우 열악했다. 내 친척들이 많이 사는 제주도는 특히 더 그랬다. 그나마 형편이 나았던 외갓집 조차 화장실은 여전히 재래식이었다. 내가 유치원에 들어가기 전, 그러니까 여섯 살 무렵이었을 때 어른들이 사용하는 푸세식 변기에 쭈그려 앉아 일을 봐야 했다. 매일 깊은 아래로 빠지지 않을까 노심초사했던 기억이 생생하다. 다 커서도 가끔 그 구덩이에 빠져 허우적대는 악몽을 꾸곤 했을 정도로 당시 화장실에 간다는 것 자체가 공포였다.

그래도 외갓집 화장실은 재래식이긴 했어도, 주변만큼은 타일로 마감되어 있었다. 당시 흔했던 가로·세로 2cm 정도 크기의 흰색과 하늘색이 섞인 바로 그 타일이었다. 1970년대까지만 해도 시골 화장실의 바닥은 여전히 흙바닥이었고, 그 위에 겨우 나무를 걸쳐 놓거나, 손을 좀 봤다 해도 시멘트 미장이 전부였다. 그러다 화장실이 조금씩 개선되면서 여전히 재래식이긴 했지만 바닥을 시멘트로 마감하기 시작했다. 이후 타일을 붙이기 시작하자 금세 유행이 퍼졌다. 편하고 위생적이었기 때문이다. 타일은 크기가 일정하고 시공이 쉬울 뿐 아니라, 늘 물청소가 필요한 화장실에 특히 인기가 많았다. 요즘은 거실이나 방바닥에도 타일을 쓰는 게 전혀 이상하지 않지만, 우리나라 살림집에 타일이 처음 적용되기 시작한 것은 불과 100년밖에 되지 않았다.

물론 우리나라에서 타일이 사용된 역사는 꽤 길다. 심지어 백세 시대에 만들어진 무령왕릉 내부도 타일로 마감되어 있다. 그러나 일반 가정집에서 사용할 만큼 보편적인 재료는 전혀 아니었다. 도자기처럼 장인이 하나하나 만들어야 했기 때문에 당연히 고가였다. 부엌이나 화장실 바닥은 대부분 흙으로 마감했고, 형편이 좀 나은 집은 방바닥에 종이장판을 깔고 '콩댐'을 했다. 정말 부잣집이라면 간혹 옻칠까지 했지만, 그런 경우는 극히 드물었다.

일반인에게 건축 재료로서 타일이 알려진 것은 일제강점기부터였다. 그나마 해방 전까지는 전량 일본에서 수입했다. 대체 그걸 어떻게 다 수입했을까 싶지만, 거꾸로 생각하면 소비량이 매우 적었다는 뜻이기도 하다. 화장실이나 부엌에 타일을 붙인 집이 거의 없었기 때문에, 우리나라에 굳이 공장을 세워 생산할 필요조차 없었던 것이다.

불과 100년 전만 해도 서울은 세계적으로 매우 작은 도시였고, 생활 수준도 낮았다. 당시 서울의 건물 가운데 열 채 중 여섯 채가 일제강점기 식민 통치를 위해 지어진 총독부나 관공서, 은행 소속의 기숙사였다고 한다.[21] 타일은 당연히 우리나라에서 보편적인 재료가 아니었다. 불을 피워 밥하기도 어려웠던 시절, 집조차 얼기설기 지을 수밖에 없던 마당에 타일로 마감할 여유는 더욱 없었다. 부엌의 솥을 제외한 모든 재료는 주변에서 쉽게 구할 수 있는 나무, 흙, 그리고 짚이었다. 목재로 최소한의 구조체를 세우고 돌과 흙으로 벽을 막으면 그것이 집이었다.

화장실과 부엌이
'집 안'에 들어오기까지

1930년대에 들어서자 청계천을 경계로 북촌에는 조선인의 도시형 한옥이, 남쪽에는 일본인의 일식 주택이 들어서며 변화가 시작되었다. 이때부터 생활 공간에서 멀리 떨어져 있던 화장실이 비로소 집 내부로 들어왔고, 부엌이 실내화되면서 위생에 대한 관심이 크게 높아졌다. 특히 물과 불이 동시에 쓰이는 부엌은, 물에 잘 젖지 않으면서도 불에 타지 않는 재료로 마감해야 했다. 오랫동안 조상들은 아궁이에 불을 피워 밥을 지었고, 바닥은 흙 그대로 두었다. 화재 등 위험한 상황을 대비하기 위한 선택이었지만, 아무래도 불편할 수밖에 없었다.

앞서 2층 양옥을 설명할 때 언급했듯이, 집 밖에 있던 화장실을 내부로 들여오는 일은 큰 도전이었다. 서구에서도 화장실이 실내로 들어온 것은 산업혁명 이후의 일이다. 악취와 위생 문제 때문에 물리적인 거리를 두던 공간을 집 안으로 들이는 것은 결코 쉬운 일이 아니었다. 이를 위해 도로의 하수 시설을 전면적으로 정비해야 했고, 각 가정마다 정화조를 설치해야 비로소 가능했다. 그래야 실내에서 배출된 오물을 처리할 수 있었다. 이 외에도 해결해야 할 문제는 많았다. 실내 화장실은 환기가 잘되어야 할 뿐 아니라 훨씬 더 청결하고 위생적으로 관리되어야 했다. 결국 실내로 들어온 화장실과 부엌을 흙바닥으로 둘 수 없었던 이유가 여기에 있었다.

이때 등장한 것이 바로 타일이다. 도시형 한옥이든 일식 주택이든, 실내 화장실과 부엌의 바닥과 벽만큼은 물에 젖지 않고 관리하기 쉬운 재료가 필요했다. 당시에는 돌을 얇게 자르는 기술이 없었고, 벽돌은 여전히 물에 약했다. 그에 비해 타일은 두께가 매우 얇고 크기를 작게 만들 수 있었으며, 무엇보다 표면이 물에 젖지 않았다. 규격화와 대

1979년 직업훈련원에서의 타일 시공 수업 모습

량생산이 가능해 일부가 파손되더라도 보수가 쉽다는 장점도 있었다.

이렇게 타일은 주거 환경의 변화와 함께, 집에서 위생이 중요한 문제로 떠오르면서 자연스럽게 보편적인 재료가 되었다. 현재까지도 끊임없이 진화하며 집의 분위기를 좌우하는 실내 자재 중 하나가 바로 타일이다. 최근에는 길이 2m가 넘는 대형 타일까지 등장해, 부엌 상판에서 인조 대리석을 대체할 정도로 발전하고 있다.

타일 줄눈 관리가
고민이라면

꼭 손으로 만져보지 않아도, 사람은 시각만으로 그 질감과 느낌을 미리 알아차린다. 나무로 마감된 공간은 보기만 해도 따뜻하게 느껴지고, 대리석으로 된 방에 들어서면 왠지 차가운 인상을 받는다. 타일은 물을 사용하는 화장실, 욕실, 부엌의 유지 관리와 위생 문제를 동시에 해결했지만, 시각적으로 공간을 다소 덜 따뜻하게 보이게 하는 단점이 있다.

또한 타일 제작 기술이 발전하면서 점점 더 밝고 아름다운 타일이 많아질수록, 그 사이의 줄눈이 더욱 중요해졌다. 아무리 재료 자체가 좋아져도 붙이는 방식은 크게 달라지지 않는다. 예전에는 대부분 어두운 색으로 마감하던 줄눈이, 밝은 톤의 타일이 늘어나면서 흰색 줄눈으로 바뀌었다. 하지만 물을 자주 사용하는 공간에서는 흰색 줄눈을 깨끗하게 유지하기가 매우 어렵다. 매번 청소할 때마다 칫솔과 세제로 문질러야 하는 번거로움을 호소하는 사람들이 늘어나는 이유다.

이에 대한 대안으로 등장한 것이 바로 '마이크로 미장'이다. 마이크로 미장은 최근 주목받는 소재로, 매우 얇은 두께의 특수 재료를 표면에 여러 번 덧발라 타일처럼 매끈한 질감을 구현하는 시공법이다. 프라이머(표면제)부터 마감용 보호제까지 총 네 단계에 걸쳐 조금씩 다른 재료를 바르는데, 완성 후 두께는 불과 5mm 정도에 불과하다. 그럼에도 금(크랙)이 가지 않는 매끈한 표면이 만들어져, 줄눈 청소의 번

마이크로 미장 시공 모습

마이크로 미장 시공이 완료된 모습

거로움에서 벗어날 수 있다.

　마이크로 미장은 줄눈 자체가 없기 때문에 관리가 쉽고, 미관상으로도 타일의 일정한 패턴을 피할 수 있어 수려한 표면을 만들 수 있다는 장점이 있다. 그러나 단점도 분명하다. 자재 자체가 고가인 데다 시공 과정이 여러 단계로 이루어져 시공비가 매우 비싸다는 점이다. 설명서에는 '프라이머칠, 초벌, 재벌, 코팅' 등 네 단계로 이루어진다고 적혀 있지만, 각 단계를 여러 번 반복해 바르다 보면 오히려 타일보다 비용이 훨씬 더 많이 든다. 그럼에도 마이크로 미장은 미래에 타일을 대체할 수 있는 유력한 대안 중 하나로 주목받고 있다. 시공 기술이 정밀해지고 재료의 성능이 더 높아진다면, 언젠가 타일의 줄눈 대신 미세한 질감으로 통일된 욕실이 일반화될 날도 머지않았다.

넓은 공간감을 위해
우리가 포기한 것들

카페 보디가드의
천장이 낮았던 이유

높은 천장과 시원한 공간은 누구나 한 번쯤 꿈꾸는 로망이다. 카페나 도서관 같은 공공장소는 물론, 집이나 아파트에서도 마찬가지다. 소위 '천장고가 높은 공간'에 대한 열망은 이제 거의 국민적이라 할 수 있다. 덴마크의 건축가 S. E. 라스무센은 이렇게 말했다. "건물이라는 무대는 먼 장래까지 지속할 수 있도록 지어지며, 그 안에서 생활하는 사람들의 삶은 길고 느리다."[22] 건물은 거대한 무대이고, 그 안에서 살아가는 사람들은 느린 연기자라는 그의 해석이 신선하다. 건축의 목적은 평범한 사람들의 삶을 위한 무대를 만드는 것이라는 그의 의견에 동의한다.

카페나 도서관처럼 높은 천장과 열린 공간에 대한 로망은, 우리가 사는 집에서도 무대 같은 공간을 꿈꾸는 인간의 본능과 맞닿아 있다. 과거의 대청마루 또한 일종의 무대처럼 보였다. 모든 공간을 한눈에 바라볼 수 있을 뿐 아니라, 마당보다도 한층 높아 일종의 관제탑 역할을 했다. 오늘날 우리가 사는 집의 거실도 마찬가지다. 가족들과 소통하는 중심 공간이자, 집안 전체를 한눈에 조망할 수 있는 곳이다. 높은 천장은 이 거실을 '집의 무대'로 만들어주는 중요한 장치다.

그런데 1990년대까지만 해도 높은 천장을 꼭 선호하지는 않았다. 오히려 집의 내부는 낮을수록 안정되고 편안하다고 여겼다. 심지어 사람들이 많이 모이는 카페 같은 공간도 마찬가지였다. 한때 영화의 인기에 힘입어 1990년대 초 유행했던 '카페 보디가드'는 전면 유리창을 적용해, 밖에서도 내부가 훤히 보이게 했다. 지금은 흔한 인테리어지만, 당시에는 카페에 전면 유리창이 있다는 사실 자체가 충격이었다. 그전까지 카페는 대체로 어둡고 폐쇄적인 공간이었다. 카페 보디가드는 테이블마다 전화기가 놓여 있었고, 거실에 있을 법한 큰 소파와 세련된 인테리어로 바뀌면서 뉴스에 보도될 만큼 선풍적인 인기를 끌었다.

그런데 흥미로운 사실은, 카페 보디가드조차 여전히 천장이 매우 낮았다는 점이다. 물론 당시에는 천장이 높은 건물 자체가 드물기도 했지만, 편안함에 대한 기준이 지금과 달랐기 때문이다. 그 시절에는 밖에서도 훤히 보이는 공간인데, 천장까지 높으면 오히려 안정감을 주지 못한다고 여겼다. 카페라 하더라도 집처럼 아늑해야 했고 소파는 푹신해야 하며 천장 높이도 나지막해야 편안하다고 믿었다. 요즘처럼 천장을 높이려고 구조물을 드러내는 노출 천장을 했다면, 당시 사람들은 '창고 같다'며 오히려 외면했을지도 모른다.

그런데 1989년 해외여행 전면 자유화 이후, 세계의 다양한 공간을 경험하면서 우리나라 사람들의 '공간 감각'도 달라지기 시작했다. 실제로 해외에는 이미 창고를 개조해 만든 카페나 음식점, 문화시설이 흔했다. 나 역시 두어 번 배낭여행을 다녀왔지만, 2000년에 런던 거리를 직접 걸으며 그제야 내가 우물 안 개구리였음을 실감했다. 처음엔 창고를 개조한 카페나 레스토랑이 그렇게 어색할 수가 없었다. 탁트인 공간이 시원하긴 했지만, 낯선 나라에서 검은 머리 동양인으로서 시선 한가운데 서 있는 듯한 불편함이 느껴졌다. 그럼에도 천장이 높고 공간감이 좋은 곳들을 직접 보고 경험하면서, 처음엔 낯설었던 그 '창고 같은 공간'에 점차 매력을 느끼기 시작했다.

2000년대 초만 해도 실내에 설비와 전기 배관이 그대로 노출된 콘크리트 천장은 전혀 익숙하지 않았다. 마치 완공을 앞두고 마감이 덜 된 공간처럼 보였다. 가로수길이나 경리단길처럼 당시 새롭게 떠오르던 상업 거리에서도 일부 카페나 레스토랑에 이런 인테리어가 도입됐을 때, 처음엔 조명과 설비, 전선까지 모두 드러난 모습에 다들 당황하곤 했다. 그러나 곧 그 '미완성의 미학'에서 새로운 매력을 느끼게 되었고, 이제는 오히려 카페 천장이 낮으면 '이게 인테리어 컨셉인가?' 하고 착각할 정도가 되었다.

하늘을
가로막다

참고로 '천장'은 표준어이고 '천정'은 일본어다. 두 단어를 자주 혼동하지만, '천정天井'은 '하늘의 우물'이라는 뜻의 일본어이고, '천장天障'은 하늘 천(天)에 가로막을 장(障)을 써서 '하늘을 가로막는다'는 의미를 가진 우리말이다. 의미는 다르지만, 두 표현 모두 집의 지붕을 하늘로 여겼다는 공통점을 갖는다. 천정이 하늘이 보이는 우물이란 뜻이라면, 천장은 그 뚫린 하늘을 막기 위한 것이다. 요즘처럼 높은 공간을 위해 천장을 아예 만들지 않는다면, 옛사람들의 관점에서는 지붕이 없거나 하늘이 뻥 뚫려 있는 집이라고 여겼을지도 모른다.

그래서 우리 조상들은 대청마루를 제외하고는 천장을 절대 열어두지 않았다. 실제로 옛 고택을 가보면 방의 크기가 매우 작고, 천장까지 낮아 아늑하다 못해 답답해 보일 정도다. 도대체 이런 곳에서 어떻게 살았을까 싶지만, 북촌이나 서촌의 한옥에서는 한 방에 한 가족이 함께 지내기도 했다. 물론 좁은 공간을 선택한 이유는 주택이 부족해서이기도 했지만, 추운 겨울을 나기에도 유리했다. 당시 겨울 날씨도 지금 못지않게 추웠을 텐데, 한옥은 단열 성능이 떨어지는 十조석 한계가 있었다. 한겨울 아궁이에 불을 지펴 구들로 방바닥을 데웠지만, 아랫목만 따뜻할 뿐 그 위는 여전히 한겨울이었다. 바닥 위에 이불을 덮어 놓으면 그 안에만 더운 공기가 갇혀, 방 안에 서 있기만 해도 발끝만 따뜻하고 몸은 추웠다.

이런 상황에서 열효율을 높이려면 당연히 방의 부피를 줄여야 했다. 상식적으로 같은 양의 연료를 사용한다면, 공간의 부피가 작을수록 온도를 높이는 데 유리하다. 여러 가족이 한 방에 모여 잠을 잤던 것도 36.5도의 '인간 난로'들이 모여 내는 온기 효과를 노렸기 때문이었다. 게다가 방의 천장은 두꺼운 초가지붕 아래에 또 하나의 천장 구조를 두어, 그 사이에 공기층을 만들어 보온병처럼 내부 온도를 유지했다. 이 공기층이 외부의 냉기를 차단하는 일종의 단열막 역할을 한 것이다.

흥미로운 점은, 천장 위로 확보된 지붕 밑 공간이 부엌에서 나온 연기가 지나가는 통로 역할을 했다는 것이다. 이 연기가 습기에 쉽게 썩는 초가지붕을 자연스럽게 건조시키고, 일종의 코팅 효과를 내기도 했다. 또한 바닥이 낮았던 부엌 위쪽에는 수납공간을 두고, 안방에서 드나들 수 있도록 한 것도 방에 천장이 있었기 때문에 가능했다. 만약 천장을 노출시켰다면, 시간이 지나면서 서까래 주변을 마감한 흙이 떨어져 실내로 쏟아지는 것을 막을 수 없었을 것이다.

천장 위에는
집의 역사가 담겨 있다

요즘 오래된 시골집을 리모델링할 때, 서까래 노출은 거의 필수적으로 고려되는 로망 중 하나다. 대청마루뿐만 아니라, 심지어 침실에

서도 천장의 높이와 미관을 위해 과감히 천장을 열어젖히곤 한다. 그 효과는 상당하다. 오랫동안 닫혀 있던 천장 위 공간이 드러나면서, 길게는 100년 이상 숨겨져 있던 집의 역사와 그 시대 장인의 손맛까지 엿볼 수 있기 때문이다. 대부분의 옛집은 그 공간이 드러날 일이 없을 거라 생각하고 천장으로 덮어 두었기 때문에, 내부에는 시공과 보수의 흔적이 자연스럽게 남아 있다.

천장 속 서까래 주변을 살펴보면 일제강점기 때의 신문지를 얼기설기 덧대어 놓은 흔적을 발견할 때도 있다. 이는 서까래 수변의 황토가 떨어지는 것을 견디지 못해 임시로 붙여놓은 것이었다. 그곳에는 비가 샜던 자국, 그리고 한때 그 속을 열심히 뛰어다니던 쥐들의 배설물까지 남아 있어서 세월 속에서 그 집이 살아온 흔적이 그대로 발견되곤 한다.

요즘은 천장의 마감재 종류가 다양해졌고 단열과 난방 기술도 크게 발전했다. 이제는 서까래 주변의 흙이 떨어질 위험도 없고, 추위에 오들오들 떨 일도 없다. 그러나 노출 천장이 주는 시원한 공간감과 아름다운 서까래의 미학에도 불구하고 이상하게도 그런 공간이 꼭 따뜻하거나 친근하게 느껴지지는 않는다. 비싸고 멋지긴 하지만, 어딘가 잘 맞지 않는 명품 옷을 걸친 듯한 느낌이다.

방송 촬영으로 찾았던 여주의 한 시골집이 대대적인 리모델링을 거쳤음에도, 서까래를 노출시키기는커녕 평범한 아파트처럼 실내가 꾸며져 있는 것을 보고 오히려 신선하게 느껴졌다. 집주인인 노부부의 말처럼 외부는 여유롭게 즐기는 공간으로 변화를 줄지언정, 내부는 오래 살아온 집처럼 낮은 천장의 공간이 더 편하다는 말이 와닿았다. 결국 지붕은 하늘이고, 천장으로 막혀 있어야 더 편안하다는 생각과 경험이 우리 집의 유전자에 깊이 새겨져 있는 것은 아닐까.

이제는 표준이 된 노출 천장 인테리어

너도 나도
더 하얗게 하얗게

화이트모던

한국인의 주택은
언제부터 새하얗게 변했을까?

"패션이 타인에게 보이는 자신이라면 주택의 내부는 나에게 보이는 자신이다."[23] 건축가 프랭크 로이드 라이트의 말이다. 우리는 옷을 입고 거울을 볼 때 내 눈이 아닌 다른 사람의 시선으로 스스로를 바라본다. 타인에게도 좋아 보이는지 고려하는 것이다. 옷은 나를 위해 입는 것 같아 보이지만 실은 다른 사람의 눈을 더 신경 쓰는 것이다. 그런데 집은 정반대다. 아무리 대충 꾸미고 살아도 굳이 남에게 알리지 않는 이상 알거나 흉볼 일은 없다. 그래서 집 내부야말로 진정한 내 모습이라고 할 수 있다. 옷처럼 다른 사람의 눈을 의식해서가 아니라

스스로의 행복을 위해서 내부를 꾸미기 때문이다. 그 사람의 진짜 모습을 보려면 패션이 아닌 사는 내부를 봐야 한다. 그렇다면 현재를 살아가는 한국인들의 집 내부 모습은 어떨까?

요즘 집 내부의 십중팔구는 흰색이 기본이다. 이유는 단순하다. 밝은색으로 하면 깨끗하고, 넓어 보인다. 무엇보다 그림 하나만 걸어도 멋진 갤러리 같은 공간을 연출할 수 있다. 도배지 하나로 흰색 내부를 만들기 쉽고 페인트로 얇고 뽀얗게 칠하기도 한다. 그런데 집 내부가 이렇게 흰색 풍이 대세가 된 지는 그리 오래되지 않았다.

1980년대만 해도 하얗게 마감된 공간은 병원의 수술실처럼 차갑고 삭막해서 집엔 어울리지 않는다고 생각했다. 우리 조상들처럼 흙이나 나무, 돌 같은 자연 재료로 집을 짓던 때엔 어차피 흰색 마감재는 찾기 어려웠다. 꼭 필요한 곳에만 일부 썼을 뿐이었다. 심지어 벽이 밝게 마감되어 있으면 쉽게 더럽혀지기 때문에, 상대적으로 좀 덜 지저분해지는 자연색을 선호했다. 그러다 아파트가 본격적으로 보급되기 시작한 1980년대부터 대량 시공이 가능한 마감재인 도배지를 쓰면서 점차 실내가 하얗게 바뀌기 시작했다.

특히 1990년대에 들어서면서 거실이나 식당을 화이트 톤으로 꾸미는 집이 점점 늘어났고, 이제는 침실까지 전부 하얗게 하는 것이 기본이 되었다. 그렇다면 병원이나 약국처럼 차갑고 삭막한 공간에 주로 쓰이던 흰색이 어떻게 주거 공간의 대세가 되었을까? 그 이유는 당시 젊은 세대가 추구했던 현대적이고 깔끔한 이미지에 하얀 실내가 잘 어울렸기 때문이다. 또한 아파트 생활이 보편화되면서 이전보다

화이트톤 인테리어를 적용한 건물 내부

위생과 청결에 대한 관심이 커진 것도 또 다른 이유였다.

시공 효율도 훨씬 높다. 예전에는 목재로 마감하려면 목수가 두세 달 동안 나무를 하나하나 깎고 다듬어야 했지만, 석고보드에 흰색 도장을 하는 방식은 마음만 먹으면 한 달 안에도 집 전체 시공이 가능하다. 무엇보다 도배는 종이로 한꺼번에 큰 면적을 덮을 수 있어 시공이 빠르고 간편하다. 특히 전세로 자주 이사를 해야 하는 세입자들에게 도배는 마법과도 같다. 단 하루 만에 완전히 새집처럼 바꿀 수 있기 때문이다. 도배 시공이 보편화되면서 내부 분위기도 크게 달라졌다. 어둡고 무거웠던 거실과 식당이 훨씬 더 화사하고 밝아졌으며, 시각적으로도 한층 넓어 보이게 되었다.

그렇지만 목재의 따뜻한 질감과 풍부한 장식에 익숙했던 소비자들에게 벽지는 너무 밋밋하게 느껴졌다. 그래서 한동안은 몰딩을 더하거나, 나무 특유의 무늬와 향 대신 도배지에 다양한 색과 패턴을 넣기 시작했다. 방마다, 공간마다 서로 다른 색과 문양으로 분위기를 달리 꾸미는 것이 유행이었다. 심지어 바닥은 물론, 창문 유리에도 각종 문양과 패턴이 들어가는 경우가 많았다. 놀거리가 부족했던 시절, 아이들은 방에 누워 벽지나 유리창의 무늬를 세거나 그 속에 숨겨진 또 다른 패턴을 찾으며 시간을 보내곤 했다. 바닥엔 장판, 벽엔 도배지처럼 건축 자재의 종류가 한정적이던 시절이었다. 방마다 다른 색과 문양은 이를 보완하는 수단이었고, 그런 장식이 있어야 비로소 '집 같다'고 느꼈다.

건축,
미니멀리즘에 열광하다

요즘은 드물지만, 예전에는 결혼하면 꼭 집들이를 하곤 했다. 대학 동기들이 결혼을 많이 했던 2000년대 초반에는 여러 집의 내부를 구경할 기회가 많았고, 자연스럽게 인테리어 경향의 변화를 관찰할 수 있었다. 그때 가장 눈에 띄었던 변화는 미니멀한 거실과 식당이었다. 한동안 뭐든 올려두고 장식하던 각종 장식장과 가구들이 점차 거실과 식당에서 사라지기 시작했다. 심지어 거실에 남은 가구가 TV장 하나뿐인 경우도 있었다. 나머지는 인간미 없이 흰색의 빈 벽으로 남겨두기 시작했다.

그러자 점차 가구의 톤도 달라졌다. 어둡고 묵직했던 식탁과 가구들이 점점 가볍고 산뜻한 느낌으로 바뀌기 시작했다. 소파 역시 장식적인 요소를 최소화하고, 최대한 단정하고 모던한 디자인으로 변했다. 당시 정식으로 수입되지도 않던 중저가 브랜드 이케아의 가구가 느닷없이 '고급 수입품'처럼 취급되기도 했다. 좁은 공간에서 신혼생활을 시작한 부부들에게는, 조금이라도 집을 넓어 보이게 만드는 방법이었기 때문이다. 무엇보다 당시 유행하던 인테리어 잡지들의 영향도 빼놓을 수 없었다. 건설사의 상품개발팀에 젊은 디자이너들이 참여하기 시작하면서 나타난 변화이기도 했다.

방마다 수납장이 보편화된 것도 또 다른 이유였다. 이사할 때마다 들고 옮기던 장롱이 사라지고 붙박이장이 등장하자, 공간의 크기는 그대로인데도 훨씬 더 넓어 보이는 효과가 생겼다. 흰색 인테리어와 붙박이 가구는 미니멀리즘, 즉 최소주의의 기본이 되었다.

1920년대 프랑스의 건축가 르 코르뷔지에는 온통 하얀색 집을 지은 인물로 유명하다. 그는 지금까지도 건축가와 건축학도들에게 우상 같은 존재로 남아 있다. 하지만 그가 추구했던 흰색 외벽은 100년이 지난 21세기에도 여전히 보편적이지 않다. 특히 당시에는 장식을 완전히 배제하고 색까지 탈색시킨, 상자 형태의 건축이 상당한 충격으로 받아들여졌다고 한다. 당시 사람들은 집을 사람의 몸에 비유했는데, 지붕은 머리, 창문은 눈, 현관문은 입에 해당한다고 보았다.

그런데 르 코르뷔지에가 설계한 빌라 사보아는, 말 그대로 기존 개념의 집을 완전히 뒤집은 작품이었다. 지붕이라는 '머리'를 없애고, 창문이라는 '눈'을 좌우로 길게 이어 찢어 놓은 듯한 형태였다. '입'에 해당하는 현관문은 외부에서 보이지 않게 숨겨 버렸고, 건물 전체를 기둥 위에 띄워 올려 마치 공중에 떠 있는 듯한 인상을 주었다. 지금 보아도 파격적인 이 주택이 100년 전 사람들에게는 얼마나 충격적으로 다가왔을지 상상하기조차 어렵다. 안팎으로 새하얗게 칠한 벽은 한때 회교도들의 집으로 오해받기도 했으며, 사람에 비유하자면 피부까지 탈색해 버린 병든 환자처럼 보였다고 한다. 그러나 르 코르뷔시에에게 집은 '기계'였다. 그는 대량생산의 시대에 걸맞은 단순한 형태와 색으로 건축이 마감되어야 한다고 믿었다.

사보아 주택이 완공된 지 한 세기가 흐른 지금에서야, 흰색 톤의 인테리어가 일반적인 모습이 되었다. SNS를 통해 서로의 공간을 공유

기존 집의 개념을 뒤집어 큰 논쟁을 불러일으킨 르 코르뷔지에의 빌라 사보아

하는 이미지 시대가 되면서, 미니멀리즘이 주목받게 된 것도 또 하나의 이유다. 하얀 벽에 걸린 그림이나 아기자기한 소품이 놓인 공간을 담은 사진들이 널리 퍼지며, 그런 모습이 자연스럽게 사람들의 로망으로 자리 잡았다. 과거에는 집 내부가 짙은 톤이어야 안정감을 느꼈다면, 요즘은 같은 공간이라도 최대한 넓고 깨끗하게 보여야 쾌적함을 느낀다. 벽지에만 의존하던 도배 공법에서 페인트로 마감하는 도장 방식이 주택 내부에 적용되기 시작한 것도 같은 흐름 속에서였다.

나무의 시대, 도배의 시대, 색의 시대

10여 년 전까지만 해도 도장은 외부에는 적용했어도 내부에는 거의 사용되지 않았다. 공기 압축기(에어 컴프레셔)를 이용해 페인트를 미세한 입자로 뿌리는 방식은 당시만 해도 박물관이나 미술관에서나 볼 수 있는 고급 시공이었다. 붓이나 롤러로 칠하는 것보다 훨씬 더 곱고 균일한 표면을 만들 수 있지만, 밑바탕 처리에 손이 많이 가고 유지 관리도 까다로워 여러모로 비용이 많이 드는 마감이었다.

하지만 갤러리 같은 실내를 구현하려는 건축가들의 시도 덕분에 주택 내부에도 뿜칠 도장 마감이 적용되기 시작했다. 그 결과, 이런 마감이 깔끔하고 고급스럽다는 인식이 자리 잡았다. 가까이서 봐도 붓 자국 하나 보이지 않는 화이트 톤의 벽과 실내는, 미니멀한 디자인을 꿈꾸는 사람이라면 반드시 고려해야 할 필수 요소가 되었다.

그런데 우리나라의 집 내부는 앞으로 또다시 변화할 것으로 보인다. 예전에는 거실이나 침실을 막론하고 벽지에 무늬가 많아야 집 같다고 생각했지만, 어느 순간 민무늬 흰색이 대세가 되었다. 인테리어는 시대와 유행에 따라 달라지고, 지금도 끊임없이 진화하고 있다. 그 흐름에 맞춰 인테리어의 유전자 또한 계속 바뀌고 있다.

1970~1980년대의 주택은 솜씨 좋은 목수가 집의 대부분을 만들던 시기였다. 거실, 부엌, 식당을 가릴 것 없이 온통 짙은 나무색이었고, 오직 방만 도배로 마감했다. 말 그대로 '나무의 시대'였다.

아파트가 급격히 늘어나기 시작하면서 거실과 복도에도 벽지를 바르기 시작했다. 주택이 주로 연와조 구조를 적용했던 반면, 아파트는 전부 철근 콘크리트로 시공되었기 때문에 벽의 수직도가 맞지 않는 문제가 있었다. 이를 보정하기에 가장 효율적인 공법이 바로 '봉투 바름' 방식의 도배였다고 앞에서 설명했다. 내부 공간의 단 1cm라도 분양 면적에 포함하기 위해서는 벽 두께를 최대한 얇게 해야 했는데, 종이만큼 얇은 마감재는 없었기 때문이다. '도배의 시대'다.

그런데 도배지의 장점이자 동시에 가장 큰 단점은, 소비자가 선택해야 할 폭이 오히려 너무 넓다는 점이다. 두꺼운 도배지 샘플북을 넘기다 보면 어느새 판단이 불가능한 상태에 이르는 경우가 많다. 한때 육중한 목재가 사라진 자리를 도배가 대신했고, 이제는 도배가 차지하던 자리를 페인트칠 된 벽이 대신하고 있다. 집 안에 페인트를 칠하는 것이 어색하던 시절도 있었는데, 이제는 너무 익숙해져 버렸다. 시간이 흐를수록 우리의 눈도 함께 변해가고 있는 것일까.

최근에는 다시 '색의 시대'로 접어들고 있다. 요즘 사람들은 실내 조명의 밝기를 최대한 낮춰야 편안하다고 느끼듯, 집 내부 역시 단조로운 화이트 톤 일색보다는 은은하게 색이 감도는 방향으로 변화하고 있다. 겉보기엔 하얀색처럼 보여도 그대로 쓰는 경우는 드물며, 회색이나 노란색을 살짝 섞어 따뜻하고 부드럽게 칠하는 사례가 많다. 최근에는 거실, 식당, 침실을 가리지 않고 과감하게 색을 사용하는 경우도 늘고 있다. 특히 타일을 많이 사용하는 화장실처럼 비교적 자유로운 공간에서는 소위 '튀는 색'을 써도 전혀 어색하지 않고, 오히려 더 세련되고 조화롭게 보인다.

하지만 체리몰딩처럼 한때 유행했던 목재 장식들이 다시 주목받는 걸 보면, 집의 인테리어도 결국 유행이 돌고 도는 순환의 세계인지 모르겠다. 결국 집은 다시 사람의 온도를 닮아가고 있는 걸까. 하얀 벽보다 따뜻한 색을, 매끈한 표면보다 손의 결이 느껴지는 재료를 찾는 건 어쩌면 유행이 아니라 본능일지도 모른다.

집의 유전자

6

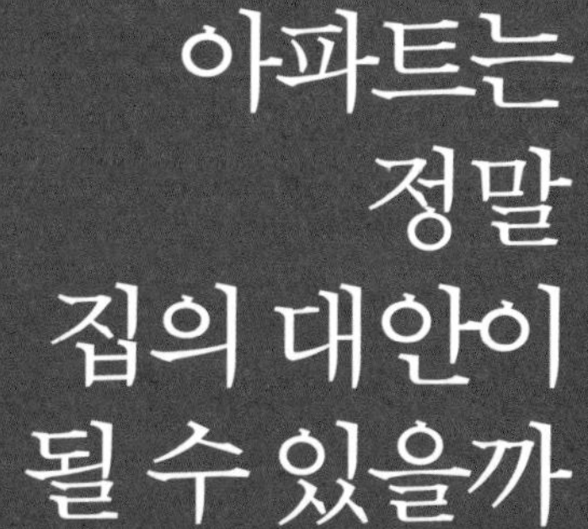

아파트는
정말
집의 대안이
될 수 있을까

국민평형

남향

벽식 구조, 기둥식 구조

게이티드 커뮤니티

'25평 쓰리룸'은
어떻게 국민평형이 됐나

국민평형

왜 60제곱미터가 아니라
59제곱미터일까?

우리는 대중의 사랑을 받는 인물이나 대상을 '국민배우', '국민요정'처럼 부르기를 좋아한다. 그렇다면 지금 '국민주택'이라 부를 만한 집은 어떤 곳일까. 조선 시대에는 초가집이 국민주택이었다. 기와지붕의 한옥은 양반이 사는 고급 주택이었을 뿐, 보편적인 집은 아니었다. 1970년대에는 경사지붕의 새마을주택이나 불란서주택이 그 자리를 대신했고, 1990년대부터는 아파트가 국민주택의 자리를 차지했다.

2021년 인구조사에 따르면 다세대, 연립, 아파트 등 공동주택이 전체 주택의 약 80%를 차지한다. 공동주택에 거주하는 가구 수도 이미

60%를 넘어섰다.[24] 아파트가 과연 좋은 건축인가에 대한 논의는 여전히 이어지고 있지만, 지금 이 시대에 우리가 가장 많이 살고 있고, 또 살고 싶어 하는 집이 바로 아파트다. 이런 의미에서 아파트는 분명 오늘날의 '국민주택'이라고 할 수 있다.

그런데 아파트도 시대에 따라 사랑받는 평형대가 달라졌다는 점이 흥미롭다. 1990년대까지만 해도 면적이 넓을수록 좋다는 인식이 강했다. 그러나 1997년 외환위기를 겪은 뒤로는 상황이 바뀌었다. 유지비와 관리비 부담이 커지면서 무조건 넓은 집보다 효율적인 소형 평형을 선호하는 분위기가 형성됐다. 참고로 아파트 전용면적 95.9㎡ 이상은 대형평형, 62.9㎡ 이하는 소형평형으로 분류된다.

외환위기는 대한민국 사회의 여러 가치관을 바꿔놓았다. 결혼을 미루고 아이를 덜 낳는 흐름 속에서 큰 집에 대한 집착도 자연스럽게 줄었다. 가족 규모가 4~5인에서 2~3인으로 줄어들면서 공간보다 효율을 중시하게 된 것이다. 이때부터 국민평형 이하, 즉 전용면적 84㎡(34평형) 아파트가 가장 선호되는 주거 형태로 자리 잡았다.[*]

하지만 흥미롭게도 우리가 흔히 '국평'이라 부르는 84㎡의 기준이 정립된 시기는 외환위기보다 훨씬 이전, 박정희 정부 시절로 거슬러 올라간다. 당시 정부는 국민주택기금을 통해 서민을 위한 아파트를 대량 공급하고자 적정한 표준 면적을 정할 필요가 있었다. 1973년 제정된 「주택건설촉진법」에서는 한 가구의 평균 인원을 5.2명으로, 1인

---

[*] 여기서의 '34평형'은 전용면적에 공용면적을 더한 공급면적 기준이다.

당 적정 면적을 5평으로 기준을 잡았다. 이렇게 총 26평(약 85㎡)이라는 숫자가 국민주택의 표준 면적으로 정해진 것이다.[25] 이후 취득세, 등록세, 양도세 등 각종 세금의 기준을 이 면적에 맞추면서 전용 84㎡는 '국민평형'의 상징이 되었다. 이 무렵부터 정부는 국민주택 공급을 늘리기 위해 일정한 정책적 장치를 마련했다. 건설사에 전용면적 85㎡ 이하의 세대 비율을 일정 수준 이상 확보하면 대출 규제 완화나 세금 감면 등의 혜택을 주는 방식이었다. 자연히 대형 건설사들도 33평 이하의 중소형 아파트를 적극적으로 짓기 시작했다.

그런데 최근 들어 이 국민평형의 기준이 다시 바뀌고 있다. 과거 84㎡가 표준이던 자리를 59㎡(25평형)가 빠르게 대체하고 있는 것이다. 얼마 전까지만 해도 60㎡ 이하 아파트는 공공임대가 많아 선호도가 낮았다. 하지만 지금은 소형평형이 '실속형' 주거로 인식되며 그 존재감을 키우고 있다. 59㎡는 평으로 환산하면 18평, 공용면적을 포함해도 약 25평에 불과하다. 그런데 왜 하필 60㎡가 아닌 59㎡일까? 그 이유는 세제 혜택 때문이다. 2020년 이전까지는 전용면적 60㎡ 미만 주택에 대해 주택임대사업자 등록 시 종합부동산세나 양도세를 감면해주는 제도가 있었다. 건설사들은 이 기준을 교묘히 활용해 '혜택을 받는 최대 면적'으로 59㎡를 설계한 것이다. 결과적으로 정책이 만든 숫자가 시장의 표준이 되었고, 이제는 59㎡가 새로운 국민평형으로 자리 잡아가고 있는 것이다.

분양 시장에서는 처음에는 60㎡ 미만, 즉 59㎡가 너무 작다는 이유로 외면받았지만, 주택임대사업자들은 각종 세제 혜택을 얻기 위해 어쩔 수 없이 이 면적을 선택했다. 그러나 최근 들어 작은 평형에 대한 선호가 높아지면서, 이제는 오히려 아파트 단지 전체가 25평형으로만 구성되는 날도 멀지 않았다고 한다. 이유는 단순하다. 무섭게 오르는 시공비와 그에 따른 분양가 상승, 그리고 기하급수적으로 늘어나는 1인 가구 수 때문이다. 실속을 중시하는 소비자들이 늘어나면서 이제 25평형이 새로운 국민평형으로 서서히 자리 잡아가고 있는 것이다.

이렇게 된 또 다른 이유는 2006년 발코니 확장이 합법화된 영향도 크다. 그전까지만 해도 대부분의 세대가 불법으로 외부 발코니를 확장해 내부 공간처럼 사용했다. 원래는 외부 공간이었던 발코니를 억지로 실내화하다 보니 하자가 잦았다. 단열이 부족하고 누수에 취약했다. 1980년대까지만 해도 눈비를 막기 위해 얇은 창호를 덧대는 수준이었지만, 1990년대 이후부터는 아예 바닥에 온돌을 깔고 완전히 실내 공간으로 만들어버렸다. 그 결과 에너지 소비가 커지고 바닥 누수와 결로 같은 문제가 심각하게 발생했다.

하지만 결국 제도권에서도 현실을 인정할 수밖에 없었다. 한 평이라도 더 확보하려는 서민들의 노력을 막을 수 없었던 것이다. 결국 정부는 불법을 단속하기보다 차라리 제도권 안에서 합법적으로 인정하고 제대로 시공하도록 유도하는 편이 낫다고 판단했다. 그 결과 건축물대장에는 표시되지 않지만 실질적으로 사용하는 '유령 면적'을 공식적으로 인정해준 셈이 됐다. 지금도 이 발코니 확장은 일종의 보너스 면적처럼 여겨진다. 예를 들어 전용면적 59㎡의 아파트라고 해도 발코니 확장을 하면 실제 사용면적이 확장 전 85㎡의 아파트와 거의 비

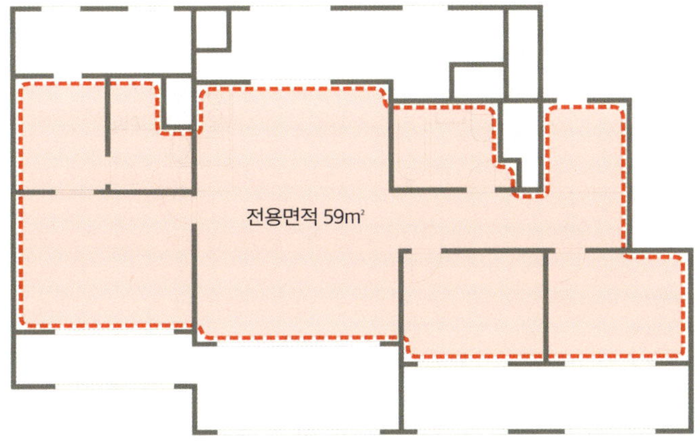

발코니 확장 전

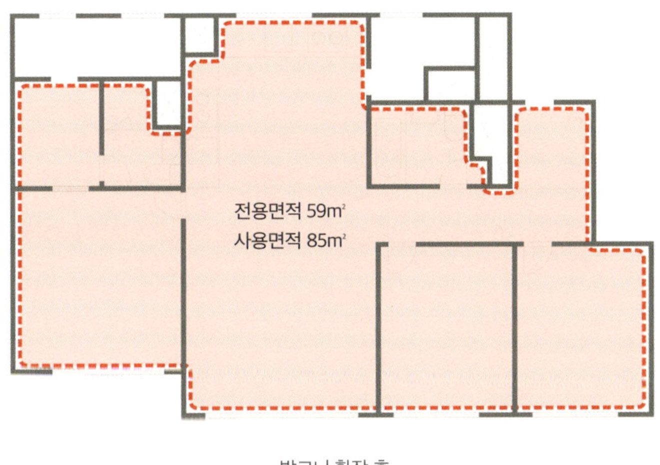

발코니 확장 후

발코니 확장 전후 늘어난 면적 비교

슷해진다. 이와 동시에 면적 기준으로 산정되는 세금이 줄어들고 평당 분양가도 낮아지는 부수적인 효과마저 누릴 수 있게 됐다.

이렇게 덤으로 얻은 면적은 그동안 축적된 설계와 시공의 노하우를 활용해 전용면적 59㎡임에도 실제 체감은 85㎡와 크게 다르지 않게 만들었다. 발코니 확장의 합법화가 소형평형이 다시 인기를 얻는 데 중요한 역할을 한 셈이다. 이제는 애초부터 확장을 전제로 설계해 거실이나 부엌, 식당 등 생활 공간에 여유를 두는 방식이 보편화됐다. 가족 구성원은 줄었지만 오히려 가구 수가 늘어난 요즘, 이런 실속 있는 공간 구성 덕분에 84㎡보다 59㎡가 더 주목받는 이유가 되었다.

한옥 삼칸집을 계승한
K-아파트

앞서 언급했듯 1980~1990년대까지만 해도 우리나라 사람들의 대형평형에 대한 사랑은 절대적이었다. 땅은 좁고 아파트는 많이 지어야 하는데 다들 넓은 집을 원하니 국가는 걱정이 많았다. 그래서 TV에서는 일본 사람들이 사는 작은 아파트를 자주 보여주곤 했다. 선진국 일본인들도 이렇게 좁은 집에서 검소하게 사는데, 개발도상국인 우리가 넓은 평형만 고집해서야 되겠냐는 일종의 교화 목적이었다. 넓은 평형을 선호하는 사회 분위기를 바꿔보려는 의도였다.

그런데 사실은 달랐다. 일본인들의 검소한 생활 태도에 감탄했지만, 나중에 알고 보니 그들도 작은 집을 선호해서라기보다 형편상 어쩔 수 없이 좁은 아파트에 살고 있는 것이었다. 당시 화면에 비친 일본의 집들은 정말로 작았다. 현관문을 열면 넓은 거실 대신 좁은 복도가 바로 눈에 들어왔고, 우리는 익숙하게 생각하던 '들어서자마자 거실이 탁 트인 구조'와는 전혀 달랐다. 집 안은 전반적으로 어둡고 답답해 보였고 그만큼 생활의 여유도 없어 보였다.

서울대 건축학과 김광현 명예교수는 도시의 주택 문제를 해결하기 위해서는 일본처럼 소형 아파트가 늘어나야 한다고 지적했다. 그러려면 무엇보다도 우리가 가진 '남향 집 선호'부터 내려놓아야 한다는 것이다. 우리는 오랫동안 모든 방이 남쪽을 향하는 일자형 아파트를 가장 이상적인 형태로 여겨왔다. 이런 배치는 햇빛이 잘 들고 환기가 유리하다는 장점이 있지만, 같은 대지 안에 세대 수를 충분히 배치하기 어렵다는 근본적인 한계가 있다.

이처럼 우리가 현관에서 문간방, 거실, 안방으로 이어지는 남향 판상형 아파트를 거의 절대적으로 선호하게 된 데는 분명한 이유가 있다. 서울대학교에서 한국 전통건축을 연구하는 전봉희 교수에 따르면, 우리나라 아파트 구조는 전통 한옥을 수직적으로 해석한 결과라고 한다. 현관문을 열자마자 거실이 한눈에 들어오는 구조는 한옥의 마당이나 대청마루를 현대적으로 재해석한 것이며, 건넌방·거실·안방이 모두 남향으로 배치된 것도 오랫동안 이어져온 삼칸집의 구성을 계승한 것이다. 앞서 언급했듯, '거실'이라는 명칭조차 실제로는 전통의 '마루' 개념과 이어져 있다.[26]

한옥 평면도

아파트 평면도

한옥과 아파트의 구조 비교

그런데 우리와 달리 유럽이나 일본의 아파트는 현관문을 열면 바로 복도가 보인다. 거실은 문이 달린 하나의 방일 뿐, 우리처럼 커다란 홀 같은 공간이 아니다. 이는 단순한 설계상의 차이가 아니라 문화적 차이, 즉 각 나라 사람들이 집이라는 공간을 어떻게 인식하느냐의 차이에서 비롯된 것이다. 흥미롭게도 우리나라 아파트는 면적이 넓어져도 방의 개수와 크기는 거의 비슷하지만, 유독 거실만 점점 커진다. 30평형이든 60평형이든 평면도를 비교해보면 방의 배치와 크기는 비슷한데 가운데 마루 공간만 점점 넓어지는 것을 쉽게 확인할 수 있다. 결국 초가삼간의 '안방-대청마루-건넌방'에서 가운데 대청마루가 넓고 트여 있어야 편안하다고 느끼는 우리의 공간 유전자가 그대로 이어지고 있는 것이다.

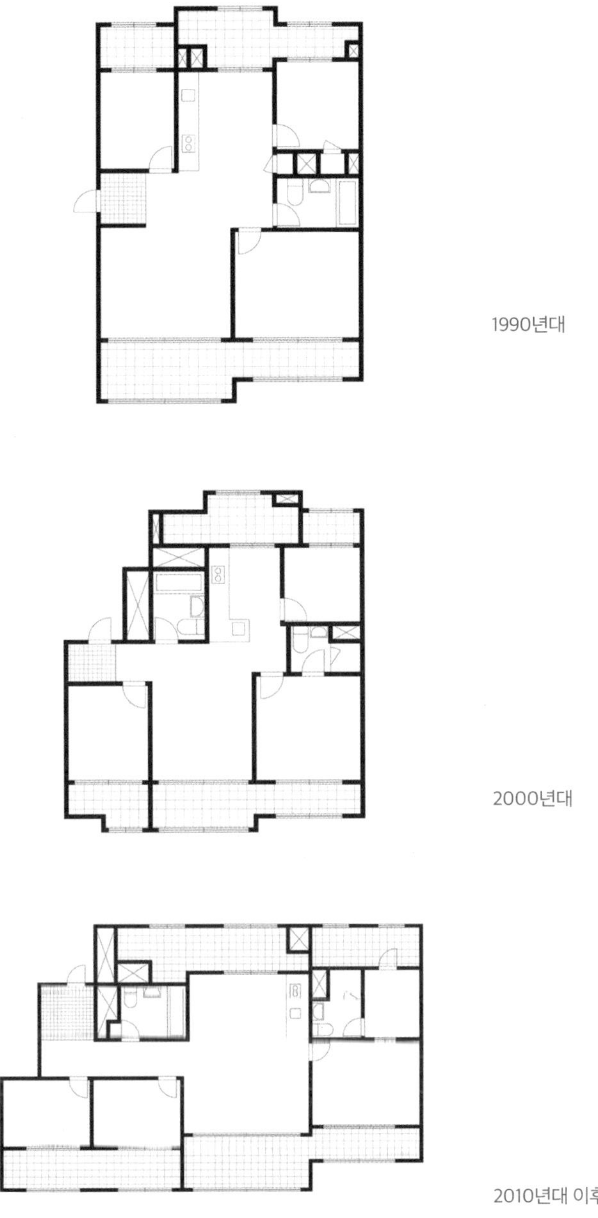

이제는 새로운 국민평형으로 자리매김하고 있는 25평형(59m²)의 시대별 평면도

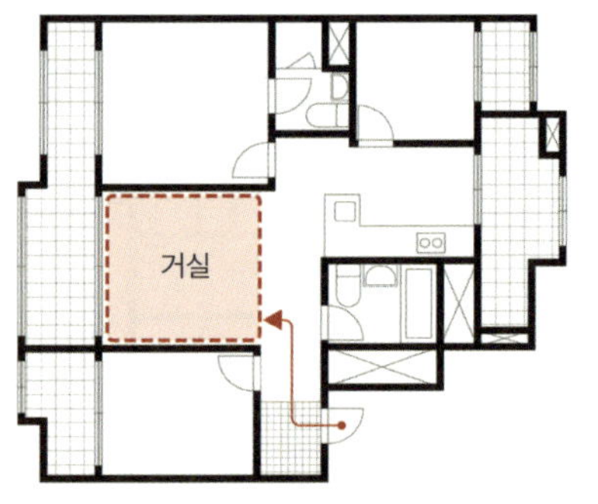

한국

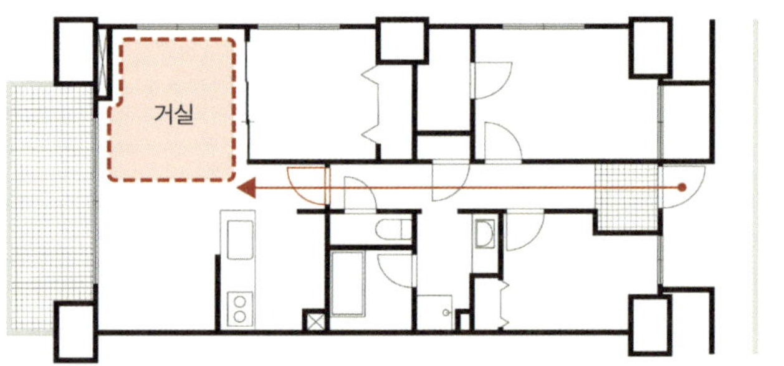

일본

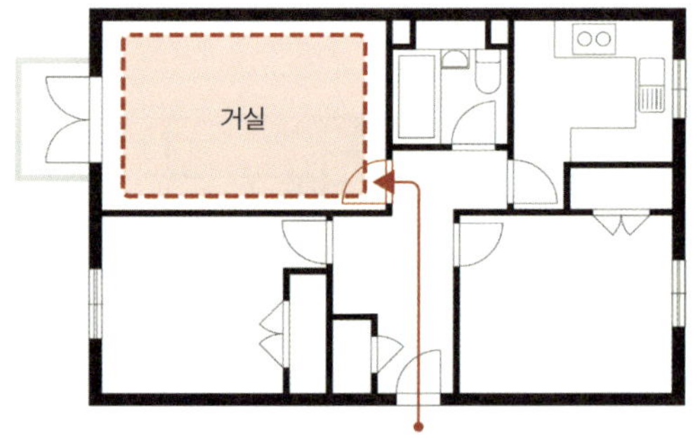

영국

한국, 일본, 영국 아파트의 거실과 입구의 관계 비교

일본 아파트의 일반적인 내부 복도

향도 평도
다양하게

　그런데 최근 남향의 세 칸 집을 선호하던 우리의 주거 유전자에 변화가 감지되고 있다. 2024년 분양 시장에서 60㎡ 이하 아파트의 전국 평균 청약 경쟁률은 30 대 1로, 85㎡를 넘는 중대형보다 약 네 배나 높았다. 2023년에 비해 두 배 이상 급등한 수치다. 팬데믹 이후 시공비 상승으로 분양가가 계속 오르고 있는 상황에서, 전체 가구의 75%를 차지할 정도로 1~3인 소형 가구가 늘어난 영향이 크다.

　과거에는 넓은 평형을 찾아 교외로 나갔던 전통적인 4인 가족 중심의 수요가, 이제는 1~2인 가구 위주로 바뀌며 집이 다소 좁더라도 대중교통이 편리한 도심 가까이에서 살고 싶어 하기 때문이다. 실제로 2024년 서울의 60㎡ 이하 아파트 청약 경쟁률은 160 대 1에 달했다. 같은 분양가라면 내부가 조금 좁더라도 도심에 머물고자 하는 사람들의 욕망이 그만큼 커진 것이다.

　외부 발코니 확장을 합법적으로 허용하는 서비스 면적 덕분에 전용 25평 아파트라도 실제 사용면적은 30평대에 이른다. 방 3개와 화장실 2개를 갖추는 것도 가능해졌고, 이 점이 소형평형의 인기를 높이는 또 다른 비결이 되었다. 예전에는 면적이 작으면 거실과 방 두 개, 화장실 하나가 고작이었다. 그러나 발코니 확장으로 같은 전용면적이라도 방을 하나 더 두고, 화장실도 두 개로 늘릴 수 있게 된 것이다. 요즘은 면적이 다소 작더라도 방 개수를 늘리는 추세다. 가족 구성원이 줄었음에도 여전히 방 세 개를 기본으로 두는 것은 자녀의 수와 상관없이 옷을 보관할 드레스룸, 서재, 취미실, 별도의 수납공간 등 다용도의 공간 수요가 늘었기 때문이다.

무엇보다 소형 아파트의 인기가 높아진 데에는 남향에 대한 인식 변화도 한몫했다. 예전에는 북향이나 서향은 거의 터부시되다시피 했지만, 이제는 꼭 피해야 할 방향으로 여기지 않는다. 물론 남향은 여전히 밝고 따뜻하며 에너지 효율도 좋다. 하지만 북향은 오히려 침실로 사용할 경우 빛이 적어 숙면에 유리하다는 장점이 있고, 서향은 오후까지 햇빛이 들어와 실내가 오래 밝다는 이유로 선호되기도 한다. 이렇게 향向에 대한 인식이 유연해지면서 아파트 배치 방식에도 변화가 생겼다. 과거 판상형 아파트가 방을 모두 남향으로 배치했다면, 최근 단지들은 북향이나 서향 방을 함께 배치해 공간 활용의 효율을 높인다. 이는 김광현 교수의 주장처럼 한정된 대지에서 세대 수를 극대화할 수 있는 설계 전략이자, 결과적으로 주거의 다양성을 넓힌 시도라 할 수 있다.

이제는 다양한 평형대와 평면이 공존하는 단지들이 속속 등장하고 있다. 이와 동시에 우리가 오랫동안 가지고 있던 집에 대한 선입견도 서서히 사라지고 있다. 현관문을 열면 바로 거실이 보이던 익숙한 구조 대신, 어두운 복도를 갤러리처럼 즐기는 방식이 등장했다. 남향에 안방과 거실, 건넌방이 있고 북쪽에 문간방과 부엌, 식당이 있던 전형적인 평면은 최근 소형 아파트에서는 보기 어렵다. 작은 전용면적을 최대한 활용하기 위해 발코니 확장을 미리 고려해 설계하기 때문이다. 방들이 모두 외기에 면해야 발코니 확장을 인정받기 쉬워서 안방·거실·침실이 외벽을 따라 배치되고, 이들을 잇는 복도가 안쪽에 자리하게 된다. 하지만 이렇게 확장된 방들을 연결하는 복도는 자연 채광이 어렵다는 단점이 있다. 중문을 열고 들어서면 마주치는 복도가 어둡게 느껴지는 이유다. 대신 복도에 그림이나 장식장을 두고 조명을 세심하게 배치하면 마치 작은 갤러리처럼 꾸밀 수 있는 여지가 있다.

최근의 아파트에는 우리가 미처 인식하지 못한 변화들이 빠르게 진행되고 있다. 이런 추세라면 대부분의 가족이 1~2인 가구로 줄어들 것으로 예상되는 2050년쯤에는 지금의 25평형조차 사치스럽게 느껴질지 모른다. 사회가 변하듯 집의 형태도 끊임없이 진화하고 있다. 한때 남향의 세 칸 집이 이상적인 평면으로 여겨졌던 시절과 달리, 요즘은 향이 다소 불리하더라도 실용적인 공간이면 충분하다는 분위기다. 작은 안방, 북향 침실, 서향 거실도 자연스럽게 받아들인다. 그 대신 집의 중심은 거실에서 식당과 부엌으로 옮겨가고 있다. 가족이 가장 자주 모이고 대화가 오가는 공간이 이제는 주방이기 때문이다. 오랫동안 집의 중심이었던 거실은 점점 가족만의 사적인 공간으로 변하고 있으며, 머지않아 거실이 또 하나의 '방'으로 불리게 될지도 모른다.

남향은 정말
다른 향보다 살기 좋을까

남향

햇빛 향해 도열한
군대식 아파트?

한국인들의 '남향 사랑'은 대체 언제부터 시작된 걸까. 집을 고를 때 고려하는 요소는 많지만, 대다수의 사람들에게 가장 중요한 기준은 여전히 '남향'이다. 배산임수 지형에 앞에는 물이 흐르고 뒤에는 산이 있다 해도, 막상 북향이라면 선뜻 계약서에 도장을 찍기 어렵다. "풍경이 더 중요하지"라고 말하는 사람도 있지만, 1년 내내 햇빛이 잘 들지 않는 집에서의 생활을 상상하면 걱정이 앞선다. 그만큼 우리는 남향에 집착한다. 하지만 정작 왜 남향이 좋은지, 남쪽을 향한 집이 구조적으로 어떤 점에서 유리한지 구체적으로 설명할 수 있는 사람은 많지 않다. 왜일까?

유독 아파트는 남향에 대한 쏠림이 심하다. 마치 '남향'이라는 조건
이 상품의 품질 등급처럼 취급된다. 남향집이 여름엔 시원하고 겨울
엔 따뜻하다는 건 사실이지만, 정말 그것이 전부일까? 같은 분양가로
출발한 아파트라도 시간이 지나면 '향'에 따라 가격이 달라진다. 그래
서 사람들은 남향이 실제로 얼마나 좋은지 따져보기도 전에 그저 남
향이라는 이유만으로 웃돈을 얹어 집을 산다. 심지어 동향과 서향 아
파트의 가격 차이는 하늘과 땅 차이로 벌어진다. 그만큼 대한민국에
서 남향은 절대적인 가치로 여겨진다.

상황이 이렇다 보니 아파트뿐 아니라 다세대, 빌라, 연립주택들도
대부분 남향으로 지어진다. 외국인들은 유독 한국 사람들이 남향에
집착하는 이유를 잘 이해하지 못한다. 내가 영국의 건축사무소에서
일하던 시절, 20년도 더 된 일인데 구글 맵이 처음 세상에 나왔을 때
의 일이다. 전 세계에서 모인 동료들이 각자의 고향집을 보여주는 작
은 이벤트가 열렸다.

동료들 모두 소위 푸른 잔디 마당을 둔 2층 양옥에 살고 있었다. 하
나같이 아름다운 곳이었다. 드디어 긴장하던 내가 보여줄 순서가 됐
는데, 왠지 불안했지만 하는 수 없이 부모님이 사시는 신도시 아파트
단지를 구글 맵으로 보여줬다. 처음 우리나라를 보는 동료들에게 남
향으로 수없이 늘어선 아파트의 모습은 꽤 충격이었나 보다. 웃고 떠
들던 동료들은 잠시나마 조용해졌다. 아마 그들은 우리나라가 여전
히 전쟁 중이라 군대식 관사에 산다고 오해했을지도 모른다. 우리가

남향으로 늘어선 1974년 반포주공아파트 단지 모습

반포주공1단지 남향 판상형 아파트 건물들의 일렬 반복 배치

왜 남향을 선호하는지, 그 문화적 이유를 제대로 설명하지 못했던 내 잘못이 제일 컸지만.

그럼 정말 우리나라 사람들만 남향을 사랑하는 걸까? 흥미로운 사실은, 우리는 예전보다 남향을 덜 고집하는 데 비해 서구에서는 오히려 남향을 예전보다 훨씬 더 선호한다는 점이다. 최근 우리나라에서 지어지는 주택들은 남쪽에 방을 일렬로 배치하기보다 다양한 향을 활용하는 추세다. 예를 들어 식당은 남향으로 두더라도 거실은 동향이나 북향으로, 안방 역시 굳이 남향일 필요가 없다는 인식이 늘고 있다. 잠만 자는 침실이라면 오히려 햇빛이 적은 북향을 선호하기도 하고, 풍경이 좋다면 거실이 북향이라도 전혀 문제가 되지 않는다. 인공조명이나 열 회수 환기장치 같은 첨단 설비로 온도와 습도, 이산화탄소, 미세먼지까지 정밀하게 조절할 수 있는 시대다. 이제 남향은 더 이상 절대적인 가치가 아니라, 일종의 상대적인 취향과 정서로 변해가고 있다.

남향은
대표적인 '로테크'

건축은 첨단 기술과 함께 로테크, 즉 성숙한 기술을 포함하는 큰 기술로 정의한다. 유리로 덮인 최첨단 건물이라 하더라도, 최신 기술과 재료만으로 완성되는 것은 아니다. 건설 현장에는 인류가 오랜 세월 집을 지으며 축적해온 단순한 수작업들이 여전히 남아 있다. 김광현 명예교수는 "로테크는 저급한 기술이 아니라, 소박하지만 다른 사람들과 공유할 수 있는 성숙한 기술"이라고 말한다.[27] 즉, 일상용품을 만들거나 생활 환경을 조성하는 데 사용되는 초보적이지만 검증된 기술을 뜻한다.

예를 들어 한옥의 깊은 처마는 여름의 강렬한 햇빛을 가리고, 대청마루는 공기의 흐름을 만들어 통풍을 돕는다. 반대로 눈이 많이 내리는 지역에서는 지붕의 경사를 급하게 만들어 눈이 쌓이지 않도록 하는 것도 같은 맥락의 지혜다.

우리가 집을 지을 때 남향을 선호하는 것도 같은 원리다. 오랜 세월 이 땅의 혹독한 기후를 견디며 살아온 조상들이 터득한 지혜에서 비롯된 것이다. 기본적으로 집은 남쪽을 향해 앉히고, 북쪽에는 산이 있어야 겨울바람을 막을 수 있었다. 하수나 배수 시설이 제대로 없던 시절에는 사용한 물을 자연스럽게 흘려보내기 위해 나지막한 경사지에 집을 짓는 것이 중요했다. 이와 동시에 생활에 필요한 물을 얻기 쉬운 위치여야 했다. 물이 잘 빠지면서도 모이는 자리를 찾는 일은 생각보다 어려웠지만, 조상들은 오랜 경험을 통해 이런 최적의 조건을 찾아내고 터전을 잡았다.

아직도 이 원칙은 유효하다. 그래서 대부분의 마을이 하천을 끼고 경사지에 자리 잡게 된 것이다. 단순한 상식처럼 들리지만, 사실 이 원리가 바로 풍수지리의 근본이다. 물을 얻기 쉬우면서도 잘 빠지는 곳, 즉 생존에 유리한 위치를 찾다 보니 자연스레 사람들이 모여 마을

이 형성됐다. 서울의 북촌이나 서촌, 그리고 왕이 살던 경복궁까지도 예외가 아니다. 모두 북쪽에 산이 있고 남쪽으로 완만히 열리며, 그 아래로 물이 흐르는 곳에 자리했다.

특히 혹한에 더 취약했던 과거, 남향은 선택 사항이 아닌 필수 사항이었다. 우리의 겨울철 난방 시설은 열악했고, 자연광을 최대한 활용해야 했으므로 남향으로 집을 앉히는 건 너무도 당연했다. 심지어 돌아가신 분들을 위한 묏자리조차 남쪽 양지바른 곳에 둘 정도였으니 우리의 남향에 대한 사랑은 거의 신념이었다.

우리가 아파트를 지을 때도 별반 다르지 않았다. 발효식품이 많은 우리 음식 문화를 고려하면 통풍이 잘되는 판상형 구조가 유리했고, 추운 겨울에도 해가 길게 드는 남향 배치는 자연스러운 선택이었다. 그런데 이렇게 세 칸 남향집을 상하좌우로 무한 반복해 아파트를 계속 짓다 보니 문제가 생겼다. 내가 외국 친구들에게 보여준 서울의 위성사진처럼 도시는 수많은 벽으로 둘러싸인 모습이 돼버렸다. 아파트 단지를 지으면 지을수록 주변과 격리되고 경관을 막아버리는 이기적인 욕망의 상징처럼 변했다. 다른 건축 전문가들의 의견도 대부분 나와 마찬가지다. 외국의 단독주택이나 저층형 중심 도시 관점에서 보면 우리는 한때 '아파트 공화국'이라 불릴 만큼 과도하게 한 형태의 주거 방식에 몰두해 있었다.

신기한 건, 1960년대부터 1970년대 아파트가 막 처음 지어졌을 땐 향에 대한 다양한 시도들이 있었다는 점이다. 잠실 주공아파트나 워커힐아파트에도 서향 세대가 있었다. 그런데 1980년대부터는 남향이 수학 공식처럼 굳어졌다. 막상 살아보니 북향이나 서향 아파트는 살 곳이 못 된다는 이유였다. 우리 조상들이 수천 년 동안 이 땅에 살며 터득한 원칙이자 원리인 남향은 역시 틀리지 않았던 걸까?

영국에서 깨달은 남향의 이유, 친환경 패시브 건축의 제1원리 '태양'

그런데 건축학과 3학년 재학 중 한 가지 일화가 있다. 공동주택 단지 설계 수업 시간에 남향만을 고집하시던 교수님께 반기를 든 적이 있었다. 왜 거실과 안방이 꼭 남쪽에 있어야 하는지 건방지게 되묻기도 했다. 그때는 건축계에 암묵적으로 통용되던 획일적인 원칙에 숨이 막혔다. 해외에는 다양한 향의 침실도 있고 거실도 있는데, 유독 우리만 왜 남향만 고집하는지 이해하지 못했다. 아파트 현장에서 건축기사로 일하던 때도 내내 마찬가지였다. 천편일률적인 남향의 판상형 아파트 단지가 싫었다. 그런데 당시 내가 근무했던 아파트 단지의 총 10동 중 유일하게 두 동만 동향이었는데, 실제로 그 두 동만 가장 늦게 분양됐다.

그럼에도 불구하고 나는 무비판적인 남향 선호 사상과 판상형 아파트가 싫었다. 영국으로 유학 갈 때도 남향에 대한 편견이 없는 곳에서 설계할 수 있다는 기대에 설렐 정도였다. 하지만 집의 향이 중요하다는 걸 몸소 깨달은 계기는 영국에서였다. 이곳저곳 이사 다니며 다

서향 창 때문에 고생했던 유학 시절 영국 기숙사 사진

양한 집에 살다 보니, 실제로 영국 사람들은 남향을 우리만큼 고집하지 않았다. 일단 기후 자체가 서안 해양성이라 훨씬 온화해 겨울이 그다지 춥지 않았다. 예상대로 다들 단독주택에 사는 데다가 향이 정말 다양하긴 했다. 그러나 나는 정작 서향 기숙사와 북향집에 살며 느낀 점이 많았다. 서양인들 체질은 잘 모르지만, 일단 동양인인 내게는 서향과 북향으로 된 집이 맞지 않았다. 유학을 하며, 과거 교수님께 당돌하게 대들었던 내 모습이 떠올라 피식 웃기도 했다.

그런데 공교롭게도 서울에서 지금 사는 아파트도 하필 서향이다. 요즘 단지들은 유럽의 영향 탓인지 사용자가 다양한 향을 경험할 수 있도록 지어지고 있다. 단지 구조와 배치 역시 훨씬 다양하게 발전해 도시 경관이 좋아졌고 무엇보다 주변 시설과의 조화와 관계도 개선됐다. 다만 문제는 여전히 서향집은 살기에 힘들고 괴롭다는 점이다. 지구 온난화로 해가 길어지면서 여름, 겨울철 가릴 것 없이 햇빛을 막을 블라인드는 필수품이 됐다. 하필 딸아이 방이 완벽한 서향인데, 심지어 밤에도 덥다고 투덜거릴 정도다. 왜 그토록 우리 조상들이 남향을 고집했는지, 풍수지리를 왜 중요하게 생각했는지 이제야 고개를 끄덕이게 된다.

최근에는 유럽도 남향을 선호하는 추세다. 바야흐로 친환경 시대가 되면서 이산화탄소 배출량 절감을 위해 지켜야 하는 첫 번째 원리가 바로 남향이기 때문이다. 건물을 남쪽으로 앉히고 한옥처럼 차양을 설치하면 여름엔 덜 덥고 겨울엔 덜 추운 공간으로 만들 수 있다. 에너지를 덜 쓰고 이미 사용한 에너지도 보존하기 위해서는 주어진

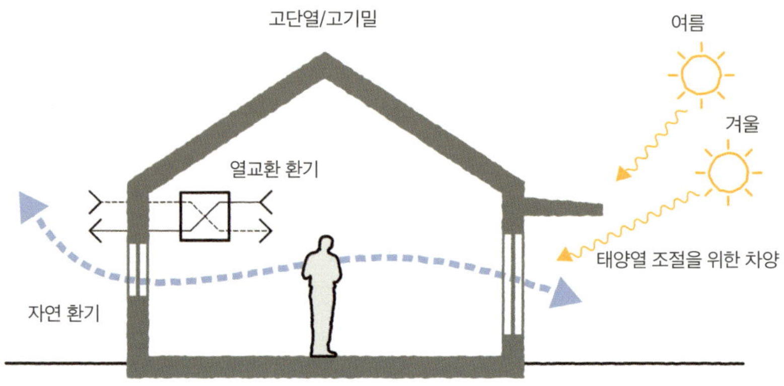

패시브 건축 개념도

조건을 최대한 이용해야 하는데 태양은 누구에게나 공평하게 주어진 가장 보편적인 환경이기 때문이다. 동서양을 막론하고 친환경 패시브 건축의 제1원리다.

요즘 패시브하우스에 관심 있는 분들이 많아졌다. 초기 비용은 좀 들더라도 화석연료 사용을 줄이고 친환경적으로 집을 짓고 싶어 한다. 태양광은 기본이고, 지열 에너지와 열회수 순환장치 같은 설비를 활용하면 석탄 에너지 소비를 줄이고 이산화탄소 배출량을 줄여 지구 환경을 지킬 수 있다.

그런데 정작 패시브하우스의 기본은 에너지를 생산하는 것이 아니다. 그저 주어진 자연환경에 가장 적합한 집을 짓는 것이다. 바람이 잘 통하고 통풍이 잘되는 곳에 남향으로 집을 지으면 에너지 소비를 많이 줄일 수 있다. 차양이나 썬룸Sunroom*을 잘 활용해 여름에 내부 온도를 낮추고 겨울에 더운 공기를 내부로 끌어들일 수 있으면 금상 첨화다. 하이테크 이전에 로테크가 중요한 이유다.

최근 아파트는 외관 디자인의 실험장이다. 전체적으로는 남향이지만 각 방의 성격에 맞게 북향과 동향을 잘 섞어 평면을 만들고 있다. 도시 경관을 위해 한 방향으로 죽 늘어선 판상형 아파트를 피할 수 있는 대안들을 끊임없이 시도하고 있다. 미래에는 친환경적이면서도 디자인적으로도 주변과 친밀감을 높일 수 있는 아파트들이 더 많이 지어질 것 같다. 만약 그렇게 된다면 그때는 나도 남향이 아닌 집에서도 좀 더 편안하게 살아갈 수 있을 것이다.

* 유리와 프레임으로 둘러싸인 채광 특화 공간으로 실내에 있으면서도 외부 햇빛과 풍경을 즐길 수 있는 반실내·반외부형 확장 공간이다.

아파트는
어떻게 지어질까

벽식 구조, 기둥식 구조

견고함이냐,
공간 활용이냐

집을 지을 때 가장 먼저 결정해야 하는 게 뭘까? 철근 콘크리트로 지을 것인지, 목구조로 설계할 것인지 정하는 일이다. 즉 어떤 재료를 사용할지 결정하는 것이 가장 먼저 할 일이다. 그다음으로 맞닥뜨리는 고민은 바로 '벽식 구조'로 지을지, '기둥식 구조'로 지을지 집의 구조 형식을 정하는 것이다. 벽식은 아파트 건물처럼 벽이 위아래로 죽 연결돼 건물 전체의 하중을 지탱하는 방식이다. 그래서 집 내부의 벽이 일부라도 없어지면 건물이 무너질 수도 있다. 반면 기둥식은 기둥과 보로 지붕을 받치는 구조라 벽은 칸막이에 불과하다. 벽식과 달리 기둥식 건물에서는 벽을 없애도 건물은 무너지지 않는다. 좀 더 전문적인 건축 용어로 정리하면, 벽이 건물의 하중을 받치고 있으면 벽식 구조 건물이고 기둥과 보로 건물의 뼈대를 만들면 기둥식 구조 건물이다. 이때 기둥식 구조를 흔히 '라멘Rahmen식'이라고도 부른다.

라멘은 독일어로 '테두리' 혹은 '틀'을 의미하는 단어다. 그래서 라멘조는 기둥과 보로 프레임을 세워 건물을 짓는 방식을 뜻한다. 일반적으로 아파트나 공동주택 같은 주거용 건물은 주로 벽식으로 짓고 사무실이나 상업용 건물은 주로 기둥식을 쓴다. 그런데 이 둘의 가장 큰 차이는 다름 아닌 천장 위에 숨겨 있는 보Beam에 있다. 벽식 건물에는 보가 보통 없고 있어도 역할이 미미한데, 기둥식은 기둥들을 서로 연결해주는 보가 필수적이다. 한옥 지붕 밑 대들보를 상상해보면 된다.

그런데 벽식 구조냐 기둥식 구조냐를 선택할 때 중요하게 고려해야 할 게 있다. 바로 보가 차지하는 공간이다. 보는 천장 위에 있어서 보이지 않을 뿐, 보가 실제로 차지하는 수직 공간은 상당히 큰 편이다. 특히 아파트처럼 정해진 높이에 최대한 많은 층을 계획해야 하는 건물은 한 층이라도 더 얻기 위해 천장 위 공간을 단 1cm라도 절약해야 한다. 그런데 기둥식 구조를 쓰려면 보의 높이가 최소 40cm는 되어야 한다. 그래서 보통 아파트에는 보가 필요 없는 벽식 구조를 택하게 마련이다. 반면 수평적으로 넓은 공간이 층높이보다 중요한 사무실이나 백화점 같은 상업 건물은 기둥을 써서 벽의 면적을 최소화하는 기둥식 구조가 유리하다.

물론, 아파트를 절대 기둥식 구조로 짓지 말라는 법은 없다. 예를 들면 주상복합 아파트는 내부의 다양한 공간 구성을 위해 주로 기둥식을 적용한다. 무엇보다 기둥식을 택하면 벽을 자유롭게 이동할 수 있어서 아파트의 다양한 평면 설계가 가능해진다. 여기에 기둥식의 또 다른 중요한 장점은 바로 층간소음이 적다는 데 있다. 벽식으로 건물을 지으면 위층에서 발생한 소음이 벽을 타고 아래로 흐르기 쉽지만, 기둥식은 슬래브 아래 보들이 위아래 층의 완충 공간 역할을 해줘서 층간소음을 줄일 수 있다. 한때 이 소문이 소비자들 사이에 돌면서 전국에 있는 '기둥식 아파트 리스트'가 나돌 정도였다.[28]

이처럼 기둥식 구조는 층간소음 방지에도 유리하고, 벽으로 건물 하중을 지탱하지 않아 상대적으로 면적을 작게 차지하는 가벽을 세울 수 있다는 장점이 있지만 한 가지 치명적인 약점이 있다. 바로 견고성이다. 예전에는 방 사이 벽이 두드렸을 때 통통 소리가 나는 집은 집이 아니라고 생각했다. 벽이 두껍고 단단해야 잘 지은 집, 좋은 집이

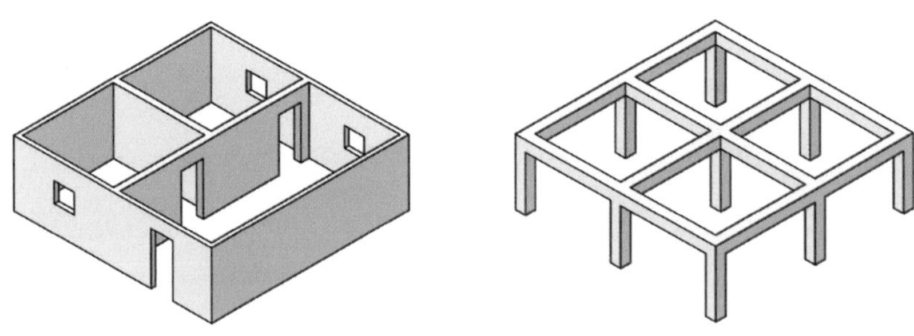

벽식 구조와 기둥식 구조의 차이

라는 인식이 강했다. 당시에는 층간소음이 지금처럼 큰 사회적 문제가 아니었기 때문에, 방음보다는 구조적 견고함이 더 중요하게 여겨졌다. 그래서 그 당시 사람들은 차라리 층간소음에 불리할지라도, 견고해서 더 안전할 것 같은 벽식 구조 아파트를 선호했다.

게다가 그때까지만 해도 고급 집이라면 고층보다는 저층이었고, 아파트보다는 빌라나 단독주택이었다. 특히 주거 공간에 도입된 경량 칸막이벽은 뭔가 탐탁지 않았다. 한마디로 퉁퉁 소리 나는 벽은 우리 유전자에 새겨진 '좋은 집'의 이미지와는 거리가 멀었다. 마치 상가나 사무실을 임시로 고쳐서 만든 가정집에 사는 듯한 느낌이었다. 그래서였을까? 2000년대에 들어 본격적으로 지어졌던 50층 이상 주상복합아파트들 역시 구조적인 불리함을 감수하고서라도 기둥식 구조 대신 콘크리트 벽식 구조를 고집했다.

한옥과 아파트의 교집합,
기둥

그런데 요즘엔 상황이 완전히 뒤바뀌었다. 최근 기둥식 아파트는 칸막이벽 시공법을 보완해 층간소음을 넘어 방 사이 소음마저 최대한 적게 만들고 있다. 최근 주로 고급 주상복합 건물들이 기둥식 구조를 택하다 보니, 이러한 희소성까지 더해져 '기둥식 아파트는 곧 고급'이라는 공식까지 생겼다고 한다. 처음 시도할 땐 잘 받아들이지 못했던 기둥식 아파트였는데 이젠 없어서 귀한 대접을 받고 있다니 실로 격세지감이라 할 만하다.

흥미로운 건, 기둥이 상부의 하중을 견디는 기둥식 구조는 한국인의 주택 유전자에도 오랫동안 각인된 개념이라는 사실이다. 바로 한옥에 적용된 구조이기 때문이다. 서민들이 살던 초가집을 생각해보자. 산이 많고 나무가 풍부한 우리나라의 여건상 석재보다는 목재가 주요 건축 자재가 될 수밖에 없었다. 얼기설기 나무로 구조체를 만들고 짚으로 지붕을 올리는 방법이 가장 빠르고 쉽게 집을 만드는 방식이었다. 1970년대 초 구반포아파트 일부 동에 기둥식 구조를 적용했던 것도, 모름지기 집이란 전통적으로 기둥과 보로 이루어진 구조물이라고 생각한 본능적 유전자 때문이었다.

선조들에게 기둥과 보는 집을 짓는 데 가장 필수적인 요소였다. 산에서 힘겹게 구해온 나무로 가장 먼저 만들어야 할 것은 벽이 아니라 기둥이었다. 오히려 벽은 부차적이었다. 심지어 방도 많이 필요하지 않았다. 특히 추운 겨울엔 한방에 모여 생활했다. 그래서 한옥의 벽은 비바람 정도만 막아줘도 충분했다. 벽도 목재로 틀을 세우고 그 사이를 흙에 짚을 섞어 바르고 채워 마감했다. 흙으로만 채우면 금방 금이 가고 비바람에도 약했기 때문이다.

오히려 벽으로만 지붕을 받치는 벽식 구조는 상상조차 하지 못했다. 집을 짓는 과정도 마을 사람들이 함께 기둥과 보, 서까래, 지붕까지 힘을 모아 올리면, 나머지 벽과 내부는 집주인과 가족들이 알아서 마무리하는 식이었다. 이처럼 한옥이 벽식 구조보다는 기둥식 구조

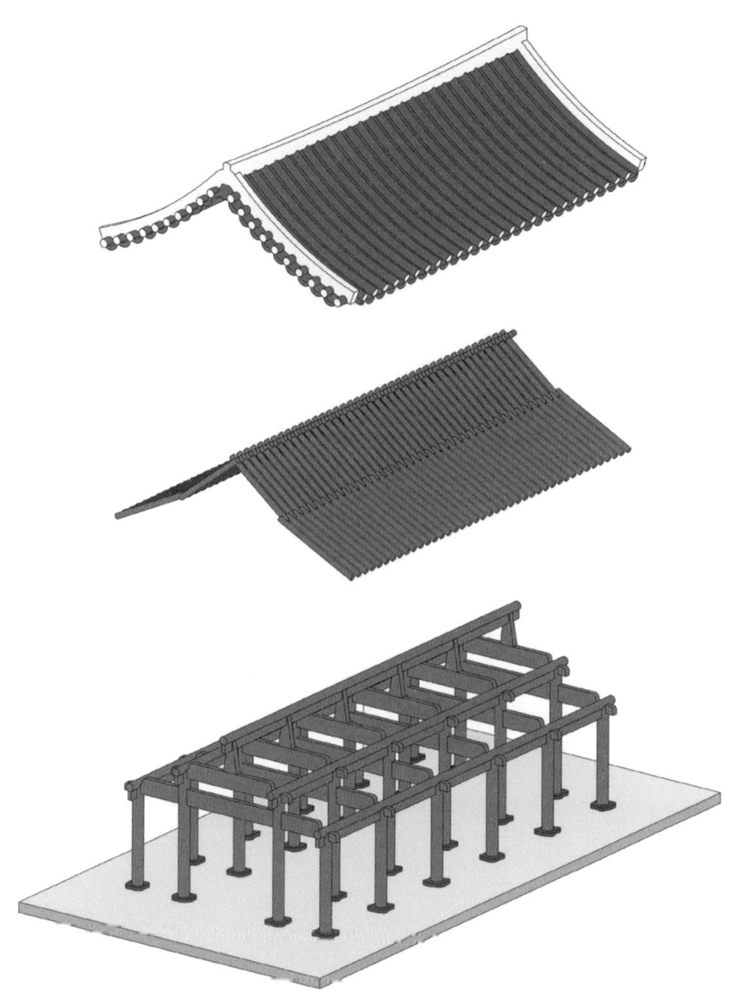

기둥식 구조로 지어진 한옥

를 택할 수밖에 없었던 이유는 재료와 노동력의 한계 같은 주변 여건 때문이었다.

그러다 1960년대 들어 건축에 본격적으로 철근 콘크리트를 활용하기 시작했다. 가장 중요한 바닥과 지붕은 콘크리트로 만들었지만, 나머지 벽은 벽돌로 시공해 재료비를 절감했다. 이것이 앞서 설명했던 연와조다. 이런 과도기를 거쳐 1970년대에 들어서야 소위 아파트 공법이 보편화되면서, 벽과 바닥 모두 콘크리트로 시공하는 이른바 '철근 콘크리트 벽식 구조'가 정착했다.

신석기 시대 암사동 선사유적지의 땅을 파고 지붕만 덮는 수혈식 주거부터 중목구조 한옥까지 그동안 기둥식 구조가 주도하던 한국의 주택 구조에 처음으로 벽이 주연으로 등장한 것이다. 이제 드디어 방 사이 벽들이 콘크리트로 돌처럼 단단하게 지어졌다. 이때부터 '못이 잘 안 들어가야 튼튼한 집'이라는 공식이 한국인들의 주택 유전자에 흐르기 시작했다.

기둥식 구조를 보여주는 건물 건설 현장 내부

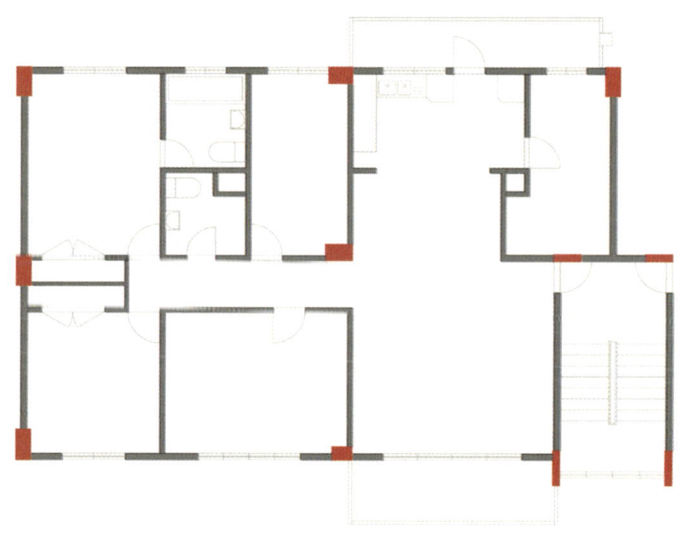

기둥식 구조를 보여주는 구반포아파트 평면도

삼풍 붕괴 이후, 그동안 벽이 짊어졌던 무게를 알게 되다

그런데 벽식 구조에는 큰 단점이 있었다. 바로 집의 구조를 마음대로 변경할 수 없다는 점이다. 처음엔 가족 수가 많았는데, 출가 후 부부만 남거나 노부부를 모셔야 해서 집의 공간을 바꾸고 싶을 때 벽식으로 지어진 아파트는 리모델링이 어렵다. 하지만 이에 대한 위험성을 제대로 인지하지 못했던 시기, 마구잡이로 벽을 부수며 아파트 리모델링을 해 위험한 상황으로 이어진 경우도 있었다.

우리나라에선 1993년 삼풍백화점 붕괴 사고와 1994년 성수대교 붕괴 사건이 구조의 중요성을 인식하게 된 계기가 됐다. 발코니 확장도 불법으로 자유롭게 하던 시절, 아파트 내부의 일부 벽을 허물어 공간을 터서 쓰는 일은 너무 흔했다. 1980년대 같은 반 친구 집은 심지어 위아래 아파트를 터서 일부 바닥을 허물고 계단으로 연결해 두 세대가 함께 산다는 이야기를 들은 적도 있다. 당시 분위기는 '아파트는 공동주택이지만 내부는 내 집인데 무슨 상관이냐'는 식이었다. 그러나 삼풍백화점 사고 이후에는 아파트 리모델링을 할 때 구조벽이나 슬래브에 일부라도 변화를 주는 경우 반드시 관리사무소에 신고하고 허가를 받도록 제도화되었으며, 이제는 거의 불가능한 일이 됐다. 어찌 보면 당연한 일이다.

앞으로 미래에는 인구는 점차 줄고 더 많은 사람이 혼자 살아가는 사회가 될 것이다. 가족의 개념도 해체된 지 오래다. 아이들이 있다

해도 출가하면 덩그러니 부부만 남는 경우가 이미 허다하다. 이렇게 앞으로의 삶이 매우 다를 텐데 과연 미래를 예측해야 할 우리의 집은 앞으로 어떻게 지으면 좋을까?

여기에 집의 구조와 삶의 관계를 보여주는 좋은 예가 있다. 최근 재개발을 위해 철거되기 전, 구반포아파트 단지를 기록한 자료가 나왔다. 완공 후 50년 동안 얼마나 많이 바뀌었는지를 살펴봤더니, 한 집도 원래 분양 당시의 평면을 유지한 곳이 없을 정도였다. 못도 안 들어갈 정도로 단단하게 지어졌음에도 불구하고, 끊임없이 고치고 변해온 과정을 보고 있자니 우리의 삶은 아무리 단단하게 지어진 틀로도 가둘 수 없음을 역설적으로 깨닫게 됐다.

현실의 삶은 늘 시시각각 변하지만 집은 아무래도 그 속도를 따라가지 못한다. 그러나 현재의 소망을 담아 지은 집이라도 미래의 변화까지 포용할 수 있어야 이상적인 집이라 할 수 있다. 지금은 방이 여러 개 필요하지만, 아이들이 떠난 뒤의 삶에서는 2세대 동거형으로 바꾸거나 입구를 따로 만들어 세를 줘야 할 수도 있다. 집이 트랜스포머처럼 변하면 좋겠지만, 가능한 변화를 수용할 수 있도록 구조체라도 유연하게 짓는 집이 바로 미래의 집 아닐까?

다행히 지난 30년 동안 벽에 대한 고정관념은 깨졌다. 과거엔 무조건 단단해야 잘 지어진 튼튼한 집이라고 여겼지만, 요즘은 기둥과 보로 지어야 고급 집이라는 인식도 생겼다. 기둥식 구조는 공사비도 많이 들고, 무엇보다 천장 위 공간을 더 많이 필요로 하지만 칸막이벽은 언제든 철거할 수 있어서 나중에 공간을 확장하거나 유연하게 조정할 수 있다. 미래의 변화에 대응하기 쉬운 기둥식 구조의 장점이 주목받는 이유다.

100년 전에 지어진 한옥들조차 리모델링을 통해 새 주인의 로망에 맞게 고쳐지는 사례가 많다. 앞으로 100년 후의 미래를 내다본다면 '벽식 구조가 더 좋은가, 기둥식 구조가 더 좋은가'에 대한 답을 그 안에서 찾을 수 있지 않을까?

정말 아파트가
유일한 정답일까

게이티드 커뮤니티

아파트에 사는
건축가

방송 촬영 차 찾은 집에서 자주 듣지만, 답하기 곤란한 질문이 있다. "소장님은 어디에 사세요?" 대중에게 집을 소개하는 건축가는 과연 어떤 집에 사는지 궁금한 눈치다. 그럴 때마다 얼마 전까지는 마당 있는 집에 살았지만, 최근에 어쩔 수 없이 아파트에 살고 있다고 구차한 변명을 늘어놓는다. 대한민국에서 아파트에 사는 게 이상하지 않은데도, 주변의 동료 건축가나 교수들도 나처럼 자기 변명을 하는 걸 종종 듣곤 한다. 아마 늘 단독주택의 행복이나 낭만을 강조하면서, 정작 본인은 아파트에 사는 것이 앞뒤가 맞지 않는 일종의 죄의식 때문일 것이다. 그리고 오랫동안 아파트가 부동산 투자와 연결되어 있었기에, 마치 행복 대신 돈을 택한 것 같은 선입견도 한몫했을 것이다.

그런데 이렇게 생각을 바꿔보면 어떨까? 아파트가 투자 가치가 있다는 건, 그만큼 수요가 많다는 의미이자 오히려 살기 좋다는 방증으로도 볼 수 있다. 그렇다면 아파트는 우리나라에 처음 소개된 지 반세기 만에, 어떻게 대한민국 사람들 절반 이상이 살 정도로 인기 있는 주거 공간이 되었을까?

건축가인 나조차 인생의 절반 이상을 아파트에서 살아왔고, 지금도 여전히 그곳에 살고 있다. 하지만 언제나 잠시 머물다 떠나는 곳일 뿐, 여생을 마칠 때까지 살겠다고 생각해본 적은 한 번도 없었다. 그런데 요즘 부모님을 보면서 생각이 조금 달라졌다. 한때는 아이들 교육 때문에, 통근이 편해서, 집값이 오른다고 해서 잠시 아파트에 사셨던 것 같은데, 이제는 떠나지 않는 게 아니라 '떠날 수 없게 되셨다'는 걸 알게 됐다. 아들로서도 여든이 다 되신 부모님께서 다시 주택으로 옮겨 사시기엔 여러모로 무리라는 점에 공감한다.

시골에서 자라 도시로 이주하신 우리 부모님들도 아파트를 떠나지 못하는데, 아파트에서 태어나고 자란 요즘 세대는 오죽할까. 특히 최근 지어진 단지처럼 지하주차장, 공용 정원, 커뮤니티 시설까지 두루 갖춘 새 아파트만 살고 싶어 하는 '얼죽신'(얼어 죽어도 신축)이라는 신조어가 생길 정도다. 아파트는 이제 우리 조상들이 살던 초가집처럼, 대한민국에서 가장 보편적인 집이 되어버렸다.

그런데 아파트는 원래 삶의 로망과는 거리가 멀어도 한참 멀었다.

1960년대 처음 소개됐을 때만 해도, 심각한 주택 문제를 해결하기 위한 임시방편에 불과했다. 그런데 1970년대에 들어서면서 그 상황이 조금씩 달라지기 시작했다. 우리나라 아파트 연구에 한평생을 바친 박철수 교수는 이렇게 말했다. "1960년대의 아파트가 임시방편으로 집을 마련해 숨을 돌리는 곳이었다면, 1970년대 후반에 들어서면서는 보통 사람들의 집으로 자리를 잡았다."[29]

이후 '맨션아파트'와 결합하면서 드디어 구체적인 욕망의 대상이 되었다. 한마디로, 일종의 사회적 인프라였던 아파트가 오늘에 이르러서는 '빗장 공동체'로 변모한 것이다. 박철수 교수의 말처럼, 처음에는 아파트가 급격히 늘어나는 도시 인구를 수용하기 위한 목적에서 출발했다. 그러나 그 후 점차 진화를 거듭하며, 정확히 65년 만에 대한민국 사람들이 대부분 살고 있고 또 살고 싶어 하는 집이 되었다.

현재 아파트는 전체 가구의 절반 이상 거주하고 있으며, 전체 주택에서 차지하는 비율도 60%를 넘었다. 부모님 세대에게 아파트는 돈을 벌기 위해, 혹은 아이들 교육 문제로 잠시 머물 수밖에 없던 곳이었지만, 이제는 은퇴 후에도 떠나지 않고 여생을 마치고 싶은 곳으로 인식이 바뀌었다. 그 이유 중 하나는 지난 반세기 동안 수많은 시행착오를 겪으며, 우리나라 사람들이 진정으로 원하는 삶의 형태를 고민하고 실험한 결과 아파트가 끊임없이 진화해온 덕분이다.

2000년대 구축 아파트의
거실과 방의 장판이 다른 이유

그럼 이 아파트를 세상에 처음 내놓은 사람은 누구였을까? 앞에서도 언급했듯, 바로 '건축가들의 건축가' 르 코르뷔지에다. 그는 "주택은 살기 위한 기계다"라는 다소 과격하지만 미래를 예언한 명언을 남겼다.[30] 그러나 약 100여 년 전 사람들에게 이 말은 꽤나 충격적인 문구였다. 우리가 사는 집이 어떻게 삭막한 기계에 비유될 수 있는지, 사람들은 전혀 이해하지 못했다.

당시 유럽의 상황은 이랬다. 산업혁명 이후 20세기에 들어 본격적으로 자본주의 산업사회가 도래했지만, 오히려 서민들의 삶은 더욱 피폐해졌다. 점점 더 많은 사람이 일자리를 찾아 도시로 몰려들었지만, 그들의 주거 환경은 처참했다. 농촌에서 도시로 유입되는 인구에 비해 주택 수가 턱없이 부족했기 때문이었다. 집이 없는 노동자들은 도시의 최빈곤층으로 전락했다. 이렇게 심각했던 도시의 주거 문제를 해결하기 위해 건축가 르 코르뷔지에가 고안해낸 아이디어가 바로 아파트였다.

그는 일단 중요한 건, 살기 좋은 집을 과거보다 훨씬 더 빠르고 저렴하게 지어야 한다고 생각했다. 당시 새롭게 등장한 건축 재료인 철과 유리, 철근 콘크리트가 그의 눈에 들어왔다. 공장에서 자동차를 만들듯, 집도 이런 재료와 기술을 활용하면 대량생산할 수 있다고 믿었다. 집이 저렴하면서도 건강하고 위생적인 생활을 가능하게 해준다

3590세대가 입주했던 구반포아파트 단지 정경

면, 노동자의 삶도 훨씬 더 나아질 것이라 생각했다.

그는 같은 평면을 반복해 높이 쌓아 올려 아파트를 짓고, 대신 지상은 넓은 공원으로 만들겠다는 아이디어를 제시했다. 그렇게 되면 도시 전체가 훨씬 더 살기 좋은 곳이 될 것이라 믿었다. 그러나 그의 아파트는 당대에는 큰 공감을 얻지 못했다. 특히 고풍스러운 파리 한복판에 아파트 단지를 짓겠다는 계획은 설득력이 부족했다. 하지만 결국 그의 예감은 적중했다. 다만, 100년 후 유럽이 아닌 동양의 끝, 대한민국에서 그의 꿈이 실현될 줄은 르 코르뷔지에조차 상상하지 못했을 것이다.

나는 특이하게 건축학과를 졸업한 뒤 설계사무소 대신 시공회사에서 경력을 시작했다. 경기도 시흥시청 인근 택지개발지구의 논밭 한가운데, 600세대 10개 동을 짓는 아파트 현장이 내 첫 직장이었다. 3년 내내 건설 현장의 '김 기사(엔지니어)'로 일했다.

그런데 당시 아파트는 건축적으로 참 재미가 없었다. 시공 과정도 반복적이고 단순했다. 대상지가 정해지면 법에 맞춰 건폐율*과 용적률**에 따라 짓던 시절이라, 우리 건축인들 사이에서도 재미없는 프로젝트로 통했다. 그래도 눈앞에서 실제 건물이 올라가는 모습을 보며 하루하루 버티고 있었는데, 그해 말 하필 외환위기가 터졌다.

아파트를 분양해 사업자금을 마련해왔던 대기업들은 한꺼번에 유동성 위기를 겪으며 최대한 비용을 절감해야 했다. 예를 들어 눈에 보이는 아파트 외부 조경에는 그나마 신경을 썼지만, 실내는 가장 저렴한 재료로 마감할 수밖에 없었다. 심지어 2000년대 초에 지어진 아파트의 바닥 마감을 보면 거실과 부엌, 식당만 일반 마루로 하고 침실은 전부 비닐장판이었다. 요즘 같으면 집 전체를 거실부터 방까지 같은 재료로 마감하겠지만, 상황이 어려웠던 당시에는 방 내부에 값싼 비닐장판을 깔았다.

외환위기로 큰 상처를 입은 우리 국민은 특유의 애국심과 근면성

---

* 대지면적 대비 건물이 지면에 차지하는 면적의 비율로, 건물이 땅을 얼마나 점유할 수 있는지를 정하는 기본 지표.
** 대지면적 대비 건물 연면적(모든 층 바닥면적 합계)의 비율로, 한 땅에 얼마나 많은 층과 공간을 올릴 수 있는지를 결정하는 핵심 기준.

실함으로 3년 만에 IMF 차입금을 모두 갚아 졸업할 수 있었다. 하지만 모든 것이 그 이전으로 돌아갈 수 있으리라고 기대했던 건 엄청난 착각이었다. 이미 미국 중심의 자본주의 체제로 재편된 뒤였다. 땅을 사서 건물을 짓고 분양까지 하던 건설회사들의 재무 독립성이 약해지면서 새로운 건축주 그룹이 등장했다. 바로 돈줄을 쥐고 있던 금융권과 시행사들이었다. 결국 기술 주도의 시기에서 자본의 시대로 넘어가던 과도기였고, 아파트는 철저히 시장에 내놓고 팔아야 하는 상품이 되어버렸다.

이런 배경에서 2000년대 초 나타났던 새로운 현상이 바로 유명 배우를 앞세운 아파트 광고와 건설사 이름을 지운 브랜드명이었다. 그때까지 '○○아파트'라고 하면 건설사 이름이거나, 신도시의 마을 이름들이었는데 이때부터 브랜드명이 그 자리를 차지했다. 외관이나 내부는 이전과 별반 다를 게 없는데 새로운 로고를 붙여 브랜딩을 주력했고 개별 동보다는 단지의 이미지를 굳혀 갔다. 드디어 대문을 걸어 잠가 소위 빗장동네라 불리는 게이티드 커뮤니티Gated community가 나타난 것이다.

도널드 트럼프가
한국 아파트에 남긴 것

전국 각지에 같은 브랜드의 아파트들이 들어서자, 외부에는 배타

적이면서도 내부적으로는 공동체를 지향하는 특성이 생겼다. 특히 '빗장동네'의 이미지는 부동산 가치와 결합하면서 그 파급력이 더욱 커졌다. 그 대표적인 사례가 바로 초고층 주거의 상징인 주상복합 아파트다. 외환위기 이후 대기업들을 살리기 위해, 사옥 용도로 매입해 두었던 부지를 활용할 수 있도록 허용한 결과물이 바로 초고층 주상복합건물이었다.

정부는 당시 한시적으로 건축법을 완화했는데, 전체 면적의 40% 이상을 지어야 했던 상업시설의 비율을 10%로 낮추고 주거 비율을 90%까지 올릴 수 있도록 조치해준 것이다. 한시적이긴 했지만, 결국 분양이 쉬운 아파트의 비율을 늘려 기업이 현금을 확보하기 쉽게 만든 특혜였다. 예를 들어 삼성은 도곡동에 신축 사옥을 짓기 위해 이미 해외에서 설계까지 마쳤음에도, 기존 설계를 백지화시키고 이 한시적으로 완화된 건축법을 활용해 일반 사옥보다 훨씬 더 수익성이 높은 타워팰리스를 지었다.

흥미로운 사실은 처음 이 타워팰리스를 분양했을 때만 해도 외벽 전체가 유리로 된 초고층 아파트가 생경해서인지 몰라도 한국인들에게 인기가 너무 없어 실패한 프로젝트가 될 뻔했다는 점이다. 거의 반 강제로 임원들이 한 세대씩 분양을 맡아야 할 정도였는데, 시간이 흐를수록 '삼성 임원들이 사는 아파트'라는 소문이 돌면서 점차 고급 단지로 이미지를 굳혀갔다. 뒤이어 대우건설도 한 시행사와 손잡고, 당시 미국의 젊은 사업가였던 트럼프의 브랜드를 사용해 주상복합을 개발했다. 분양 성적은 대성공이었다. 지금도 트럼프가 대한민국을 언급할 때 빼놓지 않는 사례가 바로 트럼프월드일 정도다.

바로 이 시기에 일반 아파트에도 초고층 주상복합의 인기를 반영한 시설이 도입되었다. 그것이 바로 아파트 단지 주민만을 위한 커뮤니티 시설이다. 처음 주상복합 아파트에 운동 시설과 연회장 등이 포함됐을 때는 주민들 사이에서도 반감이 컸다. 하지만 결국 '소수만을 위한 공간이 곧 고급'이라는 인식이 퍼지면서, 2000년대 이후에는 일반 아파트에도 속속 도입되었다. 최근에는 이 커뮤니티 시설에 어떤 기능이 포함되느냐에 따라 아파트 분양 성패가 좌우되는 시대가 되었다.

2000년 여름, 정들었던 시공 회사를 떠나 꿈에 그리던 유학길에 올랐다. 대부분이 미국으로 향할 때 나는 영국을 택했다. 그래도 유럽이 디자인에서는 한발 앞서 있다는 생각 때문이었다. 요즘은 프리미어리그 덕분에 영국이 한결 친숙하게 느껴지지만, 당시만 해도 영국은 멀고도 낯선 나라였다. 그나마 나는 영화에서 자주 접하고 과거에 배낭여행도 다녀온 터라 런던을 어느 정도 안다고 생각했는데, 막상 도착해보니 전혀 아니었다. 너무나 다른 환경 탓에 적응하기가 무척 어려웠다.

생경한 도시와 친해지기 위해 런던 곳곳을 정말 많이 걸었다. 거의 반년 동안 주말마다 건축 안내서에 적힌 건물들을 찾아 구석구석 다녔다. 그러다 우연히 런던 도심 한복판에서 발견한 곳이 바로 바비컨Barbican이라는 아파트 단지였다. 아직도 그날의 장면이 생생하다. 햇살이 유난히 좋던 토요일 오후, 경사로를 따라 천천히 오르던 길 위로 고층 아파트들이 쭉쭉 솟아 있었다. 콘크리트의 묵직한 질감 사이

바비컨 단지에 있는 원형 아파트

런던 도심 한복판에 위치한 아파드 단지 바비컨

로 커뮤니티 시설에서 운동하는 사람들의 웃음소리가 바람을 타고 흘러왔다. 마치 오래전 유럽 영화를 한 장면씩 걷고 있는 듯한 기분이었다. 단지 한가운데에는 잔잔한 인공 호수가 있었고, 그 둘레엔 공원과 도서관, 음악당, 미술관까지 자리하고 있었다.

그 풍경은 내게 충격에 가까웠다. 한국에서 늘 똑같은 판상형 아파트 현장만 보아온 나에게 바비컨은 마치 다른 행성 같았다. 고층형 아파트와 저층 주택들이 층위를 이루며 자연스럽게 이어지고, 그 사이를 흐르는 복도와 통로는 마치 도시의 핏줄 같았다. 그곳에는 자동차 한 대 보이지 않았고, 대신 사람의 걸음과 대화, 물빛이 풍경의 중심을 차지하고 있었다. 호수 앞 카페에 앉아 있으면 문득 이런 생각이 들었다. '이곳이 바로 르 코르뷔지에가 꿈꾸었던 이상 도시 아닐까?' 그날의 바람과 빛, 그리고 그 착각은 지금도 내 머릿속에 선명히 남아 있다.

그런데 이제 25년이 지나 대한민국이 그 바통을 넘겨받은 느낌이다. 주차장으로 가득 찼던 아파트 지상층은 일찌감치 아이들의 웃음소리가 넘치는 공원으로 바뀌고 있고, 커뮤니티엔 각종 운동 시설과 공동식당, 카페 등이 생겨 주민들에게 없어서는 안 될 장소가 됐다.

물론 새로 생긴 아파트 단지에 국한된 꿈같은 이야기일 수도 있다. 하지만 더 이상 진화할 여지가 없을 것 같았던 아파트가 여전히 발전하고 있다는 점, 그리고 건축 책에서만 보던 아이디어들을 실제로 실현하고 있다는 사실이 새삼 놀랍다. 무엇보다 우리나라 사람들의 특성과도 잘 맞아떨어진다. 변화에 빠르게 적응하고 새로운 기술을 주저 없이 받아들이는 국민성과 결합하면서, 이제 아파트는 모든 것이 디지털로 제어 가능한 '스마트 도시' 개념의 새로운 장이 되고 있다.

아파트 단지는 대체 어디까지 발전할까? 1962년 마포에 첫 아파트 단지가 들어선 이래 60여 년, 대한민국의 아파트는 단순한 주거 형태를 넘어 한 사회의 집단적 경험과 기술의 총합으로 진화해왔다. 분양을 잘하기 위한 경쟁, 더 높은 분양가를 위한 노력 속에서도 수많은 시행착오와 실험이 반복됐고, 그 결과 지금의 아파트는 지난 반세기 동안 쌓여온 주거에 대한 집단적 노하우의 결정체가 됐다.

다만 한 가지 아쉬운 건 100여 년 전 건축가 르 코르뷔지에가 아파트를 꿈꾸며 생각했던 주인공이 저임금 노동자들이었다면, 현재 우리나라의 아파트 단지는 중산층 이상만 들어갈 수 있는 빗장동네가 되어버렸다는 점이다. 심지어 준공 때는 단지를 개방하기로 약속하는 조건으로 각종 혜택을 누리고, 입주 후에는 뻔뻔하게 문을 걸어 잠가 주민들만 들어갈 수 있도록 높은 담과 보안 시설까지 설치한 단지들을 보면 그 이기주의가 안타까울 뿐이다.

비록 사유재산인 아파트 단지라도 도시의 일부분으로서 이웃 사회와 함께 공존할 수 있는 공공재로서의 역할을 회복하는 일이야말로 우리에게 남은 과제가 아닐까. 아파트 역시 시대의 욕망과 삶의 조건 속에서 끊임없이 변해온 집의 유전자의 한 형태다. 이제 그 유전자가 다시 한번 공동체를 향해 진화할 차례다.

집의 유전자

7

밖과 안이
연결될 때
집은 완성된다

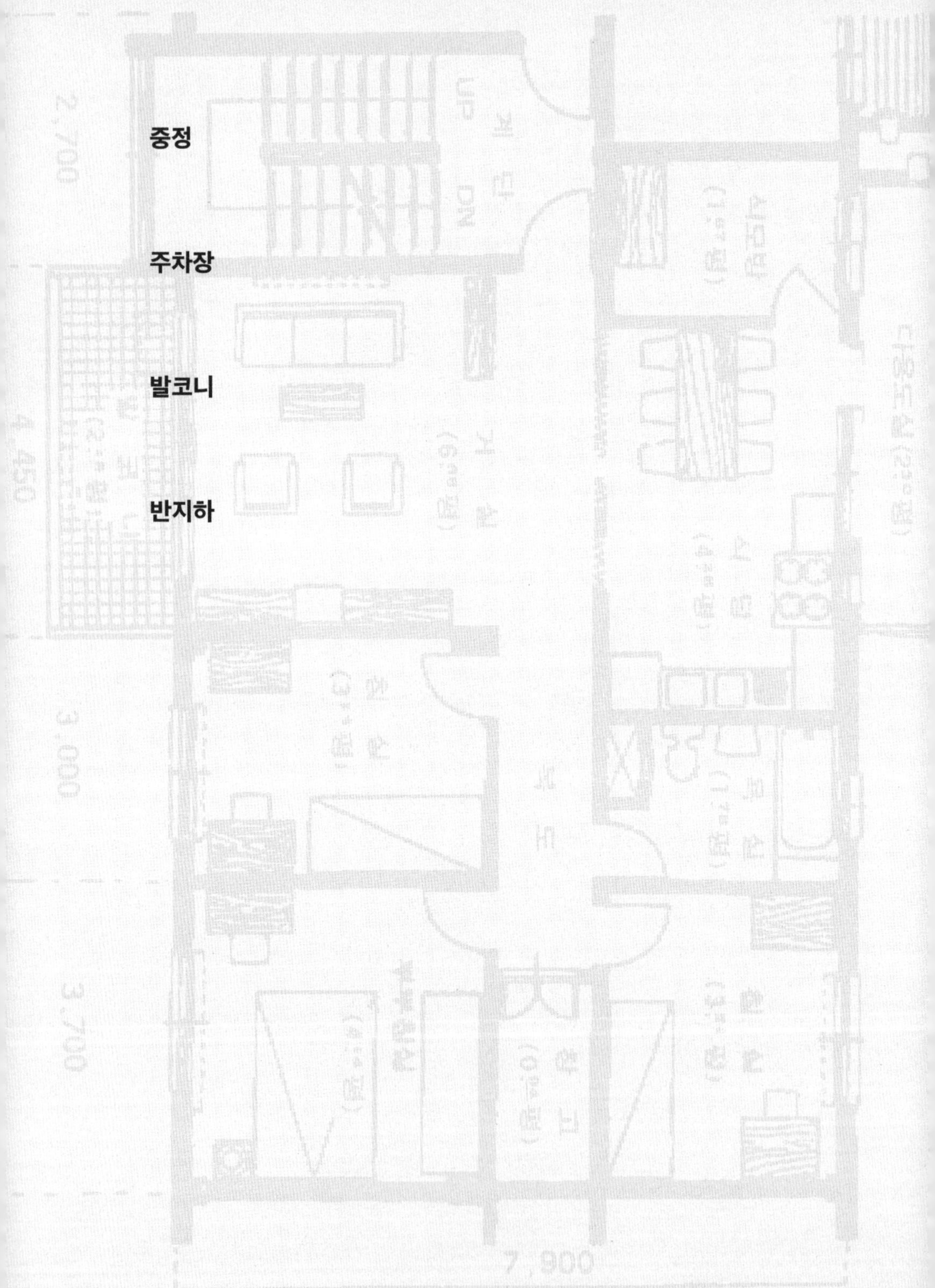

중정

주차장

발코니

반지하

집 안에 정원이 있다면
얼마나 좋을까

중정

"건축을
중단하겠습니다"

주택 설계를 하다 보면 건축주가 꼭 넣고 싶다고 말하는 요소가 몇 가지 있다. 그중에서도 내가 유독 설득해서라도 말리는 것이 바로 옥상 정원과 중정이다. 사실 그 로망을 이해하지 못하는 건 아니다. 집 한가운데라도 작은 중정이 있으면 어느 공간에 서 있든 초록이 시야에 들어올 것이고, 옥상에 정원을 만들어 화초를 키우거나 텃밭을 가꾸는 로망도 실현할 수 있을 것이다.

실제로 중정을 중심에 두고 방과 복도를 배치하면 마치 자연을 집 안으로 품은 듯한 공간이 만들어진다. 일반적인 아파트나 평범한 단독주택에서는 상상하기 힘든 경험이다. 집의 중심에 정원이 있으면 어둡고 막힌 복도 대신 항상 초록이 가득하고, 어떤 방에 서 있어도 같은 나무와 정원을 바라보게 된다. 자연이 집 안으로 스며든 것만 같은 착각을 불러일으키고, 집 전체에는 따뜻한 빛과 신선한 공기가 순환해 묘한 감정까지 만들어낸다.

그런데 중정을 집 한가운데 두고 평면을 그리다 보면, 처음엔 보이지 않던 석연치 않은 지점이 금세 드러난다. 면적이 좁지 않은 집임에도 방들이 시원하게 펼쳐지지 않고 어딘가 비좁게 느껴지는 것이다. 이상하다 싶어 도면을 들여다보면 이유는 분명하다. 바로 복도 때문이다. 중정이 중앙에 놓이면 순환 동선을 확보하기 위해 거의 반드시 복도를 한 바퀴 두르게 된다. 방이 중정과 직접 맞닿는다면 창을 열어야 하고, 그러면 중정이 면한 방들 사이에 프라이버시 문제가 생긴다. 또한 모든 방에서 식당과 부엌을 오가기 위해서는 자연스럽게 중정을 중심으로 돌아가는 동선이 필요해진다.

문제는 이 '이동을 위한 면적'이다. 단순히 지나가기 위한 길이지만, 면적을 합치면 작은 집에서는 방 하나가, 큰 집에서는 방 몇 개가 나올 만큼의 공간을 차지해버린다. 중정이 주는 낭만만큼이나, 그 주변에 생기는 복도 면적도 무시할 수 없다는 사실을 도면이 그대로 보여주는 셈이다. 물론 낭만적인 집을 짓겠다는데 면적을 따지는 것이 어쩌면 이상하게 느껴질 수도 있다. 그럴 거면 차라리 아파트에 살지 왜 굳이 단독주택을 짓느냐고 말할 수도 있다. 하지만 막상 건축주의 입장이 되어 보면 그렇게 단순하지가 않다. 처음에는 중정이 주는 매력에 깊이 빠져 있다가도, 구체적인 도면을 마주하는 순간 그 로망을 접는 분들이 적지 않다. 이상과 현실 사이의 간극이 도면 위에서 아주 선명하게 드러나기 때문이다.

10여 년 전 서울에서 큰 주택을 설계했을 때의 일이다. 뒤로는 산이 받쳐 주고 전망도 훌륭한, 정말로 아름다운 자리였다. 건축주와 기본적인 요구사항을 나누다 보니 자연스럽게 머릿속에 중정이 떠올랐다. 필요 공간을 모두 합치면 100평이 훌쩍 넘는 규모였고, 집이 커질수록 내부 깊숙한 곳은 햇빛이 잘 닿지 않아 어두워질 수밖에 없었다. 창을 아무리 크게 만들어도 한계가 있었다. 그래서 그 어둠을 해결할 방법으로 제안한 것이 바로 중정이었다. 첫 미팅에서 도면과 이미지를 보여드렸더니 건축주도 꽤 만족해하는 표정이었다. 모든 일이 이렇게까지 순조로울 수 있나 싶을 정도로 과정이 술술 풀렸다. 우리는 바로 인허가를 준비했고, 실시설계를 앞두고 있었다.

그런데 얼마 지나지 않아 청천벽력 같은 소식이 들려왔다. 설계를 당분간 중단하고 싶다는 이야기였다. 이유가 궁금해 조심스레 여쭤 보았다.

"중정 자체는 참 좋았습니다. 그런데 그 주변을 둘러싸는 복도가 계속 마음에 걸리더군요. 면적을 너무 많이 차지하는 것 같았어요. 집이 작으면 또 모르겠는데, 규모가 크다 보니 복도도 같이 커져서 더 신경이 쓰였습니다. 그리고 중정이 있으면 겨울엔 외풍이 더 심해질 것 같고, 여름엔 벌레도 많이 생기지 않을까 싶더라고요. 비라도 많이 오면 배수 문제도 걱정되고요. 이런저런 고민을 하다 보니… 결국 중

중정이 부담스러워 결국 중단된 어느 주택의 계획 도면

단하기로 했습니다."

설계도가 나오기 전에 말씀해주셨다면 더 좋았겠지만, 건축주가 마음에 두고 있던 이유를 듣고 나니 억지로 밀어붙일 수는 없었다. 전문가가 아닌 입장에서 무엇이 불편한지 정확히 짚어 말하기도 쉽지 않았을 것이다. 처음에는 중정이 주는 장점만 보였겠지만, 아마 도면을 여러 번 들여다보고 주변 사람들의 의견도 들으면서 생각이 달라진 듯했다. 중정 때문에 면적 효율이 떨어지고, 보기와는 다르게 실제 거주에 큰 불편이 있을 수도 있다는 이야기를 들었을 것이다.

중정의 핵심은
공간 흡수

사실 처음에는 꽤 당황했고, 솔직히 조금 화도 났다. 하지만 중정이 있는 평면을 다시 차분히 들여다보니 건축주의 말씀이 무슨 뜻인지 금방 이해가 됐다. 나는 건축주가 여유가 있는 분이니 중정 정도는 있어야 그 낭만이 채워질 것이라 생각했다. 땅도 넓고 집도 크니 복도 면적이 조금 늘어나는 정도쯤은 너그러이 받아들이실 거라고 지레 짐작했던 것이다. 그게 오산이었다. 생각해보면 그 의견에는 충분히 일리가 있었다. 우리가 사는 집에서 면적이나 효율이 모든 것의 기준이 될 필요는 없지만 그렇다고 전혀 고려하지 않을 수도 없다. 땅을 매입하고 큰돈을 들여 집을 짓는 입장에서는 낭만이 깃든 공간도 중요하지만 그 안에서 경제적이고 효율적인 삶이 가능할지 따지는 것 역시 필수적이기 때문이다.

건축주의 입장에서 사안을 다시 들여다보니 모든 말이 이해됐고, 고개를 끄덕일 수밖에 없었다. 그 일을 계기로 중정이 집을 풍요로운 장소로 바꾸는 힘이 있는 만큼 그와 동시에 분명한 단점도 함께 가진다는 사실을 새삼 깨닫게 되었다.

그렇다면 왜 중정이 생기면 반드시 복도가 따라붙을까? 앞에서 말했듯, LDK처럼 집이 방으로 잘게 나누어지지 않은 '열린 구성'이라면 중정이 있어도 복도가 크게 필요 없다. 하나의 거대한 공간 한가운데에 지붕이 뚫려 빛이 쏟아지는 모습을 떠올리면 된다. 2018년 일본 애니메이션 〈미래의 미라이〉에 그런 집이 등장한다. 가운데 중정을 두고 앞뒤로 거실과 식당이 배치되어 있는데, 두 공간이 서로 열려 있어 복도가 거의 없다. 거실·식당·주방이 하나의 큰 LDK 공간을 이루고, 그 속에 중정이 끼워 넣어진 형식이다. 물론 애니메이션의 특별한 연출을 위해 중정을 사이에 두고 맞은편이 훤히 보이는 구조를 택한 것도 있을 것이다. 하지만 실제로 복도 면적을 최소화하려면 이런 식으로 중정과 접하는 공간들이 오픈되어 있어야 한다. 중정이 거실이나 식당 같은 '공용 공간' 속에 포함될 경우 방들이 중정을 둘러싸는 형태를 피할 수 있고, 이래야만 따로 복도를 위한 공간을 빼지 않아도 되기 때문이다.

그런데 현실 속 대부분의 집은 '여러 개의 방들'로 구성되어 있다. 방송에 소개되었던 괴산의 중정 있는 집이 좋은 예다. 외관만 보면 전형적인 삼각 지붕의 작은 집인데, 놀랍게도 내부 한가운데에 중정이 자리한다. 자연을 집 안으로 끌어들이기 위해 작은 중정을 넣었지만 그 순간 주변에는 필연적으로 복도가 생겼다.

집의 규모가 작다 보니 중정의 존재감은 더욱 커졌는데 이와 동시에 그 중정을 둘러싸는 복도의 무게감도 함께 커질 수밖에 없었다. 복도 면적을 줄이기 위해 부엌과 식당 일부로 흡수하려 했지만 집 자체가 작다 보니 방의 크기를 줄이지 않고는 해결할 방법이 없었다. 물론 당시 건축주들은 크게 불만이 없었다. 하지만 아이들이 성장해 조금 더 여유 있는 방을 필요로 하게 된다면 그때의 판단이 다시 고민거리가 될지도 모른다.

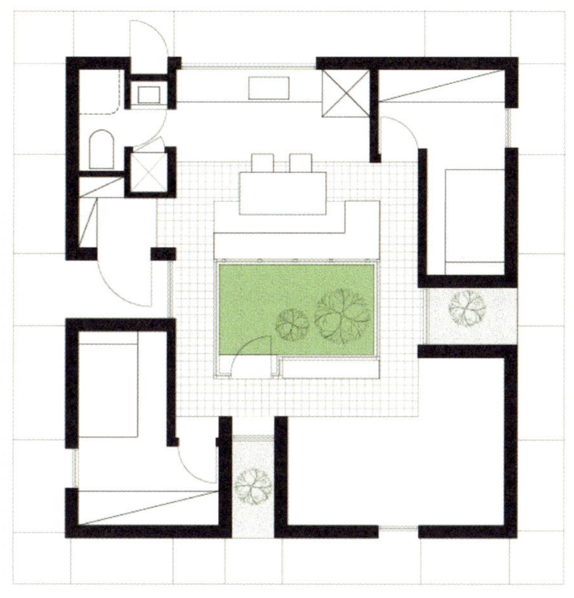

중정이 배치된 괴산주택 도면

그래서 집이 방들과 복도로 이루어지는 이상 중정을 넣고자 한다면 무엇보다 '동선'에 대한 고민이 선행되어야 한다. 이런 점에서 중정은 단층보다는 복층 구조에서 더 효율적으로 설계될 수 있다. 중정을 둘러싸는 동선이 필요한 것은 단층이나 복층이나 같지만, 두 층을 오가는 계단이 필수적인 복층의 경우 그 계단을 중정 주변에 배치함으로써 복도 면적을 최소화할 수 있기 때문이다. 핵심은 중정 주변의 복도를 별도로 만들지 않고, 어떻게 생활 공간 속에 자연스럽게 흡수시키느냐에 있다. 내가 설계했던 강릉주택도 같은 접근이었다. 가운데

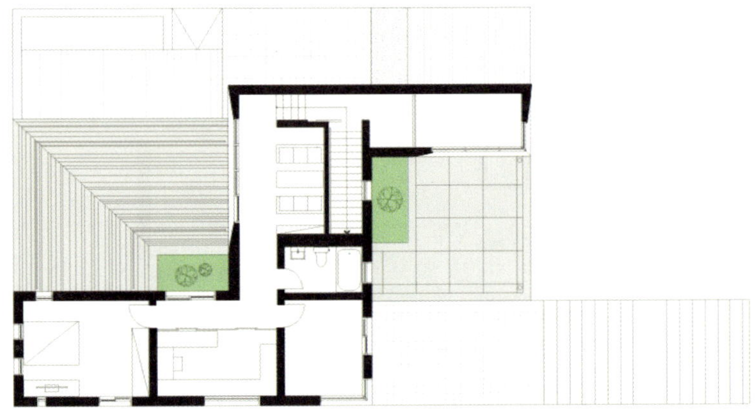

중정이 배치된 강릉주택 도면

중정을 두고 위층과 아래층의 평면이 서로 엮이도록 했는데, 'ㄱ' 자 형태의 평면들이 겹치면서 생긴 비어 있는 공간이 도면상으로는 중정이지만 실제로는 열린 정원처럼 느껴지는 효과가 생겼다.

잠시라도 머물 이유가 있을 때
공간은 삶 속으로 들어온다

옥상 정원도 사정은 비슷하다. 우리 조상들의 삶에는 애초에 옥상 정원이라는 개념이 없었다. 아니, 옥상 자체가 없었다. 천장 위에는 지붕이 있을 뿐이고, 그 위에 또 다른 공간이 있을 리 만무했다. 그러다 1960년대, 콘크리트로 집을 짓기 시작하면서 상황이 바뀌었다. 콘크리트는 액체처럼 흘러내리다 굳는 재료라 지붕을 경사지게 만드는 작업이 오히려 더 까다로웠다. 그 결과 역사상 처음으로 '평평한 지붕을 가진 집'이 보편화되기 시작했다.

오늘날이라면 금속 지붕으로 손쉽게 경사를 만들 수 있지만, 당시에는 그런 기술이 보편화되지 않아 콘크리트 평지붕을 택하는 경우가 많았다. 여기에 내부 공간까지 부족하니 사람들은 그 평평한 지붕을 자연스럽게 '또 하나의 마당'으로 쓰기 시작했다. 그래서 옥상이 있으면 숨통이 확 트였다. 농촌에서는 농작물을 말렸고, 빨래를 널 공간으로도 요긴했다. 뜻밖에 생긴 평평한 마당 한 칸을 얻은 셈이었다. 텃밭을 가꿀 수도 있고 작은 정원도 만들 수도 있고 운동기구나 오래된 화분들을 올려두기에도 좋았다. 장독대 역시 자연스럽게 옥상으로 올라갔다. 그렇게 'K-옥상 정원'이 탄생했다.

그렇다면 옥상 정원의 원조는 누구일까? 이번에도 역시 르 코르뷔지에다. 그가 철근 콘크리트로 집을 실험적으로 지어가던 시기에 내놓은 기발한 아이디어 중 하나가 바로 옥상 정원이었다. 땅이 좁은 도시에서 마당이 사라지는 문제를 해결하기 위해, 지붕 위에 새로운 정원을 만들자는 발상이었다. 필로티 구조를 처음 적용한 사보아 주택에도 멋진 옥상 정원이 있었다. 하지만 현실은 그의 낭만적 구상과는 달랐다. 평평한 지붕은 물이 새기 쉬웠고, 유지관리도 까다로웠다. 당시 철근 콘크리트 역사가 짧았던 만큼 방수나 옥상 바닥 마감재에 대한 노하우도 부족했다.

결국 사보아 주택은 한동안 방치되었고, 르 코르뷔지에 재단이 인수하기 전까지 오랫동안 버려진 건물이나 다름없었다. 만약 그가 세계적인 건축가로 이름을 남기지 않았다면, 사보아 주택은 지금쯤 역사 속으로 조용히 사라졌을지도 모른다.

옥상 정원의 역사는 길어야 100년 남짓에 불과하다. 그러나 내가 옥상 정원을 원하는 건축주들에게 조심스럽게 말리는 이유는 단순히 유지관리가 어렵고 역사가 짧아서만은 아니다. 가장 큰 이유는 '사용 빈도'다. 옥상에 정성껏 정원을 만들어놓아도 정작 잘 올라가지 않는 경우가 대부분이다. 집이라는 공간은 결국 바쁜 일상의 무대다. 1층에 있는 마당조차 일 년에 며칠 나가보지 않을 때가 많은데, 생각보다 멀고 귀찮은 옥상은 더욱 방치되기 쉽다. 결국 식물만 남고, 그 식물을 관리해야 하는 부담만 늘어난다.

옥상 정원을 꼭 만들고 싶다면, 나는 한 가지를 반드시 권한다. 사람이 머무를 수 있는 작은 '거점 공간'을 함께 만드는 것이다. 작은 다실, 테라스처럼 짧게라도 쉴 수 있는 벤치, 혹은 간단한 창고나 그늘막이라도 좋다. 사람이 잠시라도 머무를 이유가 있을 때, 비로소 옥상 정원은 삶 속으로 들어온다. 그 공간이 있어야 일상적인 동선이 생기고, 동선이 생겨야 정원이 비로소 살아난다.

집은 결국 내부와 외부가 균형을 이루며 작동할 때 아름다워진다. 외부 공간만 멋지게 만든다고 해도, 그것이 내부 생활과 단절되어 있으면 금세 무용지물이 된다. 반대로 내부가 아무리 편리하게 구성되어 있어도 바깥 공간이 죽어 있다면 집의 깊이가 얕아진다. 건축은 그

건축사무소 폴리머의 옥상 정원 사례

두 세계가 자연스럽게 이어지도록 도와주는 일이다. 옥상 정원 역시 마찬가지다. 일상을 담아낼 내부 공간이 먼저 갖춰져야 외부 공간도 비로소 제 역할을 한다.

좋은 집은 몇 컷의 멋진 장면 혹은 인증샷 같은 것들만으로 완성되지 않는다. 사람이 일상 속에서 오가고, 머무르고, 눈길을 주는 그 모든 흐름이 자연스럽게 연결될 때 비로소 살아 있는 집이 된다. 중정이

든 옥상이든, 외부 공간을 꿈꿀 때 먼저 점검해야 하는 건 화려한 이미지가 아니라 그 공간으로 이어지는 삶의 동선과 밀도다. 집은 결국 그곳에 사는 사람과 함께 완성되는 공간이기 때문이다.

주차장의
변신은 무죄

주차장

차를 모시던 시절에서
차와 함께 사는 시대로

자동차는 이제 일상에서 없어서는 안 될 필수품이 되었다. 한때는 자가용이라 불리며 부의 상징으로 여겨졌지만, 지금은 국민 1인당 자동차 보유 대수를 따지는 시대다. 자동차가 많은 것은 도시만의 문제가 아니다. 요즘은 시골에서도 집마다 자동차를 보유하고 있다. 대중교통이 충분하지 않아 농사일이나 장보기 등 일상생활을 차 없이 하는 것이 거의 불가능하기 때문이다.

하지만 이렇게 자동차가 기하급수적으로 늘어난 것에 비해 주차장은 여전히 턱없이 부족하다. 도심에서는 주차 문제로 이웃 간 고성이 오가는 일이 더 이상 낯설지 않다. 다세대주택 밀집 지역은 낮과 새벽을 가리지 않고 시도 때도 없이 차를 빼 달라는 전화에 시달리기 일쑤다. 심지어 심각한 주차 문제 때문에 전원생활을 결심하는 이들도 있다. 불편한 출퇴근을 감수하면서도 교외로 이주하는 것이다.

도심에서 1시간만 벗어나도 공기가 맑고 주차 공간도 넉넉하다. 특히 아무 곳에나 차를 세울 수 있는 자유는 각박한 도심에서는 결코 누릴 수 없는 호사다. 택지개발지구에 지어진 집들 대부분은 대문 안에 주차 공간이 마련되어 있고, 집 앞 도로에도 주차할 수 있다. 이웃에게 방해만 되지 않는다면 어디에 세워도 누구 하나 뭐라 하지 않는다. 시골에서는 주차 문제로부터 자유로운 삶을 꿈꿀 수 있는 것이다.

1970~1980년대, 자동차가 매우 귀하던 시절에는 차를 대문 안 마당에 두는 것이 일반적이었다. 자동차를 넣기 위해 무겁고 큰 대문을 매번 여닫아야 하는 번거로움이 있었지만 대부분의 집은 마당 한가운데에 주차 공간을 마련했다. 자동차는 집 다음으로 값비싼 재산이었다. 이렇게 비싼 물건을 함부로 바깥에 내놓고 살 수는 없었다. 반면 요즘은 대문 안에 주차장을 두는 번거로움을 감수하지 않는다. 언제나 손쉽게 주차하고 바로 나올 수 있는 방식을 선호한다. 도시를 벗어나 전원생활을 한다고 해도 자동차를 정성껏 마당 안에 들이는 사람은 거의 없다. 교외까지 나와 살면서 차를 넣고 빼기 위해 매번 대문을 여닫는 수고를 감당하지 않는 것이다.

그 대신 자신의 땅 일부를 도로 쪽으로 내어 그 사이에 주차장을 만드는 방식을 택한다. 이렇게 하면 언제든 차를 쉽게 빼고 나갈 수 있을 뿐 아니라 집과 도로 사이에 여유 공간이 자연스럽게 생긴다. 주차장으로 쓰이지 않을 때는 집주인에게는 현관으로 향하는 여유롭고 낭만적인 진입로가 되고, 이웃들에게는 거리를 한층 넓어 보이게 하는 효과가 있다. 주차장이지만 낮에는 차가 없어 아이들의 놀이터나 휴식 공간이 되기도 한다. 요즘 도심에서 종종 볼 수 있는 담장 없는 주차장의 모습이 바로 그것이다.

전원주택을 설계할 때
주차 공간은 어떻게 확보할까?

우리 전통 한옥에는 외부에서 집 안으로 들어오는 길목에 제법 길고 낭만적인 공간이 있었다. 전통 사찰에서 대웅전에 이르기까지 반드시 지나야 하는 일주문과 그 주변의 나무와 조경을 떠올리면, 우리 조상들이 이 진입 공간을 얼마나 중요하게 여겼는지 알 수 있다. 대문 앞 공간이 넉넉하면 그 집은 첫인상부터 여유롭고 품격 있게 느껴진다. 담을 높이 세우고 문을 크게 만들어 외부의 시선을 완전히 차단하는 요즘의 고급 주택과는 전혀 다른 분위기였다.

대문 역시 대지 경계선에 바짝 붙이지 않고 여유를 두고 세웠다. 앞에서 설명했던 해남의 윤선도가 살았던 녹우당을 보면 이 개념을 쉽게 이해할 수 있다. 밖에서는 대문이 잘 보이지 않고, 그 대신 커다랗고 넉넉한 나무 한 그루만 눈에 들어온다. 마을 입구처럼 꾸며진 앞

마당을 돌아야 살짝 숨겨진 듯한 대문에 도달한다. 자신의 땅 일부를 내어 집 전체가 겸손하게 숨어 있는 듯한 인상을 주는 것. 이것이 품격 있는 집의 조건이었다.

이러한 개념은 시골의 명문가 주택뿐 아니라 일제강점기에 지어진 북촌과 서촌의 도심형 한옥에서도 마찬가지였다. 땅이 좁더라도 골목길의 동선을 활용해 진입로를 만들고, 대문의 각도를 틀어 여유로운 공간감을 확보했다. 오늘날의 전원주택들도 이러한 전통의 유전자를 이어받고 있다. 담장과 대문을 약간 안쪽으로 들여 주차 공간을 확보하는 방식이 결과적으로 집을 한층 여유롭게 보이게 하고, 진입 공간에 시적인 분위기까지 더해준다.

집에서 주차장은 부차적인 요소처럼 보이지만 차지하는 공간이 큰 만큼 여러모로 중요하다. 주택을 설계할 때 주차장의 크기와 위치를 우선적으로 고려하지 않으면 나중에 낭패를 보기 쉽다. 건축법이 정한 주차장 한 칸의 최소 크기는 가로 2.5m, 세로 5m로 꽤 넓다. 건축법에서 정하는 주차 대수 기준도 매우 엄격하다. 건축주가 자가용이 없더라도 상관없다. 일정 규모 이상의 건물이라면 면적에 비례해 반드시 주차장을 확보해야 한다. 도로에 접해야 하고, 경우에 따라 폭 6m 이상의 통로를 포함해야 하는 등 제약 조건도 많다.

그래서 아무리 건물을 잘 설계해도 주차장의 위치나 크기를 잘못 잡으면 사용승인을 받을 때까지 애를 먹는 경우가 종종 있다. 요즘은 전원주택이라도 외부에 주차하는 것을 꺼리는 사람이 많다. 한여름의 뜨거운 날씨나 눈이 내리는 겨울을 생각하면 실내 주차장을 설치

해달라는 요청이 늘 수밖에 없다. 특히 아파트에 살면서 이미 지하주차장에 익숙한 사람들이 많을 텐데, 최소한의 편의를 확보하려면 가라지Garage 형태의 실내 주차장이나 주차장 지붕 정도는 시공에 포함시키는 것이 좋다.

하지만 실내 주차장은 건축 면적에 포함이 되므로 교외에 전원주택을 설계할 때는 좀 더 주의를 기울여야 한다. 예를 들어 대지면적이 100평이고 건폐율이 20%라면 1층 면적은 20평으로 제한된다. 2층으로 지어도 총 40평을 넘지 못한다는 의미다. 같은 면적이라도 단층보다 복층으로 나누면 공간 활용이 떨어지는데, 여기에 심지어 실내 주차장까지 만들면 내부 면적이 지나치게 좁아질 수 있다. 그럼에도 반드시 실내에 주차장을 지어야겠다면 가능은 하지만 여러 현실적 제약이 많다.

그래서 많은 이들이 주차장에 반짝이는 아이디어를 고안해내곤 한다. 일거양득의 효과를 노리는 것이다. 예를 들어 외부에 주차장을 설치하되, 평소엔 여유 공간으로 함께 활용하는 방식이다. 흥미롭게도 이런 아이디어의 초안을 이미 100년 전에 제시한 건축가가 있다. 바로 아파트의 창시자이자 필로티 주차 개념을 처음 제안한 르 코르뷔지에다. 앞서 설명했던 빌라 사보아는 파리 도심에서 30km 정도 떨어진 곳에 있는 전원주택이었다. 필로티 주차장이 포함된 여러모로 획기적인 집이었다. 흥미로운 점은 사보아 주택이 차가 들어가 주차하고 다시 나올 때까지 단 한 번도 후진이 필요 없는 구조였다는 것이다. 마치 호텔의 드롭오프Drop-off처럼 비 오는 날에도 사람이 내리고

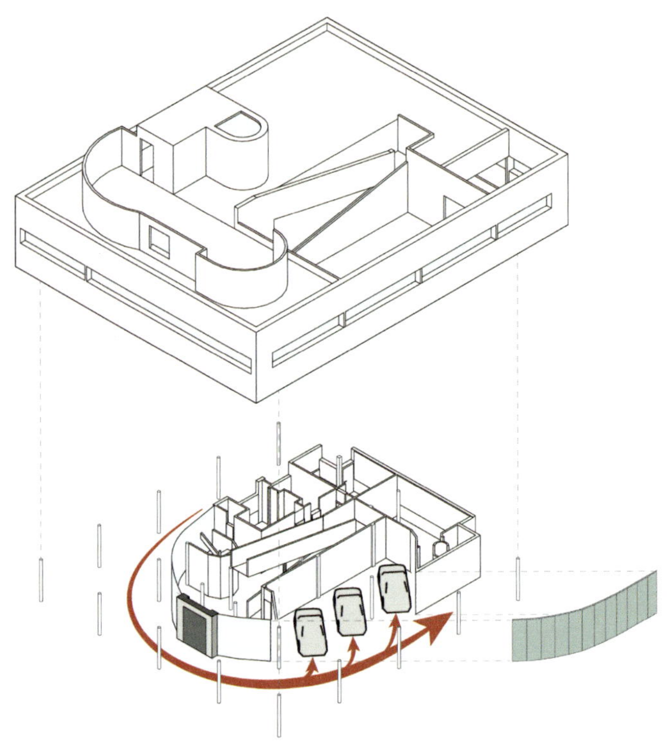

드롭오프 방식을 도입한 빌리 사보아 설계도

타기 쉽게 설계됐다.

필로티 덕분에 비 오는 날에도 우산을 펼칠 필요 없이 차에 타고 내릴 수 있었다. 100년 전에 지어졌다는 게 믿기지 않을 만큼 현대인의 생활 방식에도 잘 맞는 집으로, 기능과 낭만을 함께 담은 훌륭한 작품이었다. 당시 막 등장한 자동차가 가져올 편리함뿐 아니라 그에 따라 생길 주차 문제까지 미리 고려한 새로운 유형의 주택이었다.

필로티의
재해석

이렇게 시작된 빌라 사보아의 유전자가 100년 후 대한민국의 전원주택에 접목되며 외부에 완충 공간을 만드는 형태로 진화했다. 앞서 얘기했듯이 보통 필로티 주차장은 도심의 다세대나 연립주택에서는 도시 경관을 해치는 요소지만, 이를 전원주택에 적용하면 의외의 효과를 얻을 수 있다. 1층에 필로티 주차장을 두고 2층에 거실과 침실 등 주생활 공간을 전부 올리면 오르내리는 것은 조금 불편해도 1층은 훨씬 더 자유롭게 쓸 수 있다. 1층에 남은 일부 방의 용도도 훨씬 유연해진다.

방송 촬영으로 찾았던 충남 서산의 집이 그랬다. 보통 전원주택에서 주차장을 필로티로 계획하는 경우는 드물지만 이 집은 달랐다. 1층 면적을 할애해 2층 하부에 주차장을 만들어 눈이나 비가 와도 차에 오르내리기 편하게 했다. 무더운 날엔 자동차가 항상 필로티에 있어 에어컨이 가동될 때까지 땀을 흘리며 기다릴 필요도 없다. 다만 부부의 주생활 공간이 모두 2층에 있어야 하는 게 단점이다.

그 대신 1층에는 자녀를 위한 손님방과 작은 주방을 남겼다. 흥미로운 건 평소 주차장으로 쓰이는 필로티 공간의 활용 아이디어다. 자동차가 없는 낮에는 테이블과 의자를 내놓아 마치 야외 카페처럼 쓸 수 있다. 전원생활에서 가장 아쉬운 점이 도시에 흔한 카페 같은 공간이 없다는 점인데, 이 집은 밖으로 나가지 않아도 1층에 그런 공간을 둘 수 있는 집이었다. 주차장 문을 접이식으로 설치하면 날씨가 좋은 날에 문을 활짝 열어 자연을 만끽할 수 있다. 간단한 간이 부엌을 마련해두면 평소에는 주차장이지만 주말에는 가족 모임이나 친구들을 초대하는 훌륭한 공간으로 활용할 수 있다.

또 어떤 집은 건물 전체를 띄워 필로티 주차장으로 만드는 경우도 있다. 도심에서는 1층 전체를 필로티로 설계하면 건축 면적을 줄이거나 층수 산정에서 제외되는 등 여러 가지 혜택을 받을 수 있다. 그러나 교외나 시골에서는 굳이 그렇게 할 이유가 없다. 법정 한도에 맞춰 면적을 꽉 채울 필요도 없는데, 오히려 계단을 오르내려야 하는 번거로움만 생기기 때문이다. 다만 도시에서 살다가 시골로 내려온 사람이라면 낯선 환경이 어색하고, 자주 찾아와 챙겨주는 이웃의 관심이 때로는 부담스럽게 느껴질 수도 있다.

그래서 아예 1층을 주차장으로 비워두고 주생활 공간을 모두 2층으로 올린 사례도 있다. 이렇게 하면 농촌에서 꼭 필요한 각종 장비나 기구를 보관하기 편하고, 이웃이 찾아와도 집 안으로 바로 들어올 일이 없어 사생활을 지킬 수 있다. 또 2층의 공간을 도심의 카페보다 더 아늑하고 세련되게 꾸밀 수도 있다. 시골에 살지만 아직 농촌 생활에 완전히 적응하지 못한 사람에게 필로티 공간은 훌륭한 완충지대가 되어준다.

이제 자동차는 컴퓨터나 휴대전화처럼 삶에 필수적인 존재가 되었다. 그러나 그만큼 우리의 주거 환경도 크게 달라졌다. 빠른 속도로 이동할 수 있다는 편리함 뒤에는 도로와 주차장으로 뒤덮인 도시의

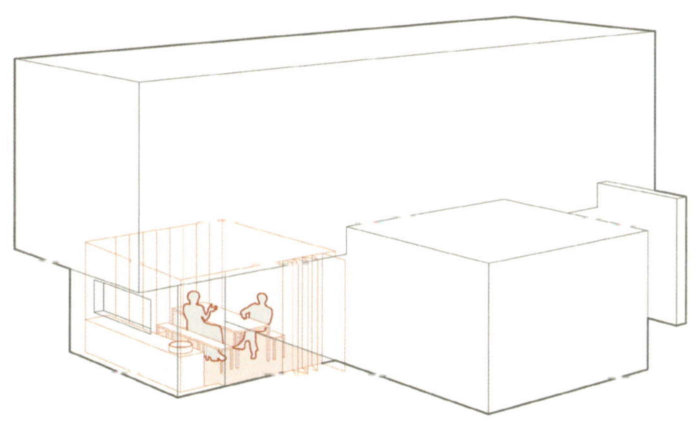

주차 공간을 옆으로 숨기고 1층을 다양한 용도로 활용한 서산의 전원주택

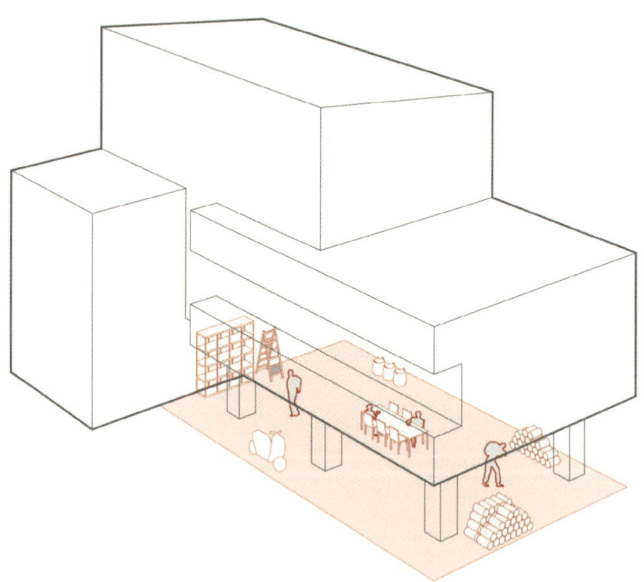

1층 전체를 필로티 공간으로 띄운 천안 산중 목장 위 고립무원 필로티 하우스

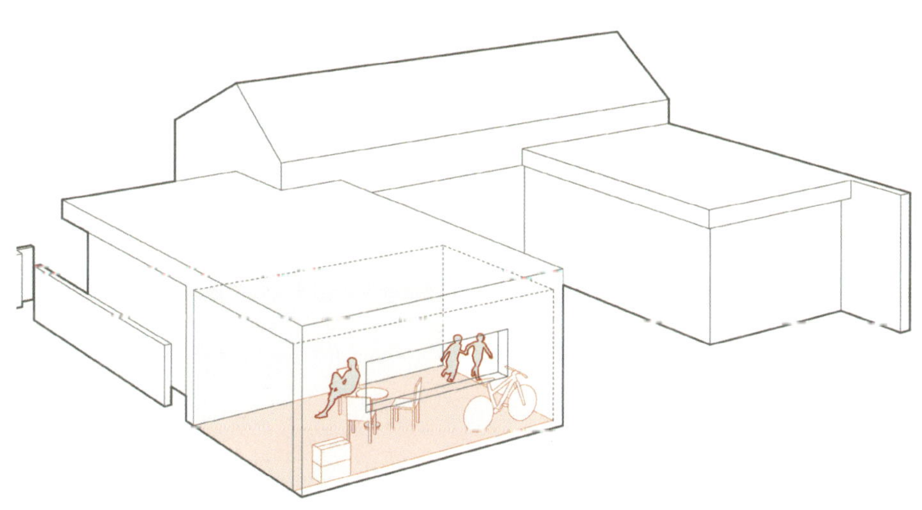

1층 필로티 주차장을 여유 공간으로 활용한 김천의 자두나무집

풍경이 자리하고 있다. 특히 주차 문제는 이제 '대란'이라고 불릴 만큼 심각해져 우리의 일상과 행복마저 위협하고 있다. 그런데 사실 자동차의 수가 늘어나는 속도에 맞춰 주차 공간을 확보하는 일은 처음부터 불가능에 가까웠다. 요즘에는 오히려 도심의 교통 체증을 완화하기 위해 주차장을 줄여야 한다는 주장까지 힘을 얻고 있다.

자동차 문제는 시골도 예외가 아니다. 도심을 벗어나면 주차 걱정 없이 살 수 있을 것 같지만, 법적으로 대지 안에 주차장을 확보해야 하는 의무는 여전하다. 그러나 도심의 공동주택이든 시골의 전원주택이든, 어차피 필요한 주차장이라면 그 위치와 배치만 바꿔도 훨씬 더 나은 주거 환경을 만들 수 있다. 이를 위한 지혜와 해법은 이미 우리 주변에 있다.

공간을 단순히 주차 용도로만 두지 않고, 평소 비워둘 때의 활용까지 고려해 계획한다면 그동안 꿈꿔왔던 로망의 공간과도 연결할 수 있다. 도시에서는 상상하기 힘든 문지방 공간, 이웃과의 교류를 위한 작은 쌈지공원, 필로티 주차장을 활용한 소통의 완충 공간, 중정으로의 전환 등 다양한 사례가 있다. 전원주택을 꿈꾼다면 좁은 땅에 주차장을 만들어야 한다는 생각에 스트레스를 받기보다, 차가 없을 때 어떻게 활용할 수 있을지를 먼저 고민해보는 건 어떨까? 주차장의 변신은 여전히 무죄다.

한국 사람들은
왜 죄다 발코니를 없앨까

발코니

보고 싶지만
보이고 싶지 않다

카페에서 언제나 인기가 많은 공간은 늘 바깥이 시원하게 보이는 테라스다. 몹시 덥거나 추울 때를 제외하고 테라스나 테라스 쪽부터 자리가 찬다. 그런데 이상하게도 아파트에 있는, 우리가 흔히 베란다라고 잘못 부르는 발코니를 제대로 활용하는 사람은 드물다. 카페에서는 그토록 치열하게 자리 경쟁을 하면서 왜 정작 집에서는 그 공간을 활용해볼 생각조차 하지 않을까? 최근 지어지는 아파트에 다시 등장하기 시작한 발코니에서 누군가 차를 마시거나 일광욕을 즐긴다면 그 모습이 SNS에 올라올지도 모를 일이다. 대체 왜 그럴까?

우리나라의 기후 변화는 이미 바깥에서 머무를 수 있는 시간을 많이 줄여버렸다. 여름엔 덥고 겨울엔 춥고 봄과 가을엔 미세먼지가 기승을 부린다. 그늘이라면 잠시 앉아 있기 좋을 텐데 1.5m 폭의 발코니는 윗집 발코니가 지붕 역할을 하지만 햇빛을 완전히 가리기엔 부족하다. 장독대가 있던 시절 어머니들은 발코니에서 화초를 가꾸고 장을 담갔지만 이제 그런 풍경은 거의 사라졌다. 차라리 내부 공간으로 확장하는 편이 활용도가 높다 보니 발코니와 베란다는 하나둘씩 사라지고 있다.

1960년대 초 아파트가 우리나라에 처음 소개될 때부터 외부에 발코니를 두는 계획이 장려됐지만 공감을 얻은 적은 거의 없었다. 장독대를 놓거나 실내가 좁아서 혹은 단열 성능을 높이기 위해 발코니에 창호를 달던 것이 시작이었다. 그러다 어느 순간 아예 터서 거실이나 방 일부로 만들어버렸다. 결국 불법을 합법으로 인정해주는 제도까지 생겼다. 참 이상한 일이다. 우리만큼 자연을 사랑하고 마당을 좋아하는 민족도 드문데 아파트 발코니만큼은 그냥 두지 못했다. 불법 확장이 합법화된 지도 벌써 20년이 지났지만 별문제는 없어 보인다. 지금의 아파트에서 안방 옆에 딸린 빨래 건조용 작은 공간을 제외하면, 사실상 한국인의 주택 유전자에서 발코니는 사라졌다고 해도 과언이 아닐 것이다.

최근에 지어진 일부 아파트를 유심히 살펴본 적이 있다. 이 단지들은 처음부터 발코니 증축이 불가능하게 설계되어 있었다. 여기 사는 입주민들은 원하든 원하지 않든 집 안에 발코니 공간을 둬야만 하는

지하 수납 공간이 만들어지면서 외부 입면이 변경된 구반포아파트 1층 발코니

어디서나 흔히 볼 수 있는 외국 아파트의 발코니 모습

것이다. 나는 문득 발코니에 나와 커피를 마시는 사람이 있을지 궁금했다. 어쩔 수 없이 집 안에 발코니를 품게 되었으니, 이를 적극적으로 활용하려는 사람이 한 명 정도는 있지 않을까 생각했던 것이다. 그러나 잠시 앉아 쉬는 장면이라도 볼 수 있을까 기대했지만 그런 모습을 보진 못했다. 발코니의 크기는 중요하지 않았다. 넓어도 비슷했고 좁아도 마찬가지였다. 이유는 단순하다. 발코니에 서면 시야는 넓게 열리지만 동시에 주변의 시선도 그대로 들어온다. 이 노출감이 사람들을 물러서게 만든다. 발코니는 밖을 바라보는 자리이지만 동시에 바라보이는 자리이기도 하기 때문이다.

우리가 산 정상에 올라 주변 풍경을 즐기려 한다면 어떤 자리를 고를까? 대부분 가장 높은 꼭대기를 떠올리겠지만 실제로는 그렇지 않다. 사람들은 오히려 바위나 지형지물을 등지거나 나무 그늘 아래처럼 약간 가려진 곳을 선호한다. 이유는 단순하다. 멀리 내다볼 수 있으면서도 그와 동시에 숨을 곳이 있는 위치가 본능적으로 가장 안전하게 느껴지기 때문이다.

영국 지리학자 제이 애플턴은 '조망과 피신 이론'을 제시했는데 그 내용이 꽤 흥미롭다.[31] 아주 오래전 인류가 사냥을 하던 시절, 사냥감은 잘 보이되 자신은 들키지 않아야 했다. 인간도 한때 동물이었음을 보여주는 이 이론의 핵심은, 인간은 본능적으로 손쉽게 주변을 조망할 수 있으면서도 남들에게는 노출되지 않는 위치에 있을 때 가장 안심한다는 것이다. 물론 인류는 오늘날 사냥으로 생계를 유지하지는 않지만 수렵 생활 시절의 본능이 여전히 유전자 속에 남아 있기 때문에 발코니에서 차를 마시는 행위조차 본능적인 거부감을 느끼는 것이다.

그래서 아무리 풍경이 좋은 곳일지라도 사방이 트여 자신이 노출되는 자리에는 오래 머물고 싶어하지 않는다. 인간의 시선에는 보고 싶지만 보이고 싶지 않은 이중의 본능이 있다. 스스로는 감추고 상대는 볼 수 있어야 마음이 놓이는 것이다. 동물학자 콘래드 로렌츠 역시 인간이 본능적으로 이런 환경에서 안정감을 느낀다고 설명했다.[32] 그래서 산 정상처럼 높은 곳이 아니어도, 사람들은 카페나 음식점에서 자리를 고를 때 자연스레 벽이나 기둥을 등지고 앉는 것이다. 처음 카페에 들어온 사람들이 어디서부터 자리를 채우는지를 보면 금세 알 수 있다.

발코니를
우리 삶 안으로 들이는 방법

그렇다면 발코니를 우리의 버킷리스트에서 제외해야 할까? 그렇진 않다. '보고는 싶지만 보이기는 싫은' 인간의 역설적 본능을 참고해 발코니를 설계한다면 충분히 로망의 공간으로 만들 수 있다. 그럼 어떻게 발코니를 만들면 답답한 내부 공간에서 잠시 나와 휴식도 취하고 낭만적인 시간을 보낼 수 있을까?

유독 전원주택에서 베란다 공간이 잘 활용되는 사례를 보면 답이 있다. 앞서 살펴보았듯이 옥상 정원처럼 외부 공간이 생활 공간과 완전히 분리되어 있으면 아무리 아름답게 꾸며놔도 잘 올라가지 않는다. 정원은 반드시 생활하는 공간과 같은 층에 있어야 한다. 예를 들어 2층으로 이뤄진 집에서 1층이 주생활 영역이고 2층의 절반 이상이 남는 구조라면 최적의 조건이다. 실내와 실외를 같은 층에서 자유롭게 오갈 수 있어야 비로소 발코니가 제대로 쓰인다.

하지만 가장 중요한 것은 앞서 말했듯 발코니에서의 시선을 편하게 만드는 일이다. 같은 풍경이라도 안에서 바라보는 사람이 외부의 시선에 덜 노출되어야 오래 머물 수 있다. 요즘 아파트처럼 발코니가 외부로 돌출된 형태는 건물 외관에는 효과적이지만 활용도는 떨어진다. 발코니가 삶의 일부가 되려면 우선 충분한 지붕이 있어 햇빛을 막아줄 그늘이 필요하다. 여름이 점점 길어지는 요즘, 쨍한 햇볕 아래 일광욕을 즐길 사람은 많지 않다. 외부 마감은 가벼운 소재가 좋다. 지붕은 반투명 폴리카보네이트로, 창문은 폴딩 방식으로 하면 여름엔 실내를 시원하게 하고 겨울엔 온기를 머금은 온실이나 썬룸으로 활용할 수 있다.

참고로 발코니 확장은 1.5m까지는 합법이지만, 베란다를 내부 공간으로 확장하는 것은 불법이다. 따라서 다세대나 연립주택을 구입할 때는 반드시 건축물대장을 확인해 불법 확장이 이뤄진 베란다가 없는지 살펴봐야 한다. 특히 '일조권 사선제한' 때문에 건물의 윗부분을 뒤로 물러서서 짓는 경우가 많은데, 이때 생기는 여유 공간을 베란다로 두는 것이 일반적이다. 그런데 일부 건축주들은 이 공간을 미리 벽으로 막고, 합법적인 실내 면적인 것처럼 꾸며 다용도실이나 드레

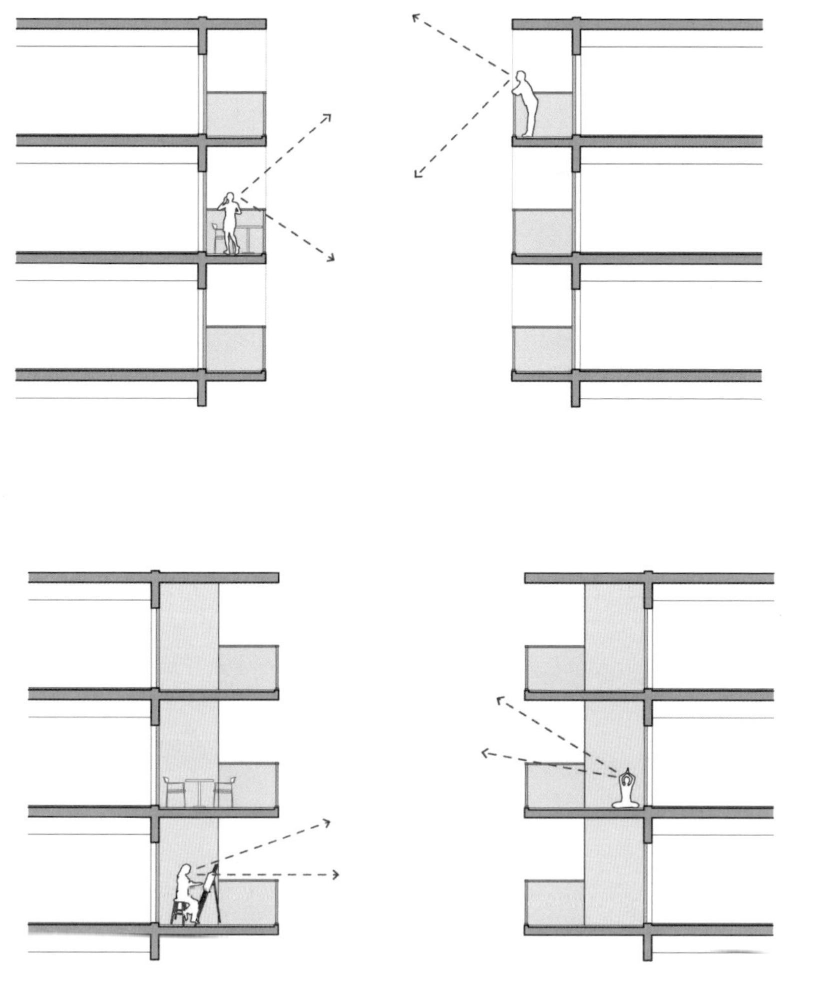

외부에 노출된 일반적인 발코니 구조(위)
노출을 최소화한 대안 발코니 구조(아래)

스룸으로 분양한다. 외형상 깔끔해 보이지만 법적으로는 불법 증축에 해당하므로, 추후 적발 시 원상복구 명령이나 과태료 부과 등 불이익이 생길 수 있다.

마지막으로 한 가지 짚고 넘어갈 부분이 있다. 건축업에 30년 넘게 종사한 나조차도 종종 헷갈리는 용어가 있다. 바로 발코니, 베란다, 테라스다. 흔히 발코니와 베란다를 같은 뜻으로 쓰지만, 실제로는 전혀 다르다. 많은 사람이 테라스로 부르는 공간이 사실은 베란다에 가깝다. 우리가 익숙한 아파트 외벽에 매달린 형태가 발코니다. 아래층의 지붕을 위층에서 마당처럼 활용하는 것은 테라스가 아니라 베란다다. 반면 테라스는 1층 외부 마당에 실내에서 바로 나갈 수 있도록 만든, 흔히 '데크'라고 부르는 외부 바닥 공간을 말한다.

그런데 왜 이렇게 용어들이 혼동되어 사용되고 있을까? 그만큼 공동주택에서 발코니나 베란다가 생활 속에서 자주 쓰이지 않기 때문이다. 사람들이 몰라서 사용하지 않는 게 아니라, 각자의 생활 방식과 공간 활용 방식이 달라지면서 자연스럽게 역할이 줄어든 결과다.

요즘은 실내 공간의 효율을 우선하다 보니 외부 공간의 비중이 줄었지만, 다시 주거의 다양성을 고민하는 흐름 속에서 발코니와 베란다의 쓰임새가 되살아날 가능성은 여전히 남아 있다. 잠시 숨을 고르고 계절을 느낄 수 있는 작은 완충 공간을 원하는 인간의 마음은 과거에도, 지금도, 그리고 앞으로도 변하지 않을 것이기 때문이다.

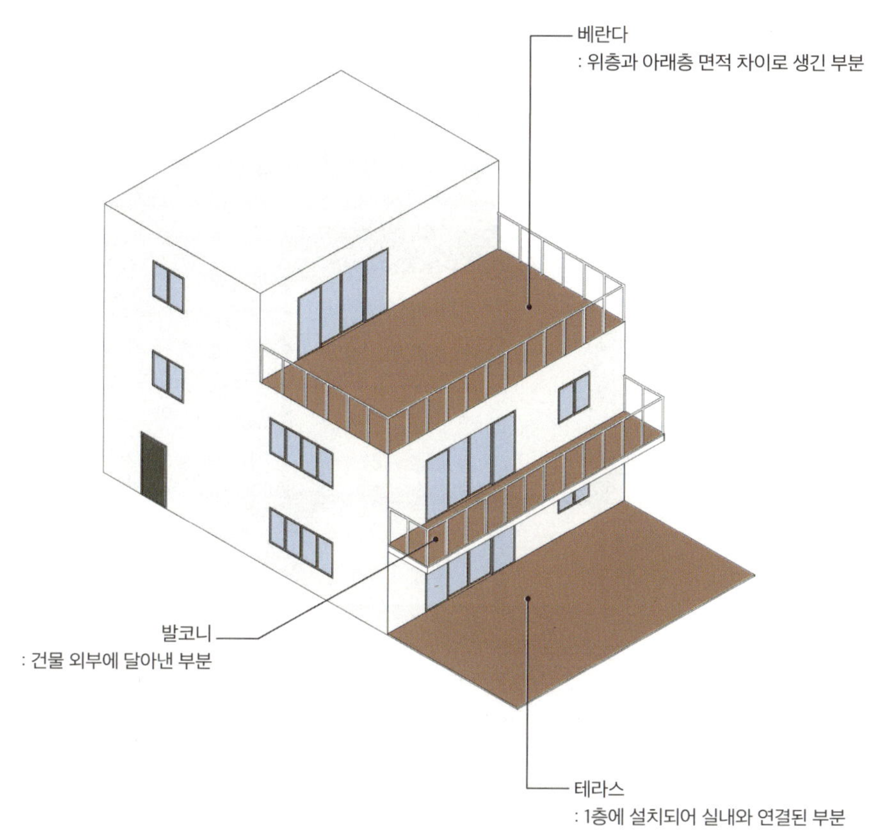

베란다, 발코니, 테라스의 용어 비교

351

서초동 시선의 집 테라스와 정원
©신경섭

집의 절반은
지하에서 시작된다

반지하

건축법의 사각지대,
반지하

영화 〈기생충〉은 우리 주변에서 흔히 접할 수 있는 이야기와 인물, 공간을 통해 전 세계 사람들과 교류하고 함께 공감할 수 있는 계기가 되었다. 특히 영화의 중요한 배경이었던 지하 공간은 우리나라의 빈부 격차 문제를 드러냈다는 점에서 신선했다. 다세대의 반지하와 화려한 2층집 밑에 숨어 있는 어두컴컴한 지하는 마치 외부에 우리의 치부를 드러내는 듯해 마음을 불편하게 하는 공간 중 하나다.

반지하는 절반만 땅에 묻혀 있는 층이다. 그런데 지하면 지하고, 지상이면 지상이지 왜 반만 지하로 만들었을까? 반지하란 사람이 그나마 쾌적하게 살 수 있도록 법적으로 배려한 장치다. 영화 〈기생충〉의 첫 장면처럼, 최대한 땅에 덜 묻혀 있어야 채광도 되고 화장실에 환기도 가능하며 와이파이도 터진다. 한편 건물주 입장에서 지하는 덤으로 얻는 공간이다. 지하는 일단 건물의 용적률에 포함되지 않기 때문에, 지상처럼 사용할 수 있는 지하를 만들 수 있다면 금상첨화다. 심지어 지하층은 건물의 전체 층수에서도 제외되므로, 층수가 제한된 지역이라면 더욱 유리하다. 지하로 인정받으면서도 마치 지상 같은 공간을 만들기 위해 다양한 꼼수들이 등장한다.

그래서 건축법에서는 지하층의 법적 기준을 엄격히 정하고 있다. 지하층 높이의 최소 2분의 1 이상이 도로면 아래에 묻혀 있으면 지하로 인정해준다. 바꿔 말하면, 층 높이의 절반 이상만 땅 밑에 있으면 건축법상 지하층이라는 의미다. 그런데 문제는 이 기준이 2000년까지만 해도 최소 3분의 2였다는 점이다. 오히려 지하로 인정받기 위한 기준을 완화해준 셈인데, 이는 사회 초년생이나 서민들이 주로 거주하는 지하 공간의 환경을 개선하려는 의도였다. 지하가 땅에 깊이 묻혀 있을수록 채광과 환기가 어렵기 때문에, 열악한 주거 환경을 개선하기 위해 절반만 묻혀 있어도 지하층으로 인정받을 수 있도록 법이 개정된 것이다. 그리고 이때 등장한 용어가 바로 '반지하'다.

요즘 소위 젊은이들에게 인기 있는 상권에 가보면, 도로보다 살짝 내려간 반지하에 음식점이나 카페, 베이커리가 자리한 곳이 많다. 아늑해 보여서 좋지만, 한때는 주택의 반지하였던 공간을 리모델링한 곳이다. 그런데 사실 우리나라의 지하 공간 역사는 매우 짧다. 집에

중곡동 다가구주택의 반지하 입구

지하 공간이 도입된 것은 불과 반세기 정도다. 일단 한옥에서는 지하 공간을 설계하는 것 자체가 불가능했다. 지하를 파서 별도의 층을 만든다는 것은 상상조차 할 수 없었다. 나무와 물은 상극이기 때문에 습한 지면으로부터 집을 최대한 띄워야 했다. 오히려 땅 위에 기단을 올리고 기둥을 세워 집을 지면에서 최대한 들어올려야 했다.

그나마 1960년대에 들어서 철근 콘크리트로 집을 짓게 되면서 비로소 지하 공간을 확보할 수 있게 되었다. 지하의 흙이 가하는 압력을 견디려면 철근 콘크리트만 한 것이 없었다. 벽돌이나 블록 벽으로는 도저히 그 힘을 버틸 수 없었다. 최근에도 비가 많이 내려 콘크리트로 만든 축대조차 힘없이 무너지는 것을 보면 물을 머금은 흙이 얼마나

무시무시한 흉기가 되는지 그 위력을 짐작할 수 있다.

건축주와 임차인의
상부상조

　1970년대 초, 집마다 지하를 만들어야 했던 또 다른 이유가 있었다. 바로 방공호였다. 전쟁이 끝난 지 20년이 지났지만 남북 갈등과 전쟁에 대한 우려는 여전했다. 결정적으로 1968년, 북한에서 김신조 일당이 내려와 청와대 인근에서 교전까지 벌어지는 사건이 발생하면서 몇 년 뒤 민방위대가 창설되었고, 집마다 지하를 만들어 방공호나 진지로 사용할 수 있도록 법이 개정될 정도였다.
　앞서 소개했던 불란서주택과 새마을주택이 유행했던 시기와 정확히 겹친다. 이 집들은 이미 설명했듯 대부분 단층 건물이었지만, 2층 양옥집처럼 보이기 위해 지붕을 씌우고 최대한 건물을 지면에서 들어올렸다. 이를 위해 최소 1m 정도 높이에 테라스를 만들었는데, 덤으로 생긴 그 테라스 아래 공간이 바로 반지하의 시작이었다. 2층 양옥은 보통 연와조 구조로, 바닥과 지붕은 철근 콘크리트였지만 벽은 전부 벽돌이나 블록이었다. 그래서 지하라고 해도 깊지는 않았다. 지하의 토압을 이기려면 벽을 두껍고 튼튼하게 만들어야 해서 시공이 어려웠다. 말이 1층이지, 습한 지면에서 살짝 띄워 만든 공간에 단지 벽과 창을 두른 것에 불과했다. 사실상 반지하와 다름없었다.

이렇게 어렵게 만든 지하 공간을 전쟁이 나지 않는 이상 방공호로만 쓰기에는 아쉬웠다. 그래서 주로 창고나 보일러실로 사용되었다. 요즘 가정용 보일러는 물탱크가 필요 없지만, 당시의 보일러는 온수를 보관할 큰 물탱크가 함께 있어야 했다. 연탄을 보관할 장소도 따로 필요했다. 지하는 1층 아래 반 층 정도였기 때문에 높이도 낮고 어두컴컴하며 습했지만 창고나 보일러실로 쓰기에는 적당했다. 하지만 사람이 살 수는 없었다. 사람이 겨우 서 있을 정도로 층고가 낮고 창문도 많지 않아, 지하에 사람이 산다는 것은 상상조차 할 수 없었다. 그래도 반려견이나 반려묘에게는 훌륭한 보금자리였다. 동네 친구 집에 강아지가 태어나면 대부분 1층 아래 지하로 데려갔다. 밖에서 키우던 개들도 출산 등 특별한 경우에는 그곳을 보금자리로 내주곤 했다.

이렇게 만들어진 지하실은 남북 관계가 완화되고 도시의 주택난이 심해지면서 새로운 역할을 맡게 된다. 사람도 지하에서 살 수 있도록 법이 다시 개정된 것이다. 단독주택에는 별도의 출입구를 내어 세를 줄 수 있게 했고, 공동주택 역시 마찬가지였다. 한때 그저 습하고 어두운 창고나 방공호에 불과했던 지하 공간이 드디어 주거 공간으로 전환된 시점이 바로 1980년대 초였다.

앞서 소개한 1980년 완공된 우리 집에도 지하층이 따로 있었다. 반지하 주차장을 통해 별도의 출입구가 있었고, 환기와 채광이 가능하도록 창문도 제법 마련되어 있었다. 주변 이웃들의 집에서는 지하를 대부분 창고로 사용했지만, 아버지께서는 처음부터 세를 줄 계획으로 지하 공간을 설계하셨다.

그 이유는 아마도 부족한 공사비 때문이었을 것이다. 당시 은행은 일반 가정에 쉽게 돈을 빌려줄 여유가 없었고, 집을 짓는 사람들은 부족한 공사 자금을 지하 전세로 보충하곤 했다. 지하 공간은 서민들에게는 저렴한 전셋집이 되었고, 집주인에게는 건축 비용을 마련할 수 있는 지렛대가 되었다.

뽀송뽀송한 반지하는
가능할까?

이처럼 반지하는 한국인들에게 더욱 각별한 주택 공간이다. 그래서였을까? 아버지는 지하 공간을 설계할 때, 가능한 한 쾌적하게 만들기 위해 최선을 다하셨다. 담과 지하 벽 사이에 있던 좁고 긴 통로가 일종의 드라이월(이중벽) 역할을 해줬다. 그 덕분에 당시 아버지가 지은 집의 지하 공간은 지하치고는 꽤나 쾌적한 편이었다. 창문도 비교적 많이 있었던 것으로 기억한다. 그래도 지하는 결국 지하였다. 당시에는 단열에 대한 개념도 거의 없었고, 요즘처럼 지하 바닥을 띄워 땅에서 올라오는 습기를 차단할 기술이나 자재도 부족했다. 지하 바닥 슬래브의 20cm 정도 아래는 바로 흙이 닿는 경우가 많았다.[*] 그래서

---

[*] 참고로 요즘은 최소 50cm 두께의 콘크리트 기초를 만든다.

땅에 접한 콘크리트 틈새를 통해 작은 벌레들이 들어오기도 했다. 한마디로 총체적 난국이었다.

요즘도 지하는 항상 습하고 벌레가 많은 편인데, 당시에는 얼마나 심했을지 상상조차 되지 않는다. 사실 지하에 산다는 것은 곰팡이와의 전쟁이라 해도 과언이 아니다. 특히 검은곰팡이는 인체의 건강에 치명적이다. 물론 모든 곰팡이가 나쁜 것은 아니다. 푸른곰팡이처럼 인체에 도움이 되는 곰팡이도 있다. 그러나 검은곰팡이는 호흡기와 면역계, 심지어 신경계에도 악영향을 미친다. 곰팡이의 원인은 결국 높은 습도와 온도 차로 인한 결로다. 결로를 막으려면 충분한 단열이 필요하지만 도심에서 지하 외벽에 단열을 하는 것은 거의 불가능하다. 방수와 단열을 모두 내부에서 해결해야 하지만, 시공 여건상 콘크리트 벽 안쪽에서 이를 완벽히 처리하기는 매우 어렵다. 따라서 지하를 건강하고 쾌적한 거주 공간으로 만들기 위해서는 생각보다 훨씬 큰 노력이 필요하다.

그렇다면 지하를 좀 더 뽀송뽀송하게 만들 수는 없을까? 요즘에는 열회수 환기장치 등 훌륭한 환기 시스템이 있다. 창문을 열면 신선한 공기가 들어오지만, 더운 여름이나 추운 겨울에는 냉방이나 난방을 다시 해야 하는 문제가 생긴다. 이 단점을 보완하기 위해 개발된 것이 열회수 환기장치로, 내부 온도는 유지하면서도 환기만 할 수 있도록 고안된 획기적인 장치다. 처음 등장했을 때는 필요성에 대한 의문이 제기되기도 했지만, 현재는 일반 아파트에도 적용될 정도로 집에 없어서는 안 될 필수 설비로 자리 잡았다.

다만 크기가 다소 큰 것이 문제다. 그렇지 않아도 낮은 지하의 천장 높이를 더 낮게 만들어버리는 단점이 있다. 좀 더 고전적인 방법으로는 아버지께서 우리 집을 지을 때 지하에 적용하셨던 '드라이 에리어Dry area'가 있다. 흙에 맞닿은 지하 벽이 습하는 것을 막고자 외부에 벽을 하나 더 만들어 습기를 줄이는 방식이다. 참고로 선큰Sunken, 즉 중정도 지하의 환기와 채광을 돕는 효과적인 방식이다. 이런 방식들을 잘 조합하며 공간적으로 문제를 해결할 수 있다. 지하이면서도 마치 지상처럼 쾌적한 공간을 만들 수 있는 것이다.

그러나 드라이 에리어나 선큰이 지하 공간에 매우 효과적이라는 것을 알면서도, 보통 작은 땅에 짓는 일반 주택에는 적용하기 어려운 경우가 많다. 주변에 최소 1m 이상의 여유 공간이 확보되어 있어야 가능한데, 시골이라면 모를까 도심에서는 이런 공간을 확보하기가 쉽지 않기 때문이다.

그렇다면 우리보다 훨씬 더 긴 지하 공간의 역사를 가진 서구는 어떤 특별한 노하우를 갖고 있을까? 내가 다녔던 영국 런던의 건축대학 AA School of Architecture은 런던 한복판에 자리한, 18세기에 지어진 저택을 개조한 건물이었다. 약 240년 된 건물이었는데 지어질 때부터 지하 공간이 존재했다고 한다. 처음 지어졌을 때는 주방이나 창고 등으로 사용되었을 것으로 예상되지만, 대학으로 기능이 바뀌면서 학생 식당, 목공방, 건축 서점 등으로 개조되었다.

놀라운 점은 이 오래된 건물의 지하에 이미 드라이 에리어와 선큰 공간이 적극적으로 도입되어 있었다는 것이다. 심지어 도로변에 선

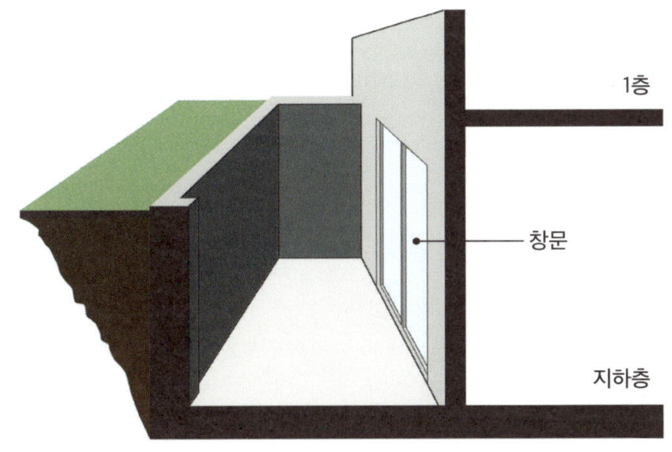

지하의 환기를 돕는 드라이 에리어 공법

큰을 두고, 그곳에서 바로 지하로 내려갈 수 있도록 계단까지 설치되어 있었다. 철근 콘크리트가 사용되지 않던 시대에 튼튼한 옹벽과 지하 구조물은 물론, 선큰과 중정까지 갖추고 있었다는 점이 실로 놀라웠다. 우리로 치면 정조 시대에 지어진 문화재급 건물에 거대한 규모의 지하 공간이 쾌적하게 마련되어 있었다는 것인데, 두 눈으로 바라보면서도 믿기지가 않았다.

약 200년 전, 런던은 산업혁명으로 인해 수많은 인구가 유입되었다. 초고밀도 도시답게 일찍부터 지하 공간에 대한 연구가 활발했다. 이미 18세기부터 도로면에서 절반 정도만 묻힌 지하 공간, 즉 반지하 Half-basement라는 개념을 사용했다. 물론 처음부터 본격적인 주거 공간

구기동주택에 적용된 반지하 선큰 공간

으로는 활용된 것은 아니었다. 초기에는 주로 하인들이 음식을 준비하는 주방이나 창고 등으로 쓰였다고 한다.

그러나 19세기 중반 산업혁명이 고도화되고 런던의 인구가 폭발적으로 증가하면서 주택 문제가 심각해지자 상황이 달라졌다. 이때부터 지하를 본격적으로 주거 공간으로 활용하기 시작했는데, 이는 마치 1970년대 한국의 상황과도 닮아 있다. 19세기에 셀러Cellar, 즉 창고를 개조해 주거 공간으로 사용했다는 기록이 있으며, 1934년에는 런던의 약 2만여 개 지하 주거 공간 중 일부가 법적 또는 위생적 기준에 미달했다는 판정을 받았다는 기록도 있다. 지하를 주거 공간으로 합법적으로 인정한 것은 1936년 이후이지만, 불문법의 나라답게 여전히 해석의 여지가 많은 모호한 부분이 존재한다.

반지하는 쉽지 않다,
하지만 중요한 대안이다

그렇다면 지금은 어떨까? 영국에서는 하나의 독립된 주거 공간 안에서 별도로 구분된 복수의 출입구를 만드는 것이 불법이다. 다만 같은 집에 속한 기계실이나 창고 등 부속실로 사용하는 것은 허용된다. 지하에 주거 공간을 두는 것을 명확히 금지하는 법은 없지만, 영국의 공중위생법과 안전 기준을 충족하려면 비용이 너무 많이 들기 때문에 사실상 불가능한 셈이다. 같은 집의 반지하 공간을 활용해 서재나 별도의 화장실을 두는 정도는 가능하지만, 독립된 주거 공간으로 분리하는 것은 금지되어 있다. 이처럼 반지하는 우리나라뿐 아니라 영국에서도 한때 주거 문제를 해결하기 위한 대안으로 사용되었지만, 결국 열악한 주거 환경 탓에 점차 퇴출되는 추세다.

최근 우리나라에서도 반지하에 큰 시련이 있었다. 2022년 여름, 기록적인 폭우로 지하가 침수되어 한 가족 세 명이 한꺼번에 목숨을 잃는 안타까운 사건이 발생했다. 영화 〈기생충〉의 한 장면처럼 물이 순식간에 집 안으로 밀려들었고, 하필이면 도로 쪽으로 난 창문이 방범창으로 막혀 있어 바깥으로 전혀 빠져나오지 못했다. 대부분의 지하 세대는 출입문이 하나뿐인데, 창문마저 도로에 면해 있고 그마저도 막혀버리면 탈출할 방법은 사실상 전혀 없다.

이에 서울시는 앞으로 지하와 반지하를 주거 목적으로 사용하는 것을 전면적으로 불허하겠다고 발표했다.[33] 사실 2012년에도 이미 상습 침수 구역 내 지하는 심의를 거쳐 건축을 제한할 수 있도록 규정했지만, 실제로는 유명무실했고 그 이후에도 4만 호 이상이 새로 지어졌다고 한다. 그러나 이번 사건을 계기로 주거 목적의 반지하 건물은 더 이상 지을 수 없게 되었다. 단독주택의 경우 스크린골프장, 음악 감상실, 가족 영화관 등 평소에 즐기기 어려운 공간으로 꾸미는 것은 가능하지만, 연립이나 다세대 등 공동주택의 지하는 오로지 창고나 기계실 같은 부속실로만 허용된다. 독립된 세대로 분양하거나 등기하는 것은 금지되었다.

이렇다고 해서 반지하를 포기할 필요는 없다. 아파트의 경우 지하

반지하를 취미 공간으로 활용한 사례

에 수납공간을 만들어 각 세대가 사용할 수 있도록 하거나, 사무실로 임대해 재택근무가 늘어난 요즘 시대에 맞는 새로운 활용 방안을 모색할 수도 있다. 최근에 지어지는 아파트 단지의 반지하는 주로 인근 주민들도 함께 이용할 수 있는 열린 도서관, 문화 공간, 스포츠 시설 등으로 조성되는 추세다.

하지만 집을 지을 때 지하 공간은 정말 신중히 계획해야 한다. 없으면 아쉽지만, 막상 만들려고 들면 시공비가 꽤 많이 나오기 때문이다. 특히 도심에서는 아무리 반지하라고 하더라도 예전처럼 단순히 흙을 파는 방식으로는 시공이 불가능하고, 반드시 흙막이 공사*가 필요하다. 또한 지하에 화장실이나 물을 사용하는 공간을 들이려면 하수 처리를 위한 펌프와 탱크 등이 일체화된 설비를 별도로 갖춰야 한다. 결로를 막기 위한 단열도 철저히 해야 하고, 물이 스며들지 않도록 방수에도 각별한 주의가 필요하다. 적지 않은 돈이 필요하다.

그래서 결국 반지하 공간을 얻겠다고 나섰다가 배보다 배꼽이 더 큰 경우가 생기곤 한다. 주택의 지하에 주차장이나 세탁실, 취미실처럼 꼭 필요한 공간이 있다면 모를까, 막연히 '있으면 좋겠다'는 생각으로 만들었다가는 낭패를 볼 수 있다. 지난 반세기 동안 서민들의 보금자리였던 '반지하 세대'는 이제 영화 속에서나 볼 수 있을 정도로 점차 역사 속으로 사라지고 있다. 그러나 그 공간은 쉽게 비워지지 않을 것이다. 우리 삶의 질을 높이는 새로운 기능들과 저마다 품고 있는 취향과 욕망으로 다시 빽빽하게 채워질 것이기 때문이다.

---

* 건물 지하 굴착 시 주변 지반의 붕괴를 막기 위해 설치하는 구조물로 주변 흙의 압력과 지하수에 저항하며 안전한 지하 공사를 가능하게 하는 가시설물 설치 방법.

집의 유전자

8

집은
시대와
사회를
닮아간다

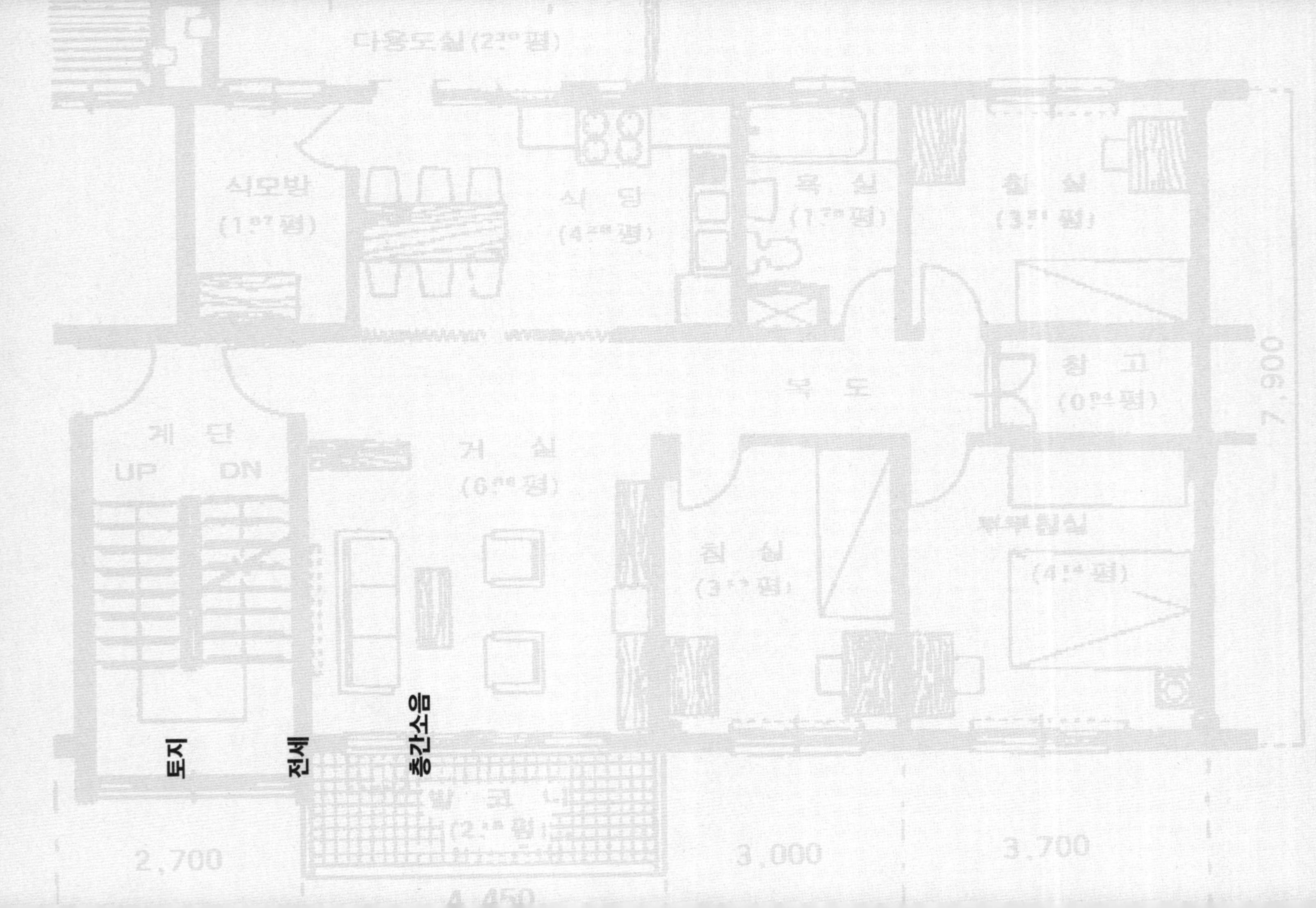

토지

전세

층간소음

집을 지으려면
꼭 땅을 사야 할까

토지

토지 임대 계약
999년

땅을 사지 않고 집을 지을 수 있다면 얼마나 좋을까? 집을 짓다 보면 여러 번의 고비를 맞게 되지만, 그중 가장 큰 문제는 언제나 '땅'이다. 대부분 꿈꾸던 전원생활을 막상 실행에 옮기려 할 때 가장 먼저 부딪히는 현실적인 벽도 결국 토지다. 현장을 답사하고 마음에 드는 지역을 정하더라도 그 땅의 주인이 팔 의향이 있어야 하고 실제로 계약이 성사되어야 비로소 첫걸음을 뗄 수 있다. 정말 운이 좋아 이미 땅을 소유하고 있다면 모르겠지만, 대부분은 집을 짓기도 전부터 좌절을 맛보게 된다.

설계나 시공 이전에 '땅을 구해야 한다'는 이 첫 번째 조건이 얼마나 큰 장벽인지 직접 부딪혀 본 사람이라면 잘 안다. 집 짓는 과정 자체도 결코 만만치 않은데 정작 지을 땅조차 마련하기 어렵다면 은퇴후 전원생활의 꿈은 말 그대로 하늘의 별 따기다. 이렇게 구하기 어려운 땅을 좀 더 쉽게 구하거나 장기간 빌려 쓸 수 있는 방법이 있다면 얼마나 좋을까. 집도 전세가 있는데, 토지도 소유하지 않고 임대만 할 수는 없는 걸까? 만약 돌아가신 부모님이 남겨놓은 시골집에 아무도 살지 않아 관리가 어려운데 누군가 나타나 앞으로 100년간 그 땅을 빌리겠다고 나선다면 어떨까? 농촌 인구가 줄어 빈집이 늘어나는 시골에서는 꽤 가능성이 높고, 심지어 빌려주는 사람과 빌리는 사람 모두에게 유용한 제도가 될 수 있지 않을까?

하지만 아쉽게도 아직은 집을 짓기 위해 장기간 토지를 임차할 수 있도록 법적으로 보장해주는 장치는 없다. 국가가 소유한 토지를 장기간 임대해 건물을 짓는 제도가 있긴 하지만, 대부분 미술관 같은 공공시설을 위한 제도일 뿐이다. 개인 주택을 지을 때 국유지를 임대하는 것이 불가능하지는 않지만, 매우 까다로운 조건이 붙는다. 그나마 최대 50년이 한계다. 결국 당사자 간 합의 외에는 방법이 없다.

그런데 땅은 한 번 사면 팔 때까지 개인 소유라고 믿는 우리와 달리, 서구에서는 토지가 공공의 자산일 수도 있다고 생각한다. 예를 들어 영국에서는 1000년에서 1년이 모자란 최대 999년까지 땅을 빌릴 수 있다. 임대이긴 하지만 사실상 소유하는 것과 다를 바 없다. 건물을 매매할 때도 건물주와 토지주가 달라도 상관없으며, 별다른 절차

없이 자동으로 승계된다. 그렇다면 이 정도 기간이면 소유와 다를 바 없는데, 굳이 기간을 정한 이유가 뭘까 싶다.

그러나 계약 기간이 점점 줄어들면 이야기가 달라진다. 토지 임대 계약 기간이 80년 이하가 되면 집값이 떨어지기 시작하고, 30년보다 짧아지면 아예 거래가 잘 이뤄지지 않는다. 최악의 경우엔 토지 계약이 종료되면 건물을 남겨둔 채 집을 비워야 하는 경우도 있다. 심지어 999년 동안 집이 존재하고 있었다고 할지라도 토지주의 의사에 따라 재계약을 하지 못할 수도 있다.

런던으로 유학을 떠나 여러 곳을 임대해 살아봤지만, 건물주와 토지주가 서로 다르다는 사실은 한참 뒤에야 알았다. 계약서에 적혀 있던 '리스홀드Leasehold'와 '프리홀드Freehold'의 차이도 처음엔 전혀 몰랐다. 리스홀드는 건물과 토지의 소유주가 다른 집이고, 프리홀드는 집주인이 토지와 건물을 함께 소유한 경우다. 우리나라에도 토지주와 건물주가 다른 경우가 있긴 하지만 일반적이진 않다. 만약 그런 경우가 있다고 해도 대부분 가족처럼 특수 관계인 경우다.

우리나라도 일부 국유지를 임대하는 제도가 있긴 하지만, 대부분 그린벨트 안에 있어서 특별한 경우를 제외하면 자가 소유가 아닌 땅에 집을 짓겠다는 생각 자체를 하기 어렵다. 반면 영국에서는 토지만 장기간 임대해 건물을 짓는 리스홀드 방식이 보편적이다. 물론 건물만 소유하기 때문에 건물주일지라도 매년 토지주에게 임대료Ground rent와 관리비를 내야 한다.

어떻게 이런 제도가 가능할까 싶지만, 영국에서는 대부분의 토지

계약 기간이 100년 이상 남아 있어서 집만 소유한 사람들도 크게 걱정하지 않는다. 하지만 앞서 언급했듯 시간이 흘러 계약 기간이 30년 이하로 줄어들면 그때부터는 발등에 불이 떨어진다. 게다가 집을 조금이라도 고치려면 일일이 토지주의 허락을 받아야 한다는 점도 큰 단점이다. 특히 최근에는 영국의 부동산 가격이 크게 오르면서 리스 기간이 만료된 후 토지 임대료가 급격히 인상되거나, 아예 계약을 갱신하지 못해 어려움을 겪는 경우도 많다고 한다.

그럼 영국에는 왜 토지와 건물의 소유주가 다른 집들이 이렇게 많을까? 그 이유에는 나름의 역사적 배경이 있다. 아직 군주제를 유지하고 있는 영국은 과거에는 소수의 귀족과 여왕 외에는 토지를 소유할 수 없었다. 지금도 왕실이 소유한 토지는 '크라운 에스테이트Crown estate'라는 기관에서 별도로 관리한다. 이 기관은 실제로 건물을 짓고 임대도 하지만, 그 수익은 전부 왕실이 아닌 국가에 귀속된다. 한마디

건물과 토지를 동시에 소유한 프리홀더(좌)와 건물만 소유한 리스홀더(우)

로 국유지인 셈이다. 영국 전체 토지의 약 3분의 1 이상이 국가나 왕실 소유라고 한다.

과거 프랑스처럼 급격한 정치 혁명을 겪지 않았던 영국은 이미 중세부터 귀족들이 농민들에게 토지를 임대하는 제도가 정착되어 있었다. 그러다 산업혁명기에 급격한 도시화로 인해 주택 문제가 심각해지자, 토지를 소유한 귀족들이 일반 농민들에게 토지만 빌려주고 건물을 짓게 해주는 리스홀드 제도가 활성화된 것이다. 신속한 주택 공급을 위해 19세기부터는 토지를 매입하지 않고 임대만 해서 집을 지어 분양하는 방식이 널리 퍼졌다. 심지어 임대 기간은 1000년이었고, 이는 사실상 토지 공유제를 시행하는 것과 별반 다를 바 없었다. 건물주는 비록 토지를 소유하지 않더라도, 임대 기간이 워낙 길어서 사실상 지상권을 갖는 것과 동일한 효과를 얻었다. 이것이 바로 임대 기간이 999년인 영국의 리스홀드 제도다.

토지는 개인 재산일까, 국가 재산일까

몇 해 전 부동산 가격이 급등했을 때 토지 공유제에 대한 논의로 지면이 시끄러웠던 적이 있다. 이 논의는 진보적 정치 세력이 자본주의 체제를 부정하는 시도처럼 보일 수 있겠지만, 정작 그 시작은 보수 우파 정권으로 분류되는 1989년 노태우 정부 때였다. 많은 사람이 당시 제6공화국의 200만 호 공약은 기억해도 토지 3법*을 기억하는 사람은 많지 않다.

1988년 서울올림픽을 마치고 3저 현상(저금리, 저유가, 저환율)에 힘입어 한국 경제는 엄청난 경기 호황을 맞게 됐고 부동산 가격도 가파르게 치솟았다. 당시 전세까지 올라 큰 사회문제가 됐는데 강남의 작은 아파트에 살던 우리 가족도 전세가가 너무 올라 인사동 근처로 급하게 집을 구해야만 했을 정도였다. 어쨌든 이를 해결하기 위해 당시 정부는 분당과 일산 신도시에 주택 200만 호 건설을 밀어붙였다. 이때 정부가 당시 집권당이었던 민정당을 설득하면서까지 함께 추진했던 정책이 바로 토지공개념 관련 3법이었다. 이 토지 3법은 200평 이상 택지를 소유할 때 지자체에 허가를 받도록 한 택지소유상한법, 아파트나 골프장 등 개발할 때 이익의 50%를 개발부담금으로 내게 한 개발이익환수법, 그리고 지가 상승분의 30~50%를 환수하는 토지초과이득세법을 말한다. 오늘날까지도 수많은 논란이 되는 제도들이 모두 이때 만들어졌다.

어쨌든 이 3법은 헌법상 재산권 침해를 이유로 제대로 시행되지는 못했다. 토지초과이득세법은 1994년에, 택지소유상한법은 1999년에 위헌 결정이 내려졌고, 개발이익환수법도 1997년 외환위기로 부동산 값이 급락하며 2005년까지 부과를 중단하기도 했다. 2006년 아파트 가격이 다시 불안정해지자 노무현 정부는 다시금 이 법에 종합부동산세와 재건축초과이익환수제를 도입해 여론의 반발을 샀다. 몇 해 전

---

* 1989년 노태우 정부가 부동산 투기를 억제하기 위해 제정한 토지공개념 관련 법률로, 택지소유상한법·개발이익환수법·토지초과이득세법을 아우른다.

엔 토지공개념 조항을 넣어 본회의에 개헌안을 상정했지만 부결된 적도 있었다. 어쨌든 그동안 여당과 야당, 진보와 보수를 가리지 않고 토지 소유와 사용의 문제를 해결해보려고 갖은 방법을 동원했음에도 불구하고, 여론의 반대에 부딪혀 아직도 뾰족한 해법을 찾지 못한 채 논의만 이어지고 있는 것이 우리의 현실이다.

그렇다면 우리나라에서 땅을 사지 않고 집을 지을 방법은 정말 없을까? 한 가지가 있다. 지상권에 대한 동의를 얻는 것이다. 건물을 짓기 위해 개인 간에 토지를 임대하는 사례는 일반적이지 않지만 법률상 가능하다는 의미다. 지상권 사용에 대한 동의를 받으면 토지주가 아니더라도 누구나 건축 행위를 할 수 있다. 하지만 가족이 아닌 이상 잘 모르는 개인 사이에 토지 임대를 해서 집을 지으려는 사람은 거의 없다. 만에 하나 약속이 틀어지거나 장본인이 사망했을 때 큰 비용이 들어간 집에 대한 권리 문제로 골치 아플 수 있기 때문이다.

하지만 앞으로 점점 인구가 줄고 특히 시골에 빈집이나 땅들이 늘어난다면 상황이 달라질 수도 있다. 어차피 버려두느니 활용하자는 쪽으로 여론이 바뀔 수도 있다. 건축주 입장에서는 땅 문제만 해결되어도 집을 짓는 꿈에 한 발 더 다가갈 수 있다. 이런 점에서 영국처럼 장기간 토지를 빌리는 제도는 참고할 만하다. 충분히 긴 기간이라 거의 소유하는 것과도 별반 다름없다. 영국의 리스홀드를 잘 연구해 한국에 도입한다면, 부모로부터 땅을 물려받았지만 유지·관리에 부담을 느끼는 후손과 땅을 구해 집을 짓고 싶은 건축주 모두 상생할 수 있는 훌륭한 제도가 될 수 있을 것이다.

조선 시대부터 내려온
전세의 감각

전세

가사전당,
조선 시대의 전세 제도

전세는 우리나라에서만 활성화된 그림자 금융 중 하나다. 심지어 영어 단어도 그대로 전세Jeonse다. 집주인에게 보증금을 맡기면 일정 기간 거주하다가 나갈 때 원금을 그대로 보장받는다. 언뜻 보면 세입자에게만 유리할 것 같지만, 집주인도 이자 없이 목돈을 마련할 수 있는 장점이 있다. 집주인은 시간이 지나면 부동산 가치가 올라 시세차익을 기대할 수 있고, 세입자는 전세로 살며 알뜰하게 돈을 모아 내 집 마련의 꿈을 이룰 수 있다. 모두가 상생하는 제도다. 그러나 무엇보다 가장 큰 전제는 부동산 가격이 계속 오른다는 가정이다. 만약 부동산 시장이 폭락하거나 예금 금리가 낮아진다면, 서로에게 이상적인 이 제도도 더는 작동하지 않는다.

볼리비아나 인도에도 비슷한 제도가 있다고는 하지만, 금융 시스템이 발달한 선진국 중에서는 우리가 유일하다. 그래서인지 외국인들의 눈에는 전세라는 제도가 참 신기하다고 한다. 임대료 한 푼 없이 보증금만 맡기면 마치 본인 집처럼 장기간 살 수 있고, 이사 갈 땐 손실 없이 원금을 돌려받으니 세상에 이런 제도가 있을까 싶단다.

최근엔 집주인도 이런저런 핑계로 2년 이상 계약을 연장하지 않는 분위기고, 보증금이 집값에 육박하기도 해서 갭 투자 등으로 부동산 가격을 올리는 폐단도 있다. 하지만 지난 반세기 동안 급격한 경제 성장과 도시화로 인한 주택 문제를 해소하는 데 일조해 온 훌륭한 제도였다. 나도 평생에 걸쳐 지금까지 서른 번 정도 집을 옮겼는데, 주로 전세에 의존했다. 부모님이 사기를 당해 갑자기 집을 옮겨야 했을 때도, 아이의 양육 문제로 처가 근처로 이사했을 때도 마찬가지였다. 이런저런 논란이 많지만 적어도 지금까지는 한국에서 전세라는 제도는 소유할 만큼 여유가 없어도 도시에 살아야만 하는 서민들에게 집에 대한 고민을 덜어주는 훌륭한 제도임에는 틀림이 없다.

그렇다면 전세는 도대체 언제부터 시작된 것일까? 놀랍게도 이미 조선 시대부터 있었다. 명칭만 '가사전당家舍典當'으로 달랐을 뿐이다. 논과 밭을 담보로 하던 전당 제도가 집으로 확대된 것이다.[34] "한양의 셋집에 동산 뜰이 비었더니 해마다 울긋불긋 온갖 꽃이 피어나네."[35] 퇴계 이황이 남긴 글에서 이미 조선 초기에도 전세제도가 있었다는

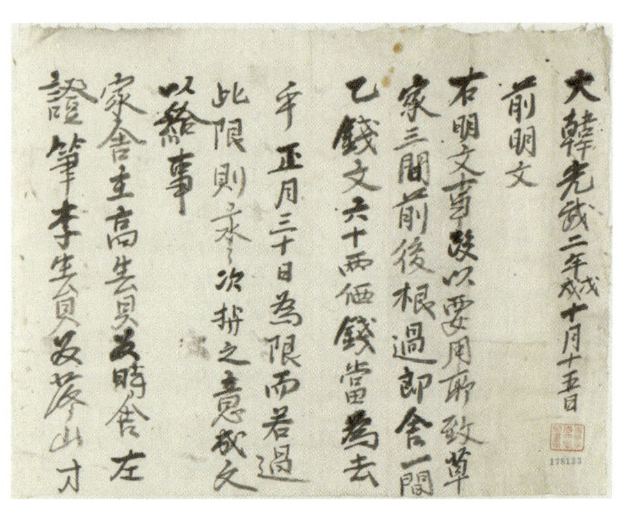

한국 최초의 전세 계약서 고생원노시사전당문기(1898년)

사실이 놀라울 뿐이다.

주택을 담보로 돈을 빌리는 사금융의 한 형태였던 가사전당이 본격적으로 전세로 확대된 것은 일제강점기부터였다. 1876년 강화도조약이 체결되며 부산, 인천, 원산의 항구가 열리고 일본인 체류지가 조성되면서 농촌 인구가 도시로 몰리기 시작했다. 서울 인구가 급격히 늘어 집이 부족해지자 임대차 계약 중 하나인 전세가 활성화되었다. 당시 보증금은 집값의 절반 정도였으며, 계약 기간은 1년으로 기와집과 초가집에 따라 전세 보증금이 달랐다고 한다. 150년 전이었음에도 오늘날의 아파트와 빌라처럼 집의 종류에 따라 보증금이 달랐다는 사실이 흥미롭다.

"전세는 조선에서 가장 일반적인 가옥 임대차 방법이다. 임차인
이 가옥 가격의 반액 또는 7~8할을 주택 소유자에게 맡기며 별
도의 추가 요금을 내지 않고 살다가 이사 갈 때 기탁금을 돌려받
는다."

1910년 조선통감부에서 작성한 기록이다.[36] 이처럼 전세는 19
세기 말부터 유행하기 시작했지만, 본격적으로 자리 잡은 시기는
1960~1970년대 경제 발전과 산업화로 사람들이 도시로 몰리면서부
터였다. 당시에는 국가도, 개인도 돈이 없었다. 극심한 주택난을 해결
하기 위해 대규모로 집을 지으려면 궁여지책으로 원조를 받거나 돈을
빌려와야 했다. 그러나 산업 발전에 재정을 투자하기에도 벅찼던 상
황이었고, 집을 사려면 현금 외에는 방법이 없었다. 개인이나 가계를
위한 대출은 전무했다. 만약 있었다고 해도 금리가 말도 안 될 정도로
높았다. 한마디로 요즘 아파트를 분양받을 때처럼 가계대출이 없었
다는 이야기다.

집주인과 세입자, 그리고 국가
모두가 이기는 게임

1960년대 대한민국은 세계에서 가장 가난한 나라 중 하나였다. 당
시에는 북한보다도 생활 수준이 낮았다. 서구처럼 서민을 위한 임대

주택을 짓기에는 국가 재정이 턱없이 부족했다. 빌려줄 나라조차 없었다. 그 결과 유럽의 아파트가 주로 장기 임대주택으로 지어진 것과 달리, 우리는 철저히 중산층 중심의 분양 정책을 펼칠 수밖에 없었다. 토지공사가 나서서 땅을 조성하고, 주택공사가 아파트를 지어 분양한 뒤 그 수익으로 다시 주택을 건설하는 방식이었다.

분양은 우리처럼 가난한 나라에서 아파트를 공급할 수 있는 거의 유일한 방법이었지만, 그마저도 여유가 없는 서민들에게는 그림의 떡일 수밖에 없었다. 대출 제도가 없던 상황에서 분양에 필요한 막대한 자금을 전세를 통해 충당할 수밖에 없었다. 집주인은 무이자로 큰돈을 빌릴 수 있었고, 세입자는 통상 집값의 절반 이하 금액으로 거주할 수 있는 장점이 있었다. 만약 그때 전세 제도마저 존재하지 않았다면, 우리는 훨씬 더 심각한 도시화 문제를 겪었을 것이다.

보증금만 마련할 수 있다면 세입자가 오히려 집주인보다 한 집에 더 오래 거주할 수도 있었던 것은 모두 이 독특한 전세 제도 덕분이었다. 물론 이는 주택 가격이 계속 상승한다는 전제 위에서만 가능했다. 집값이 오르지 않는다면, 살지도 못할 아파트를 분양받을 이유도 없고 전세 보증금에 의존할 필요도 없었다. 도시로 몰려드는 인구를 위해 끊임없이 주택을 공급해야 했던 국가, 상승하는 부동산 가치에서 이익을 얻으려는 집주인, 그리고 일자리를 찾아 도시로 올라온 세입자 모두가 상생할 수 있는 구조였다. 심지어 금융 시장의 도움 없이도 말이다. 여기에 한국인 특유의 근면성과 신뢰, 그리고 집주인과 세입자 간의 이해관계가 절묘하게 맞아떨어지면서 이러한 제도가 빠르게

집주인	세입자	국가
집 소유	주거 공간 확보	주택 공급
부동산 투자	장기 저축	경제 활성화

전세 제도를 둘러싼 3자의 이해 관계

자리를 잡았다.

한편 전세는 보증금을 통해 세입자의 신원을 보증하는 수단이기도 했다. 급격한 경제 성장과 도시화 속에서, 극히 제한된 정보만으로는 사회에서 만나는 사람이 어떤 인물인지 알기 어려웠다. 집주인은 보증금이 있어야 만일의 사태에 대비할 수 있었다.

이때 아파트의 등장은 전세 제도가 한국인의 주택 유전자에 완전히 각인된 결정적 사건이었다. 옆집, 윗집, 아랫집이 같은 구조로 지어졌기 때문에 아파트만 같으면 거의 비슷한 전세 보증금이 형성됐다. 이른바 '시세'라는 개념이 작동되기 시작한 것이다. 아파트가 늘어날수록 자연스럽게 전세 제도도 빠르게 정착했다. 오늘날에도 아파트 대단지가 준공되면 얼마나 빨리 세입자를 구하는지에 따라 사업의 성패가 갈리는 모습을 보면 전세 제도가 얼마나 한국의 부동산 시장에, 더 나아가 우리의 삶 속에 긴밀히 연결되어 있는지 알 수 있다.

전세에서 월세로,
그리고 그 다음은?

그런데 최근 들어 전세 제도에 큰 변화가 나타나고 있다. 전세를 이용해 아파트를 매입하는 이른바 '갭 투자'가 성행하면서 집값과 전세금이 함께 급등한 것이다. 이를 방지하기 위해 정부가 나서서 강력한 규제로 갭 투자를 제한하자, 이제는 해외처럼 전세를 월세로 전환하는 비율이 높아지고 있다. 그 배경에는 팬데믹 시기 정부가 시행한 전세금 대출 보증 제도도 한몫했다. 나 역시 전세금이 급격히 올라 발을 동동 구르던 시기에 이 제도의 도움을 받았다. 그러나 국가가 보증한 안전한 전세금이 오히려 부메랑이 되어 갭 투자와 전세 사기의 원인이 되고 말았다.

최근 전세 사기 사건이 잇따르며 오랫동안 유지되어 온 전세 제도에 대한 불안감이 커지고 있다. 그 여파로 빌라나 연립주택, 오피스텔의 전세 수요는 크게 줄고, 그 수요가 모두 아파트로 몰리는 부작용이 나타났다. 전세 사기는 결코 일어나서는 안 될 일이지만 언젠가 터질 수밖에 없었던 구조적 문제였다는 의견도 있다. 지금까지 전세 제도가 유지될 수 있었던 것은 우리 사회의 신뢰와 선량한 국민성이 큰 역할을 했기 때문이다. 여기에 집주인과 세입자 모두에게 유리한 제도가 오래 지속될 수 있었던 건 표준화되고 규격화되어 현금처럼 거래할 수 있는 아파트라는 자산 덕분이었다. 세입자는 2년마다 자유롭게 거처를 옮길 수 있고 집주인도 손쉽게 세입자를 교체할 수 있으니 이

보다 안정적인 부동산 제도는 없었을 것이다.

하지만 사람들은 집에 대해 너무 쉽게 생각했다. 집은 이제 정착의 공간이 아니라 일시적으로 머물며 옮겨 다닐 수 있는 장기 숙박 시설처럼 여겨진다. 최근에는 이사의 번거로움을 감수하면서도 새로 지어진 아파트에 살아보는 기회로 전세를 활용하는 이들도 있다. 집을 소유하는 것 자체가 어려워진 상황에서 이를 긍정적으로 받아들이자는 태도다. 어차피 평생 돈을 모아도 집 한 채 마련할 수 없는 현실에서, 하나의 집에 오래 머무는 대신 잠시 머물다 언제든 떠날 수 있는 여행 같은 삶을 꿈꾸는 것이다.

이렇게 전세에 대한 우려가 커지면서 앞으로 우리나라에서도 전세가 완전히 사라지고 월세 중심으로 바뀔 것이라는 전망이 나오고 있다. 실제로 다른 나라에는 월세 시장은 있어도 전세는 존재하지 않는다. 돈 없는 청년들이 처음에는 월세로 직장 근처의 집에서 살다가, 어느 정도 돈을 모으면 25년 정도의 대출을 받아 집을 사는 경우가 일반적이다. 이것이 바로 '모기지Mortgage 제도'다. 'Mortgage'의 어원은 프랑스어 'Mort(죽음)'와 'Gage(서약)'가 합쳐진 '죽음의 서약'에서 유래했다. '죽을 때까지 원금을 갚아야 하는 약속'이라는 뜻이다. 이렇게 보면 차라리 전세 제도가 모기지 제도보다 인간적으로 보이기도 한다. 하지만 전세가 없으니 갭 투자도 없고 집값이 끝없이 오르기도 어렵다. 우리 역시 2022년 조사에서 월세가 전체의 60% 이상을 차지한 것으로 나타난 만큼, 전세 제도가 역사 속으로 사라질 날이 머지않은 듯하다.

하지만 여전히 이 제도의 혜택을 누리는 사람들도 많다. 예를 들어 전원생활을 시작하기 전에 미리 경험해보고 결정하기 위해 전세로 살아보는 경우가 있다. 무턱대고 집을 짓는다면 되돌릴 수 없지만, 먼저 그 지역에 살아보며 판단하면 훨씬 더 안전하다. 집을 짓기 전에 주변의 분위기나 텃세는 없는지, 실제로 정착하기에 적합한 곳인지 여유를 가지고 살펴볼 수 있다.

거처를 옮긴다는 것은 단순히 주거의 형태를 바꾼다는 의미가 아니다. 삶의 모든 터전이 옮겨가는 것이다. 그 지역이 어떤 지역인지, 단독주택 생활이 정말 나에게 적합한지, 내가 가장 불편하게 여기는 것이 무엇인지, 어떤 이웃들과 공존할 것인지 등을 미리 경험해볼 수 있다는 점에서도 전세는 유용하다. 피할 수 없다면 즐기라는 말처럼, 이미 500년 넘게 우리 유전자에 각인된 이 뿌리 깊은 제도를 도무지 해결법을 찾을 수 없는 한국의 주택난 속에서 미래의 집을 준비하는 유용한 도구로 활용해보면 어떨까?

도달 불가능한
꿈

아는 애가 뛰면
덜 시끄럽다

어떻게 하면 층간소음 없는 아파트에 살 수 있을까? 요즘 가장 흔하면서도 해결이 어려운 주거 갈등이 바로 층간소음이다. 위층의 발소리, 의자 끄는 소리, 아이들 뛰노는 소리가 때론 참기 어려운 싸움의 불씨가 된다. 바닥 구조와 마감재, 시공 방식의 문제뿐 아니라 사람들의 생활 리듬까지 맞물려 생기는 복잡한 사회적 문제다. 그런데 과거 신영복 선생이 하셨다는 조언이 참 재미있다. "위층에서 쿵쿵 뛰는 애 때문에 시끄러우면 올라가서 아이스크림이라도 사주면서 애 얼굴도 보고 이름도 물어봐라. 왜냐? 아는 애가 뛰면 덜 시끄럽기 때문이다."[37] 요즘처럼 이웃 간의 교류와 소통이 적은 때, 무릎을 탁 치게 만드는 조언이라 생각한다. 실제로 윗집에서 층간소음이 들릴 때 그 원인 제공자가 누구인지 모르는 것보다, 아이의 모습이 떠오르면 훨씬 도움이 되는 게 사실이다.

1980년대 어느 아파트에서 살 때의 일이다. 나는 종종 아파트 거실에서 동생과 플라스틱 방망이로 실내 야구를 자주 했다. 초등학교 남자아이들이 뛰어다니니 꽤 시끄러웠을 법도 한데, 놀랍게도 아래층에서 올라온 적은 몇 번 없었다. 이웃 간의 관계가 지금보다 훨씬 가까워서였는지, 아니면 다들 인심이 넉넉해서였는지 모르겠지만 나와 동생은 며칠 후면 또 언제 그랬냐는 듯 공놀이를 해댔다. 거꾸로 우리 집도 윗집에서 소리가 좀 나도 특별히 스트레스를 받거나 항의를 한 적은 거의 없었다.

다른 일화도 있다. 1990년대 분당의 어느 아파트에 살았다는 한 사무실 직원의 이야기다. 형제 두 명이 거실에서 축구를 하며 놀곤 했는데, 층간소음으로 문제가 생긴 적은 별로 없었다고 한다. 흥미로운 건, 언젠가 리모델링을 하면서 마루를 교체했더니 그 후론 아랫집 할머니가 세탁기 돌리는 소리까지 들린다며 항의가 들어왔다고 한다. 마루 바닥재의 종류에 따라 층간소음의 정도가 달라진다는 것인데 이게 과연 사실일까?

실제로 예전에는 마루를 요즘처럼 바닥에 완전히 붙이지 않고 그대로 올려서 시공했다. 목재는 수축과 팽창을 반복하기 때문에 여름과 겨울의 부피 차이가 크다. 그래서 서구에서도 마루재는 접착제로

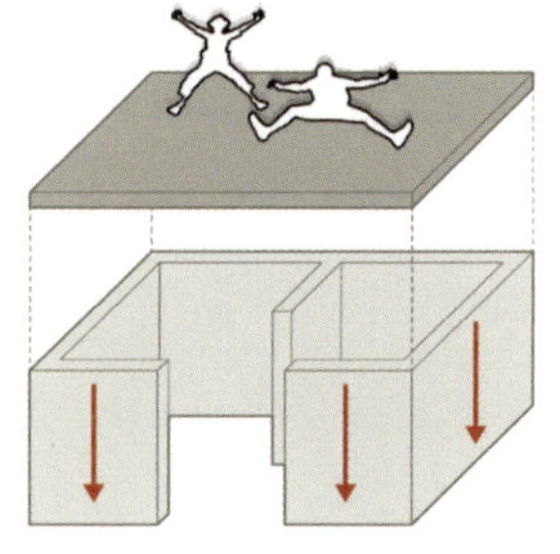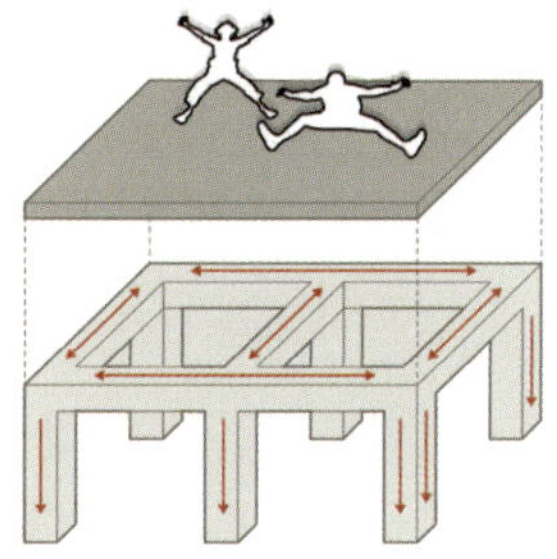

벽식 구조와 기둥식 구조의 층간소음 분산 차이

붙이지 않고 건식으로 올려놓는 방식을 택한다. 우리도 1980년대까지만 해도 그렇게 했지만, 난방 효율을 높이기 위해 얇은 마루를 접착제로 붙이기 시작했다. 그런데 바로 여기에서 문제가 생겼다. 그때가 바로 1990년대다. 난방 효율은 높아졌을지 몰라도, 이때부터 층간소음 문제도 심각해졌다. 그렇지 않아도 소음 전달에 불리한 콘크리트 벽식 구조 아파트에 얇은 바닥재까지 찰싹 붙어 있으니, 위층의 발걸음 소리까지 그대로 전달되었던 것이다.

바닥 두께를
함부로 올리지 못하는 이유

이에 대한 또 다른 증거는 1990년대 후반, 어느 대기업 건설사의

'층간소음을 잡겠습니다!'라는 광고다. 당시에는 층간소음이 지금처럼 민감하지 않던 시절이라 다들 의아해했다. 배경은 이렇다. 아파트 단지에 커다란 굴뚝과 기계실이 있던 중앙식 난방 대신, 세대마다 보일러를 설치해 도시가스 난방으로 전환하던 시기였다. 중앙식 난방은 각 집이 얼마를 쓰든 상관없이 합한 금액을 균등하게 나눠 관리비로 내지만, 개별식 난방은 각자 쓴 만큼만 내므로 소비자들은 난방 효율에 더 민감해질 수밖에 없었다. 그래서 마루재도 두꺼운 원목 대신 얇은 온돌마루를 접착제로 붙여 효율을 높이고자 했다. 그러다 원목 대신 합판에 무늬목이나 시트지를 붙인 얇은 재료가 출시되면서 우리가 아는 온돌마루가 가능해졌다.

그런데 문제는 엉뚱한 데서 터졌다. 바로 층간소음이다. 콘크리트 건물은 바닥, 벽, 슬래브가 일체화된 구조인데 소음과 진동이 특히 잘 전달된다는 단점이 있다. 여기에 바닥 난방을 적용하고 개별식 난방의 효율을 높이기 위해 최대한 얇은 마루를 바닥에 접착제로 붙이면서, 발소리가 아래로 전달되기 더 쉬워진 것이다. 난방 효율은 높아졌을지 몰라도 층간소음에 취약할 수밖에 없는 집이 돼버린 것이다. 부실시공이 문제라고 오해할 수도 있겠지만, 아파트는 근본적으로 그럴 수밖에 없는 태생적 한계가 있다.

그럼 층간소음을 조금이라도 줄일 수는 없을까? 정부는 최근 각종 대책을 쏟아내고 있지만, 대부분 건축 규제에 관한 것들뿐이다. 콘크리트 바닥을 두껍게 하고, 위층에서 아래층으로 전달되는 소음의 기준을 강화하는 등 법과 규제로 이를 해결하려는 입장이다. 구조적으

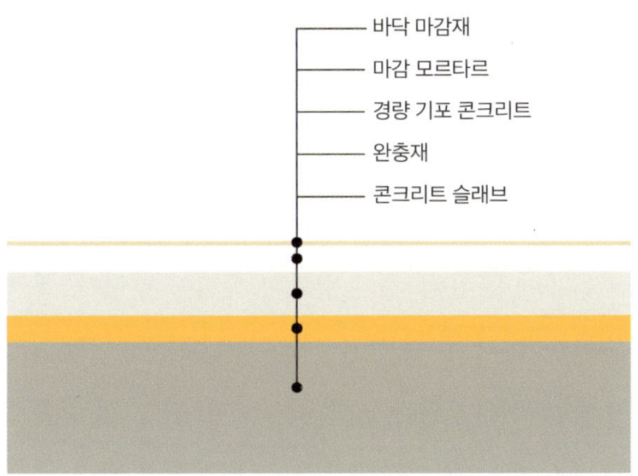

소음 방지를 위한 층간 바닥 충격음 차단 구조 기준

로 콘크리트 바닥 두께는 12cm면 충분하다. 하지만 층간소음을 줄이기 위해 슬래브 두께의 최소 기준을 계속 올리면서 현재는 21cm가 됐다. 이렇게 하면 층간에 전달되는 소음은 확실히 줄어드는 게 맞지만, 건물 전체의 하중이 커져 결국 이를 받치는 다른 부재들도 함께 두꺼워져야 한다. 그만큼 시공비가 훨씬 더 커질 수밖에 없다.

층간소음을
해결하기 위한 아이디어

그럼 아파트의 공간을 바꿔서 해결할 순 없을까? 예를 들어 요즘 다시 관심을 받는 복층형 아파트를 생각해볼 수 있다. 내가 영국에서 외국 친구들과 함께 살던 집이 바로 복층형 연립주택이었다. 서민 임대주택이라 시설은 낡았지만 설계는 혁신적이었다.

복도에서 현관문을 열고 들어가면 거실과 부엌이 있고, 집 내부 계단을 오르면 위층에 침실 세 개와 별도의 욕실이 있었다. 복층형 공동주택의 장점은 한 집이 두 개 층을 사용하기 때문에 아랫집과 맞닿은 면적이 줄어 층간소음이 훨씬 덜하다는 점이다. 두 개 층으로 나뉘어 있는 거실과 침실의 생활 시간대가 낮과 저녁으로 달라 소음이 겹칠 일이 거의 없었다. 예를 들어 낮에는 윗집이 거실과 부엌을 사용하면 아랫집의 침실은 비어 있고, 내가 위층 침실에 있을 때는 윗집의 거실과 부엌에 사람이 없어 서로 간섭이 없었다. 같은 면적의 아파트라도 복층으로 계획하면 층간소음을 획기적으로 줄일 수 있다는 얘기다.

우리나라도 1970년대 초 아파트를 본격적으로 짓기 시작했을 때부터 꾸준히 복층형 아파트를 도입했다. 1988년 송파에 지어진 올림픽아파트는 심지어 60% 이상이 복층형 아파트일 정도였다. 2008년 금융위기 이후 실용적인 평면 위주로 아파트가 바뀌면서 잠시 주춤하긴 했지만 최근 다시 인기를 얻고 있다.

건축가 르 코르뷔지에는 'ㄱ' 자와 'ㄴ' 자로 엮인 복층형 공동주택 '유니테 다비다시옹'을 제안한 적이 있다. 복도를 가운데 두고 한 집은 현관으로 들어가 위로 올라가고, 건너편 집은 아래로 내려가는 형식을 취함으로써 애초에 층간소음이 발생할 가능성을 극소화한 것이다. 실제로 이 아이디어를 응용해 우리나라의 한 대기업 건설사는 10

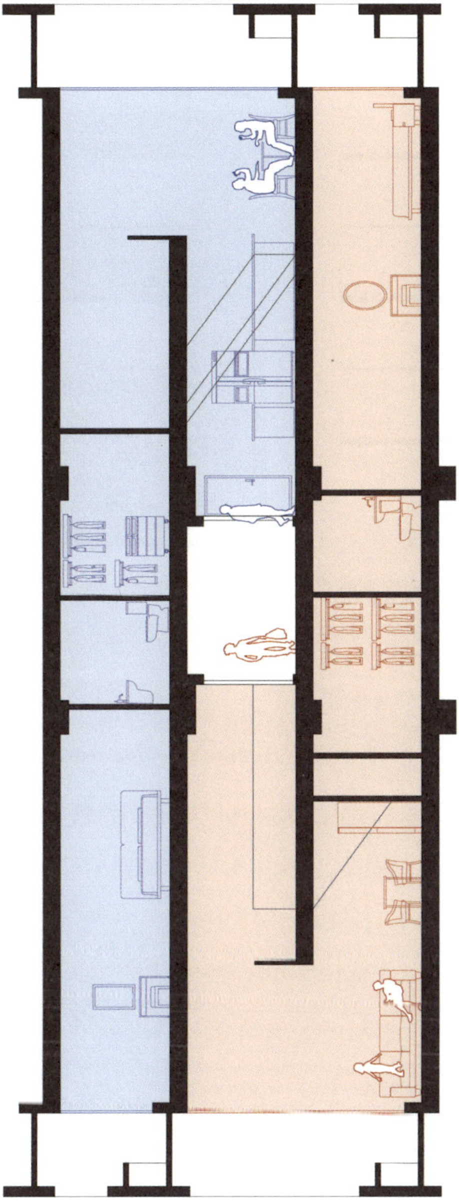

르 코르뷔지에의 공동주택 '위니테 다비다시옹' 단면도

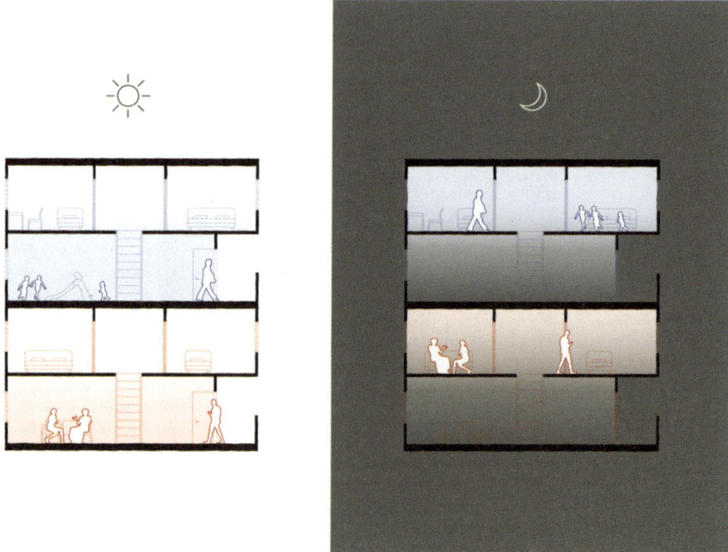

주야간 활동 분리를 통해 층간소음을 예방한 영국의 복층 아파트 구조

여 년 전, 르 코르뷔지에가 제안했던 중앙 복도 대신 마당을 두는 아파트 평면을 선보였는데, 그 이유도 다름 아닌 층간소음이었다.[38]

하지만 건축계의 이런 전방위적 시도에도 불구하고 층간소음을 완전히 제거하기란 사실상 불가능한 실정이다. 앞으로 아무리 건축공학 기술이 발달해도 이 목표를 완수하기란 요원해 보인다. 왜냐하면 우리가 살아가는 한, 즉 생활을 영위하는 한 소음은 언제나 발생할 수 있기 때문이다. 소음 없는 공간은 존재하지 않는다.

우리는 아파트에서 이웃과 함께 살면서도 마치 호텔에 사는 것처럼 아무도 모른 채 살고 싶어 한다. 무리 속에 함께 있지만 서로 누군지 알 수도, 알 필요도 없어진 생활에 너무 익숙해진 건 아닐까? 더군다나 요즘처럼 아파트값이 천정부지로 오르면서 편리함은 당연하게 여기고 약간의 불편함마저 감내할 여유가 없어진 것은 아닌지도 모르겠다.

전 세계에서 층간소음으로 인한 갈등이 우리만큼 심각한 곳은 없다고 한다. 아파트는 공동주택이다. 일단 같은 건물에 사는 이상, 서로의 소음을 완벽하게 차단할 수는 없다. 건물의 바닥 두께 기준을 계속 강화하거나 바닥 슬래브를 이중으로 시공해 해결하려 하지만, 시공비 부담이 큰 요즘엔 오히려 아파트를 짓는 일이 더 어려워질 수도 있다.

결국 층간소음 문제는 물리적 구조물, 즉 하드웨어로만 접근하기보다 공동체라는 소프트웨어가 회복돼야 근본적으로 해결할 수 있다고 믿는다. 특히 우리나라는 공동체 문화가 강해서, 서로 알고 지내는 이웃끼리는 사소한 문제도 이해하지만 모르는 사이면 가차 없이 비난을 가한다. 그래서 아파트나 연립, 다세대주택에는 작더라도 공동체를 위한 공간이 반드시 필요하다.

지금까지 우리가 살아온 집은 수많은 사소한 문제들에 대해 나름의 해결책을 내놓으며 진화해왔고, 그 결과물이 바로 지금의 집이다. 층간소음도 그러한 문제 중 하나에 불과할지도 모른다. 우리는 반드시 이 문제를 해결할 것이고, 그 해결책이 꼭 첨단의 과학과 고차원의 기술에서만 찾을 필요는 없다. 그러니, 만약 층간소음이 걱정인 사람이리면 새 집에 이사 간 날 케이크라도 사서 윗집과 아랫집에 인사해보는 건 어떨까?

아버지의 마음을 이해하는 여정

'과연 집은 우리에게 어떤 존재일까?' 답하기 쉬우면서도 어려운 질문이다. 분명 집은 매우 중요하다. 그렇다고 공기나 밥처럼 없으면 당장 삶을 유지할 수 없는 존재는 아니다. 야외나 거리에서 나름의 잠자리를 만들어 살아가는 노숙자들에게 집은 어쩌면 사치일 수 있다. 집이 없어도 잠은 잘 수 있기 때문이다. 집은 있으면 좋지만, 없어도 생명을 유지하는 데는 문제가 없다. 그렇다면 집은 그다지 중요하지 않은 존재일까? 당연히 그렇지 않다.

한때 유목민 같은 삶이 유행한 적이 있었다. 하지만 그 열풍은 오래가지 못했다. 매일 좋은 호텔이나 숙소에서 지낼 수 있다고 해도 그건 잠시뿐이다. 언젠가는 돌아갈 집을 그리며 그 시간을 견딜 뿐이다. 아무리 좋은 곳으로 여행을 떠나도 며칠이 지나면 집이 그리워지는 이유는, 집에 숨겨둔 보물이 있어서도 아니고 풍경이 좋거나 공간이

미술관 같아서도 아니다. 비좁고 누추하더라도, 삶의 베이스캠프 같은 '내 집'으로 돌아가고 싶은 본능이 늘 마음속에 존재하기 때문이다. 집은 바로 그런 존재다.

일상을 유지하는 데 꼭 필요한 공간이 바로 집이다. 일상이란 삼시 세끼 밥을 먹는 것처럼 매일 반복되는 행위들이다. 이처럼 별것 아닌 듯한 일상이 무너지면, 우리가 살아가며 마주하는 수많은 변수들을 결코 이겨낼 수 없다. 일상이 흔들리면 삶 전체가 흔들린다. 그리고 집은 바로 그 일상의 거점이다. 집이 없으면 생활을 지속하기 어렵고, 그 위에 행복을 얹는 일은 더더욱 힘들다. 히말라야 정상에 오르기 위해 반드시 산 아래에 베이스캠프를 차리는 것처럼 말이다. 만약 정상에 도전할 때마다 누구나 매번 성공할 수 있다면 굳이 베이스캠프가 필요 없을 것이다. 끊임없는 전진과 후퇴 속에서 행복을 찾아야 하는 현대인의 삶에서 집은 점점 더 삶과 밀착해지고 있다.

아파트값이 예전보다 가파르게 오르는 현상을 봐도 마찬가지다. 심지어 그 상승 속도가 공간을 통해 수익을 창출하는 상업공간보다 훨씬 빠르다는 점을 보면, 우리나라 사람들이 집을 얼마나 중요한 존재로 인식하고 있는지 분명하게 드러난다.

10년쯤 전에 실제로 있었던 일화다. 한 지인이 강남 아파트 매입에 대해 내 의견을 구한 적이 있었다. 2015년쯤이었는데, 당시에는 아파트값이 전반적으로 정체돼 있던 시기였다. 대형평형 아파트에 대한 수요는 줄고, 실용적인 소형평형이 인기를 끌고 있었다. 그분의 분석은 이랬다. 서울에 새로 지어지는 아파트 단지에서 대형평형이 점점 줄고 있으니, 머지않아 수요에 비해 공급이 턱없이 부족해질 거라는 논리였다. 그래서 강남의 신축 아파트 단지에 큰 평수 아파트를 하나 매입하려 하는데, 내 생각은 어떠냐는 질문이었다.

하지만 가격을 듣고 나는 완강히 반대했다. 말도 안 되는 가격이라고 느꼈기 때문이다. 당시 대한민국에서 가장 비싼 땅은 명동으로, 평당 가격이 대략 1억 원 정도였다. 그런데 강남 아파트는 콘크리트 한 평에 4000~5000만 원 수준이었다. 단지 전체 토지를 가구 수로 나눈 지분가치를 고려하면, 결국 땅값은 명동보다 몇 배나 더 비싸지는 셈이었다. 재개발 같은 미래 가치가 있는 것도 아니었고, 지나치게 거품이 낀 가격이라고 판단했다. 게다가 앞으로 대한민국 인구가 감소하면 아파트 수요도 줄어들 것이고, 가격 역시 내려갈 수밖에 없다고 생각했다. 그래서 절대 사서는 안 된다는 의견을 분명히 전했고, 그 대신 차라리 땅을 사서 직접 주택을 짓는 편이 낫겠다고 권했다.

그분은 어떻게 하셨을까. 다행히도 내 말을 듣지 않고 강남에 아파트 한 채를 사셨다. 심지어 내가 그 집의 내부 인테리어까지 맡아 해드렸음에도, 속으로는 여전히 잘못된 판단이라고 생각했다. 도무지 말이 되지 않는다고 믿었다. 그런데 10년이 지난 지금, 그 아파트의 가격은 최소 두 배에서 세 배 이상 올랐다. 어쩌면 그보다 더 올랐을지도 모른다.

그때도 지금도 여전히 말도 안 되는 가격이라고 느껴지는데, 아파트값은 멈출 줄 모르고 계속 오르고 있다. 그 모습을 보며 최근에야 생각을 바꾸게 됐다. '이것이야말로 집이 우리에게 얼마나 중요한 존재인지를 보여주는 분명한 증거구나.' 아파트라는 집에 이토록 어마어마한 가치가 집중되는 이유는, 우리가 일상을 영위하는 공간으로서의 집이 그만큼 중요하기 때문이고, 어쩌면 그래서 집과 애증의 관계를 맺게 되는 건 아닐까?

우리말에는 '짓다'라는 동사를 붙이는 말들이 있다. 밥을 짓고, 옷을 짓고, 집을 짓는 것처럼 의식주와 관련된 단어들이다. 삶에 매우 중요하고 필수적인 것일수록 우리는 '만든다'고 하지 않고 '짓는다'고 말한다. 그런데 이번 책 작업은 내게 무언가를 짓는 일과 많이 닮아 있었다. 마치 집을 세우는 과정과도 비슷했다. 출간을 앞둔 지금, 건물이 완공될 때 느끼는 긴장과 설렘이 동시에 밀려온다. 집을 다 지은 뒤 오랫동안 덮여 있던 건설 현장의 비계와 가림막을 걱정과 우려 속에서 걷어내는 기분이다. 처음에는 이웃들이 생경하지만 시간이 지나며 점차 서로가 서로에게 자연스럽게 스며드는 경험을 하게 된다. 지난 2년 동안 준비해온 이 책이 세상에 나오는 과정 역시 그와 다르지 않을 것이라고 생각한다.

2024년 초 출간 제안을 받았을 때부터 좋은 대표님과 훌륭한 편집자를 다시 만나 책이 완성되기까지의 일련의 과정은, 우여곡절 많은 집 짓는 일과 상당히 닮아 있었다. 건축가라는 본업이 따로 있는 터라 새벽에 일찍 일어나 조금씩 글을 써 내려가다 보니 원고가 누더기처럼 흩어지기도 했지만, 그때마다 곁에서 도움을 주신 분들 덕분에 결국 이 책을 마무리할 수 있었다.

마치 마라톤처럼 끝까지 달릴 수 있도록 곁에서 독려하고 격려해주신 성기병 편집자님, 그리고 무엇보다 어려운 출판 환경 속에서도 한 번 꺼낸 말을 지키기 위해 끝까지 책임지려 애써주신 허대우 대표님께 깊이 감사드린다.

매일 새벽마다 일어나는 아빠를 묵묵히 견뎌준 우리 가족에게도 고맙다는 말을 전하고 싶고, 책에 들어간 도판들을 꼼꼼히 정리해준 사무실의 최준영 대리와 박민혜 씨에게도 정말 수고 많았다는 말을 남기고 싶다. 무엇보다 이 책을 쓰는 과정에서, 왜 우리 가족은 그렇게 자주 이사를 했는지, 아버지는 집을 지을 때 어떤 마음이었는지, 그리고 집 안 어르신들은 어린 시절 나를 왜 그렇게 자주 제주 외갓집에 보내셨는지를 비로소 이해하게 되었다. 그 마음을 떠올리며 아버지께도 감사하다는 말씀을 드리고 싶다. 우리 세 형제를 키워주신 부모님께 감사드리며, 나를 끔찍이 아끼셨던 외할머니의 사랑 또한 이 책을 통해 다시 또렷이 기억하게 되었다.

그리고 이 책의 바탕에는 텔레비전 프로그램에 출연하며 직접 보고 겪었던, 우리가 살아가는 수많은 평범한 집들이 있다. 과거 아버지께서 『한국의 민가』라는 책을 펴내셨던 것처럼, 나 역시 지금 이 시대의 살림집을 정리한다는 마음으로 글을 써 내려갔다. 〈건축탐구 집〉에 처음 출연할 기회를 주신 EBS 추덕담 부장님, 부족함에도 불구하고 꾸준히 기다려주시며 집이라는 쉽지 않은 소재로 지금 이 순간에도 불철주야 방송을 만들어가고 계실 PD님과 작가님, 팀장님들께도 깊은 감사의 마음을 전하고 싶다.

주

1 한국건축가협회(엮음), 『한국건축개념사전』, 동녘, 2013년, 879쪽.

2 국가기록원, 「관보」, 1962년 1~2월호.

3 정이현, 『말하자면 좋은 사람』, 마음산책, 2014년, 134쪽.

4 건설부·대한주택공사, 『다세대주택 표준설계도서 작성연구』, 1989년, 건설부 공고 제158호.

5 승효상, 「[집이 변한다] 퇴촌 주택」, 《시니어조선》, 2012년 1월 13일.

6 김광현, 『시간의 기술(건축강의 9)』, 안그라픽스, 2018년, 102쪽.

7 한국건축가협회(엮음), 『한국건축개념사전』, 동녘, 2013년, 640쪽.

8 김현섭, 「한국의 온돌 원리가 최초로 적용된 유소니아 주택: 프랭크 로이드 라이트의 제이콥스 주택」, 《SPACE》 2020년 7월호(통권 623호), 2020년.

9 Herbert Jacobs, 『Frank Lloyd Wright: America's Greatest Architect』, Harcourt, Brace & World, 1965, pp.129~130.

10 Evans, R., 「Figures, Doors, and Passages」, 『Translation from Drawings to Building and Other Essays』, AA Publications, 1997, pp.55~93.

11 에이다 루이즈 헉스터블, 이종인 옮김, 『프랭크 로이드 라이트: 20세기 건축의 연금술사』, 을유문화사, 2018년.

12 오광석·안웅휘·전영훈, 「알도 반 아이크 건축에서 "사이 영역" 개념에 관한 연구」, 건축도시연구정보센터(AURIC), 2008년 2월.

13 외젠 비올레르뒤크, 정유경 옮김, 『건축 강의』, 아카넷, 2015년.

14 한국건축가협회(엮음), 『한국건축개념사전』, 동녘, 2013년, 346쪽.

15 한국건축가협회(엮음), 『한국건축개념사전』, 동녘, 2013년, 55쪽.

16 Gottfried Semper, 『The Four Elements of Architecture』, Cambridge Publication, 1989. (Translated by Harry F. Mallgrave, Wolfgang Herrmann)

17 가스통 바슐라르, 곽광수 옮김, 『공간의 시학』, 민음사, 1997년, 122~123쪽.

18 김광현, 『시간의 기술(건축강의 9)』, 안그라픽스, 2018년, 60쪽.

19　페터 춤토르, 장택수 옮김, 박창현 감수, 『페터 춤토르 분위기』, 나무생각, 2013년, 10쪽.

20　존 로벨, 김경준 옮김, 『침묵과 빛』, 스페이스타임(시공문화사), 2005년, 105쪽.

21　박철수, 『한국주택 유전자 1』, 마티, 2021년, 27쪽.

22　Steen Eiler Rasmussen, 『Experiencing Architecture』, MIT Press, 1964, p.12.

23　김광현, 『에워싸는 공간(건축강의 4)』, 안그라픽스, 2018년, 49쪽.

24　통계청, 「인구주택총조사」(census.go.kr/main/ehpp/aa/ehppaa100m01), 2025년.

25　박인석·박노학·천현숙, 「전용면적 산정 기준 변화와 발코니 용도 변환 허용이 아파트 단위주거 평면설계에 미친 영향」, 『한국주거학회 논문집』 제25권 제2호, 2014년, 27~36쪽.

26　전남일·양세화·홍형옥, 『한국주거의 미시사』, 돌베개, 2009년.

27　김광현, 『시간의 기술(건축강의 9)』, 안그라픽스, 2018년, 187쪽.

28　차상곤, 『당신은 아파트에 살면 안 된다』, 황소북스, 2021년.

29　박철수, 『한국주택 유전자 2』, 마티, 2021년, 13쪽.

30　르 코르뷔지에, 이관석 옮김, 『건축을 향하여』, 동녘, 2007년, 49쪽.

31　Jay Appleton, 『The Experience of Landscape』, John Wiley & Sons, 1975, p.70.

32　김광현, 『질서의 가능성(건축강의 7)』, 안그라픽스, 2018년, 91쪽.

33　오세훈 서울특별시장(내 손안에 서울), 「신속한 수해복구를 위해 최선의 노력을 다하겠습니다」(opengov.seoul.go.kr/mediahub/26576584), 2022년 8월 10일.

34　한국민족문화대백과사전, 「전세」(encykorea.aks.ac.kr/Article/E0071498), 2025년.

35　서울대학교 규장각, 고문서 I78123빈.

36　중앙일보, 「조선총독부 관습조사보고서」(joongang.co.kr/article/23038530), 2020년 8월 1일

37　김하나, 『내가 정말 좋아하는 농담』, 김영사, 2015년, 58쪽.

38　국토일보, 「SK건설, 중소형 아파트 최고급 복층 형성하다」(www.ikld.kr/news/articleView.html?idxno=27806), 2012년 10월 31일.

192p	윤동규		288p	김호민
193p	차우차우디자인스튜디오		299p	(위) 김호민
194p	전명의(건축주)		307p	서울역사박물관
195p	EBS 건축탐구 집		312p	김호민
205p	신경섭		313p	김호민
220p	서울역사박물관		329p	김호민
223p	신경섭		339p	EBS 건축탐구 집
225p	(위) 신경섭 (아래) 신경섭		340p	EBS 건축탐구 집
			341p	EBS 건축탐구 집
231p	서울역사박물관		345p	(위) 서울역사박물관 (아래) 셔터스톡
233p	서울역사박물관			
236p	김호민		352p	신경섭
242p	서울역사박물관		355p	서울역사박물관
244p	(위) 김호민 (아래) 김호민		362p	김호민
			365p	신경섭
251p	셔터스톡		380p	서울대학교 규장각한국학연구원
253p	신경섭			
256p	신경섭			
260p	셔터스톡			
277p	photoAC			
283p	(위) 서울역사박물관 (아래) 서울역사박물관			

이런 집에 살고 싶다

초판 1쇄 인쇄 2026년 1월 7일
초판 1쇄 발행 2026년 1월 19일
지은이 김호민
펴낸이 허대우
책임편집 성기병
디자인 유어텍스트
마케팅 이영진 정아름 백지현
Special Support by 이종인 김철규 황현경
펴낸곳 주식회사 헬로우코리안
출판신고 2024년 6월 28일(제 395-2024-000141호)
주소 인천광역시 부평구 주부토로 236, 인천테크로밸리 U1센터 C동 1217호
문의 032-524-3011
홈페이지 www.hellokorean.co.kr
인쇄 퍼블리시허브

© 김호민 2026

ISBN 979-11-992526-9-1 03540